先进功率整流器
原理、特性和应用

Advanced Power Rectifier Concepts

[美] B. 贾扬·巴利加（B. Jayant Baliga）著

关艳霞　潘福泉　张晓勇　王芹

闫　娜　廉宇盟　王南南　译

机 械 工 业 出 版 社

随着高性能功率开关器件（功率 MOSFET 和 IGBT）的出现，功率整流器的性能成为限制功率电路性能的决定性因素。本书从减少电路功耗的角度，提出了先进的功率整流器理念。

本书采用由浅入深的方式，从传统功率整流器存在的问题入手，提出了 JBS、TSBS、TMBS、MPS 和 SSD 等 5 种先进的功率整流器的结构，并对工作机制和应用特性进行了论述。书中既有理论模型，又有示例分析，并辅以数值模拟验证，配有大量图表。本书既适合功率半导体器件领域相关专业研究生和高年级本科生使用，也是对专业研究人员极具参考价值的指导性书籍。

Translation from the English language edition:
Advanced Power Rectifier Concepts
By B. Jayant Baliga
Copyright © Springer – Verlag US 2009
This Springer imprint is Published by Springer Nature
The registered company is Springer Science + Business Media, LLC
All Rights Reserved
北京市版权局著作权合同登记　图字：01 - 2018 - 1336 号

图书在版编目（CIP）数据

先进功率整流器原理、特性和应用/（美）B. 贾扬·巴利加（B. Jayant Baliga）著；关艳霞等译. —北京：机械工业出版社，2020.1
书名原文：Advanced Power Rectifier Concepts
ISBN 978-7-111-64335-7

Ⅰ. ①先… Ⅱ. ①B… ②关… Ⅲ. ①整流器 Ⅳ. ①TM461

中国版本图书馆 CIP 数据核字（2019）第 277736 号

机械工业出版社（北京市百万庄大街22 号　邮政编码100037）
策划编辑：朱　林　责任编辑：朱　林
责任校对：王　欣　封面设计：严娅萍
责任印制：李　昂
唐山三艺印务有限公司印刷
2020 年 1 月第 1 版第 1 次印刷
169mm × 239mm · 18.75 印张 · 381 千字
0 001—1 900 册
标准书号：ISBN 978 - 7 - 111 - 64335 - 7
定价：99.00 元

电话服务　　　　　　　网络服务
客服电话：010-88361066　机　工　官　网：www.cmpbook.com
　　　　　010-88379833　机　工　官　博：weibo.com/cmp1952
　　　　　010-68326294　金　书　网：www.golden-book.com
封底无防伪标均为盗版　机工教育服务网：www.cmpedu.com

译 者 序

在现代电源电路中，通常使用开关器件来调节流向负载的功率流，使用功率整流器控制电流的方向。从第一只晶闸管诞生以来，功率半导体器件的研究人员投入了大量的精力进行开关器件的研发，新型开关器件不断涌现，而对功率整流器的研究相对落后。随着高性能功率开关器件的出现（如功率 MOSFET、IGBT、IGCT等），功率整流器的性能成为限制功率电路性能的主要因素。例如，较大的功率整流器的反向恢复电流不仅使本身功耗增大，还使开关器件的功耗增大，影响电路整体的性能。因此，开发高质量功率整流器势在必行。本书从减少电路功耗的角度，提出了先进的功率整流器理念和技术。

传统的功率整流器包括肖特基整流器和 P-i-N 整流器，两者各有其优势和劣势。肖特基整流器为单极型器件，其优势表现在开关速度快，无开关功耗；劣势是反向漏电流大，导通电阻随阻断电压的提高迅速增加。为了抑制反向漏电流增大的现象，本书提出了结势垒控制肖特基（JBS）整流器、沟槽肖特基势垒控制肖特基（TSBS）整流器、沟槽 MOS 势垒控制肖特基（TMBS）整流器等先进的单极型器件结构。尽管这些结构可以减小反向漏电流，但不适合制作高压整流器。P-i-N 整流器具有单极型器件不具备的优势。即使具有高反向阻断电压的硅 P-i-N 整流器，其通态压降也仅为 $1\sim2V$。P-i-N 整流器的主要缺点是反向恢复电流大，开关速度慢。较大的反向恢复电流在整流器和功率开关中产生较大的功耗。减少反向恢复电流的方法之一是降低漂移区的寿命，但同时伴随着通态压降的增加。MPS整流器和静电屏蔽二极管（SSD）等新型双极型二极管理念被提出。两者可有效改善 P-i-N 整流器的反向恢复特性。这些先进的整流器理念能有效改善传统功率整流器的特性，不仅降低了功率整流器本身的功耗，还降低了开关器件的功耗，提高了电源管理的转换效率。

Baliga 教授是国际上公认的功率半导体器件领域的领军人物。他是 IGBT 的发明人，是肖特基与 pn 结混合理论的创始人，创造出了新一族功率整流器。在本书中，他在传统功率整流器的基础上提出了先进的功率整流理念，解决了功率整流器发展的瓶颈问题。书中有理论分析，有数学模型，还有大量的模拟（请读者注意，书中的模拟示例中的图单独进行编码，且模拟示例部分均加有底灰，以区别于正文）予以佐证，对半导体领域相关专业的研究生、专业技术人员都极具参考价值。

本书由沈阳工业大学功率半导体器件研究小组和扬杰科技电子股份有限公司合作完成。初稿的第 1 章和第 2 章由关艳霞翻译；第 3 章和第 7 章由扬杰公司的张晓勇翻译；第4章和第5章由廉宇盟翻译；第6章由闫娜翻译；第8章由王南南翻译；第9章由扬杰公司的王芹翻译。关艳霞和潘福泉对全书进行了审校。另外，沈阳工业大学的王志忠、刘婷和刘勇也在翻译过程中做了很多工作。机械工业出版社的朱林编辑在定稿过程中提出了许多宝贵意见，在此表示感谢！感谢机械工业出版社的徐明煜编辑在前期给予的帮助。鉴于译者水平有限，在翻译过程中难免有疏漏之处，恳请广大读者不吝赐教。

原 书 前 言

目前全球半导体产业已经超过 2000 亿美元，其中大约 10% 来自于功率半导体器件和智能功率集成电路。功率半导体器件是所有电力电子系统的关键部件。估计全世界至少 50% 的用电量是由功率半导体器件控制的，其广泛应用于家用电子产品、工业、医药和运输行业中。功率半导体器件对经济的发展起着重要的作用，因为它们决定了系统的成本和效率。自 20 世纪 50 年代固态器件代替了原有的真空管以来，以硅为基础材料的功率半导体器件就起着重要的作用，这些发展已经被称为第二次电子革命。

在 20 世纪 50 年代，人们首先研发了双极型晶体管和晶闸管等双极型功率器件。与真空管相比，半导体器件具有很多优点，所以对这些功率器件功率等级的要求不断提高。随着对工作机理理解的深入，更大直径和更高电阻率单晶片生产能力的提高及更先进的光刻技术引入，器件功率等级和开关频率不断提高。在未来 20 年，这些双极型器件的生产技术将更加成熟。20 世纪 70 年代，双极型功率晶体管的电流处理能力已达到数百安培，阻断电压超过 500V。更显著的成绩是，耐压等级超过 5kV、直径为 4in⊖ 的晶闸管生产技术的开发。

20 世纪 70 年代，IR 公司首先推出了功率 MOSFET 产品。由于其输入阻抗高和开关速度快的特点，最初被认为可以替代所有双极型功率器件，但它仅适用于低压（<100V）和快开关速度（>100kHz）领域，而不适用于高压领域。其原因是功率 MOSFET 的通态电阻随阻断电压的增加而迅速增加，导致通态功耗增加，使整机系统效率降低，即使使用更加昂贵的芯片也于事无补。

高压硅功率 MOSFET 的大通态压降和硅功率双极型晶体管的大驱动电流促进了绝缘栅双极型晶体管（IGBT）的研发[1]。第一只商业化的 IGBT 诞生于 20 世纪 80 年代，逐渐成为民用、工业、运输、军事，甚至医药等中等功率电子系统中的主要器件。

为了与高性能的开关器件同步发展，功率整流器的性能急需提高。20 世纪 80 年代[2]，电力系统在更高频率下运行的能力受限于功率整流器较差的开关特性。因此，本书所讨论的先进整流器理念就是大力提高整流器的开关特性。这些先进的整流器理念既要致力于提高低压应用的硅单极型器件的特性，也要致力于提高高压应用的硅双极型器件的特性。所提出的先进理念已经有效应用于反向阻断电压高达 5kV 的双极型整流器中。最近提出的微网格结构的功率整流器，其反向阻断电压高达 15~20kV，已经应用于高频固体变压器中。本书所讨论的先进理念也适用于碳

⊖ 1in = 0.0254m。

化硅器件。

由于这些发展，预计对功率半导体器件设计和制造技术方面专业技术人员的需求量将越来越大。本书补充了我最近出版的教科书，这些教科书由于篇幅有限只涉及基本的功率整流[3]。为了方便读者，本书中直接引用了教材中的"肖特基整流器"和"P-i-N整流器"章节的一些内容。与教科书的情况一样，描述先进整流器的解析表达式也是通过半导体泊松方程、连续性方程和热传导方程进行推导的。本书中讨论的所有功率整流器的电学特性都使用这些解析表达式进行了计算机计算，如每节中提供的典型示例所示。为了证实这些解析公式的有效性，本书的大部分章节都包含了二维数值模拟的结果。模拟结果还进一步阐明了物理机制，并指出相关的二维效应。由于功率器件迫切需要使用宽带隙半导体材料，所以本书对碳化硅器件也进行了分析。

第1章对功率器件的潜在应用进行了介绍。定义了理想功率整流器的电学特性，并与典型器件的电学特性进行了比较。第2章参考教科书详细分析了肖特基整流器，分析了由热电子发射产生的通态电流和镜像力势垒降低对反向漏电流的影响。该章还讨论了优化功耗时，这些现象对势垒高度选择的影响。隧道电流对碳化硅肖特基整流器影响较为严重，因此隧道电流的影响也包含在该章中。

后面的几章对各种先进的功率整流器进行了分析。在这些章节中分别讨论了单极型器件"结势垒控制肖特基（Junction Barrier Controlled Schottky，JBS）整流器""沟槽肖特基势垒控制肖特基（Trench Shottky Barrier Controlled Schottky，TSBS）整流器"和"沟槽MOS势垒控制肖特基（Trench MOS Barrier Controlled Schottky，TMBS）整流器"。JBS整流器对于减小肖特基功率整流器中的反向漏电流具有重要作用，同时可以保持低的通态压降。这个理念也适用于肖特基整流器与功率MOS-FET相结合的结构[4]。TSBS结构特别适用于减少碳化硅肖特基整流器中的漏电流。TMBS结构提供了另一种可以减小硅肖特基整流器中漏电流的方法。由于在氧化物中会产生强电场，所以这个理念不适合应用于碳化硅器件中。

以上理念适用于单极型器件。当反向阻断电压变高时（对于高于200V的硅器件和高于5kV的碳化硅器件），使用双极型功率整流器，可以减小通态压降。第6章参考教科书中的相关内容，分析了高压P-i-N整流器的物理特性。对小注入和大注入条件下的通态电流进行了理论分析，并分析了其对关断过程中反向恢复现象的影响。端区载流子复合的影响也包括在其中。

为了研发小反向恢复电荷的高压硅功率整流器，在20世纪80年代提出了P-i-N和肖特基二极管合并的结构[5]。尽管第一次合并的P-i-N和肖特基（Merging the P-i-N and Schottky，MPS）整流器的特性兼具两者中最差的特性，进而受到了怀疑，但现在该结构还是被半导体工业所接受，因为它具有可用于电机控制应用的两者（P-i-N和肖特基整流器）的最佳特性。第7章详细分析了MPS整流器，利用解析方程对通态载流子分布、通态压降以及反向恢复特性进行了分析。本书还将MPS结构扩展到了碳化硅功率整流器中，其中需要合理地选择肖特基接触宽度和势垒高度。改善功率整流器的反向恢复特性还可以采用静电屏蔽二极管（Static Shielding Diode，SSD）结构[6]。在该结构中，P-i-N整流器结构的高掺杂的P⁺区域仅限制于元胞区域的一部分，阳极其余区域为轻掺杂P⁻区域。P⁻区的低注入效率抑制了少数载流子（空穴）的注入，导致阳极附近的空穴浓度降低。当P⁻区中的掺杂浓度变小时，SSD结构的特性接近MPS整流器结构的特性。随着该区域的掺杂浓度增加，SSD结构的特性接近P-i-N整流器结构的特性[7]。第8章分析了SSD结构的硅和碳化硅整流器。

　　在参考文献中还提出了几种其他的功率整流器结构。降低P⁺阳极区域掺杂浓度能够减小P-i-N整流器结构中存储的电荷已经得到了证实[8]。然而，这会导致在浪涌电流下通态压降的大幅增加。SPEED结构的功率整流器与SSD结构相类似，不同的是轻掺杂P区深度更深[9]。这种结构的反向恢复特性不如SSD和MPS结构。由于某些原因，交流功率整流器结构未包括在本书中。

　　我希望本书能对学术界的研究人员和工程设计师有所帮助。同时它也可以用于固体器件相关知识的教学中，作为对我之前教材的补充[3]。

B. Jayant Baliga 教授

参 考 文 献

1 B.J. Baliga, "How the Super-Transistor Works", Scientific American Magazine, Special Issue on 'The Solid-State-Century', pp. 34-41, January 22, 1988.

2 B.J. Baliga, "Power Semiconductor Devices for Variable-Frequency Drives", Proceedings of the IEEE, Vol. 82, pp. 1112-1122, 1994.

3 B.J. Baliga, "Fundamentals of Power Semiconductor Devices", Springer Scientific, New York, 2008.

4 B.J. Baliga and D.A. Girdhar, "Paradigm Shift in Planar Power MOSFET Technology", Power Electronics Technology Magazine, pp. 24-32, November 2003.

5 B.J. Baliga, "Analysis of a High Voltage Merged P-i-N/Schottky (MPS) Rectifier", IEEE Electron Device Letters, Vol. EDL-8, pp. 407-409, 1987.

6 Y. Shimizu, et al, "High-Speed Low-Loss P-N Diode having a Channel Structure", IEEE Transactions on Electron Devices, Vol. ED-31, pp. 1314-1319, 1984.

7 M. Mehrotra and B.J. Baliga, "Comparison of High Voltage Power Rectifier Structures", IEEE International Symposium on Power Semiconductor Devices and ICs, Abstract 7.11, pp. 199-204, 1993.

8 M. Naito, H. Matsuzaki, and T. Ogawa, "High Current Characteristics of Asymmetrical p-i-n Diodes having Low Forward Voltage Drops", IEEE Transactions on Electron Devices, Vol. ED-23, pp. 945-949, 1976.

9 H. Sclangenotto, et al, "Improved Recovery of Fast Power Diodes with Self-Adjusting P-emitter Efficiency", IEEE Electron Device Letters, Vol. 10, pp. 322-324, 1989.

目　　录

第1章　绪　论

20 世纪 50 年代，固体电子器件取代真空管开始用于各种功率控制应用中。功率器件需要在更大的功率等级和频率范围内工作。在图 1.1 中，功率器件的应用是工作频率的函数。大功率系统（例如 HVDC 配电系统和机车驱动装置）需要在相对低的频率下进行兆瓦级功率控制。随着工作频率的增加，对于 100W 的典型微波器件，其额定功率降低了。今天，所有的这些应用所用的器件都是硅器件。

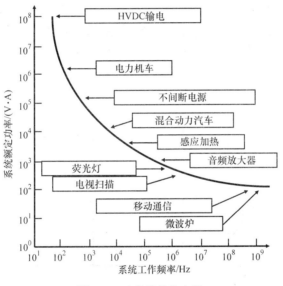

图 1.1　功率器件的应用

当电源的工作电压相对较小（<100V）时，硅单极型器件具有最佳的性能[1]。当电路工作电压相对较大（>100V）时，硅双极型器件具有更好的特性。宽禁带半导体功率器件（例如碳化硅）能将单极型器件的工作电压提高到至少 5000V [2]。在现代电源电路中，通常使用功率晶体管作为开关来调节流向负载的功率流，同时使用功率整流器来控制电流的方向。随着高性能功率开关的出现（如功率 MOSFET 和 IGBT），功率整流器的性能成为限制功率电路的运行因素。本书重点介绍可以减少电路中的功耗，从而提高系统效率的先进功率整流器理念。

1.1　理想功率开关波形

理想的功率器件是能够控制负载的功率，同时自身功耗为零。从本质上来说，系统中的负载可分为电感性负载（例如电动机和螺线管）、电阻性负载（例如加热器和灯丝），或者是电容性负载（例如传感器和 LCD 显示器）。最常见的是，通过周期性地接通电源开关来产生传递到负载的功率，以产生可由控制电路调节的电流脉冲。通过电源开关输送的理想功率波形如图 1.2 所示。在每个开关周期内，开关保持导通时间 t_{ON} 并且在周期 T 的剩余时间内保持阻断状态。这就在包括功率整流器在内的整个电路中产生了脉冲电流。对于理想的功率整流器，由于导通时压降为零，所以没有功耗。同理，在阻断期间，由于漏电流为零，所以也没有功耗。除此之外，假设理想功率整流器在导通和关断瞬间也没有功耗。

典型功率整流器在通态有一定的压降，在断态有一定的漏电流。而且双极功率整流器在从通态切换到断态时，具有较大的反向恢复电流。这不仅在整流器中产生大的功耗，还使控制电流的晶体管中也产生了大的功耗。在 20 世纪 80 年代[3]绝缘栅双极晶体管诞生之后，功率整流器的性能限制了电动机控制高压功率电路性能的现象日趋明显[4]。因此，本书对功率整流器的革新进行了论述。

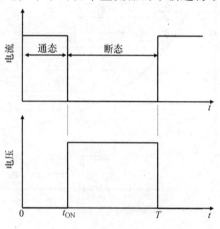

图 1.2　理想开关功率输出波形

1.2　理想和典型功率整流器的特性

硅功率整流器已经使用 50 多年，但却不具有理想的器件特性。理想功率整流器的电流 – 电压（$I-V$）特性如图 1.3 所示。在正向导通下，在第一象限内任何电流值下对应的通态压降均为零。在反向阻断下，在第三象限内任何电压值下对应的漏电流均为零。此外，理想的整流器应该在导通状态和阻断状态之间切换时开关时间为零。

实际功率整流器的 $I-V$ 特性如图 1.4 所示。当通态传导电流时，它们具有一定的压降（V_{ON}），导致产生"导通"功耗。当处于阻断状态时，它们也具有一定的漏电流（I_{OFF}），从而产生阻断功耗。此外，双极型功率整流器在从通态向阻断状态切换的短时间内具有较大的反向电流，以消除在通态传导电流时所存储的电荷。作为击穿电压（Breakdown Voltage，BV）的设计指标，器件漂移区的掺杂浓度和厚度必须慎重选择。此外，当耐压等级增加时，由于通态压降也将也随之增加，其功率整流器中的功耗也将增加。

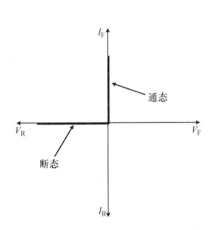

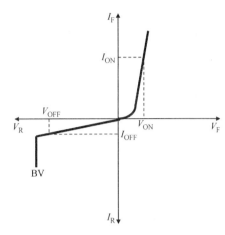

图 1.3 理想功率整流器的特性　　　　　　　　　图 1.4 典型功率整流器的特性

1.3 单极型功率整流器

双极型功率器件通过注入少数载流子形成通态电流。当器件从导通状态切换到阻断状态时，必须排除这些载流子，这导致较大的功耗产生，并降低了功率管理效率。因此，在功率器件中偏向于使用单极型器件。常用的单极型功率二极管的结构是肖特基整流器，利用金属 – 半导体势垒可以实现整流。功率肖特基整流器结构还

包含漂移区，如图 1.5 所示，其设计是为了承担反向阻断电压。漂移区的电阻随着反向电压的增加而迅速增加，如本章后面所述。商用的硅肖特基整流器的阻断电压高达 100V。对于实际应用而言，当超过该值时，硅肖特基整流器的通态压降变大。对于硅 P – i – N 整流器，尽管其开关速度较慢，但其通态压降低，可以用来设计具有较大击穿电压的器件。

理想漂移区的性质（掺杂浓度和厚度）的分析在两个假设下进行，首先将

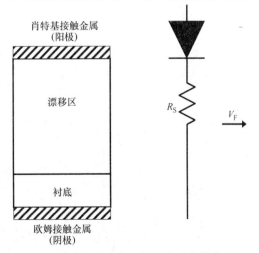

图 1.5 功率肖特基整流器结构及其等效电路

其假设为一侧高掺杂，另一侧为均匀低掺杂的单边突变结，其次忽略曲面效应的影响，假设为平行平面结。理想漂移区的电阻与半导体材料的基本性质有关[5]。泊松方程的解为三角形电场分布，如图 1.6 所示，在均匀掺杂的漂移区内，电场分布的斜率取决于掺杂浓度。漂移区可以承担的最大电压取决于半导体材料达到临界击穿时的最大电场强度（E_m）。临界击穿的电场强度和掺杂浓度决定了最大耗尽层宽度（W_D）。

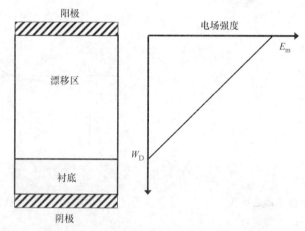

图 1.6　理想漂移区及其电场分布

理想漂移区的比电阻（每单位面积的电阻）由式（1.1）给出：

$$R_{on.sp} = \left(\frac{W_D}{q\mu_n N_D} \right) \tag{1.1}$$

由于该电阻最初被认为是用硅器件可以达到的最低值，所以它一直被称为漂移区的理想比电阻。击穿条件下漂移区的宽度由式（1.2）给出：

$$W_D = \frac{2BV}{E_C} \tag{1.2}$$

BV 是所能达到的击穿电压。获得该击穿电压所需的漂移区掺杂浓度由式（1.3）给出：

$$N_D = \frac{\varepsilon_S E_C^2}{2qBV} \tag{1.3}$$

联立式（1.1）~式（1.3），可得理想漂移区的比电阻：

$$R_{on-ideal} = \frac{4BV^2}{\varepsilon_S \mu_n E_C^3} \tag{1.4}$$

该方程的分母（$\varepsilon_S\mu_n E_C^3$）通常称为 Baliga 功率器件品质因数（Baliga's Figure of Merit for Power Devices）。它标志着半导体的材料特性对漂移区电阻的影响。砷化镓一类的半导体，漂移区的电阻受载流子的迁移率影响较大（在这里假定为电子迁移率，因为通常情况下电子迁移率大于空穴迁移率）。然而，对于宽禁带半导体，如碳化硅，导通电阻受临界击穿电场强度的影响更大[2]。

硅肖特基整流器遇到的基本问题之一是，所设计器件的通态压降较小，但器件的反向漏电流较大。这与肖特基势垒降低和击穿前雪崩倍增现象有关，当反向电压从零增加到工作电压时，漏电流增加一个数量级。通过半导体内的高电场强度屏蔽肖特基接触可以抑制漏电流的增加。

减小功率肖特基整流器中的漏电流的一种方法是通过加入如图 1.7 所示的 P－N结。这种结构称为结势垒控制肖特基（JBS）整流器[6,7]，它已经有效地用于提高低压硅器件和高压碳化硅器件的性能。在碳化硅器件结构中，通过减小肖特基接触中的隧道效应使漏电流大幅减小[2]。

另一种屏蔽阳极肖特基接触高电场强度的方法是使另一个肖特基接触具有较大的势垒高度。将具有较大势垒高度的肖特基接触放在沟槽内可以增强屏蔽效果，如图 1.8 所示。因此，这种结构也被称为沟槽肖特基势垒控制肖特基（TSBS）整流器。尽管这种结构首先提出来是用于改善硅器件的，但由于宽禁带半导体具有较大的势垒高度，所以这种结构更适用于碳化硅结构。

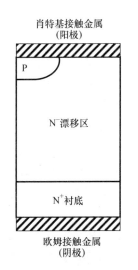

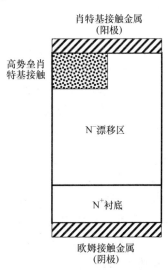

图 1.7　结势垒控制肖特基（JBS）
　　　整流器结构

图 1.8　沟槽肖特基势垒控制
　　　肖特基（TSBS）整流器结构

原则上，还可以通过加入 MOS 结构来屏蔽阳极肖特基接触，如图 1.9 所示。在沟槽内形成 MOS 结构能够提高屏蔽效果[9]。这种方法对于具有成熟 MOS 技术的硅器件是可行的。但在碳化硅结构中，这种方法是不可取的，因为在氧化物中会产生非常高的电场强度，从而会导致器件失效。在硅器件中，这个想法已经与电荷耦合现象结合，以此来减小漂移区的电阻。这种结构将在后续电荷耦合功率器件中讨论。

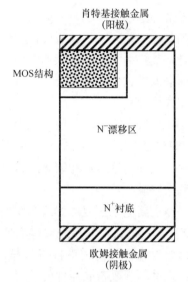

图 1.9   MOS 势垒控制肖特基（MBS）整流器结构

1.4   双极型功率整流器

当阻断电压超过100V时，硅单极型肖特基整流器漂移区的电阻变得非常大。相比之下，超高压的硅双极型器件却是可行的，因为在通态，注入漂移区的载流子能够产生电导调制效应。在过去50年中，业界广泛使用的 P – i – N 整流器结构如图 1.10 所示。在通态，PN 结正偏，注入的少数载流子浓度远远超过漂移区的掺杂浓度。为了满足电中性条件，漂移区中会产生等浓度的多数载流子。即使承担高反向阻断电压，典型硅 P – i – N 整流器的通态压降也仅为 1 ~ 2V。目前已经开发了阻断电压高达 10kV 的商用器件。

P – i – N 整流器的主要缺点是反向恢复电流大，开关速度慢。这个瞬态过程在整流器和功率开关中产生大的功耗，瞬态过程发生的频率由开关器件控制。减小反向恢复电流的一种方法是通过使用深能级杂质来减小寿命[1]。另一种方法是将肖特基接触和PN 结相结合，如图 1.11 所示。虽然这种结构在外观上与 JBS 整流器结构相同，但在高压下它以双极型模式工作。这种结构不应被认为是肖特基整流器和 P – i – N 整流器的简单组合，如果是这样认为的话，这将导致两种结构最差性能的组合。相反，通过结合肖特基整流器和 P – i – N 整流器中的电流流动情况，可以实现两个结构的最佳属性[10]。

图 1.10 P－i－N 整流器结构

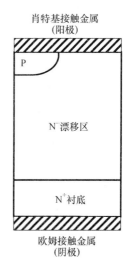

图 1.11 混合 P－i－N/肖特基势垒（MPS）整流器

1.5 典型功率整流器应用

在电路中使用功率整流器来控制电流方向。通常，它们和功率晶体管（诸如 MOSFET 和 IGBT）一起配套使用。本节给出了高性能功率整流器应用的两个典型示例，从应用的角度强调其重要性。第一个例子是将电压从一个直流等级降低到更小值的"Buck"变换器（降压变换器）。该电路普遍用于计算机内的功率分配。第二个例子是变速电动机驱动。该应用非常适用于具有可变负载的感应电动机，可以大大提高效率。

1.5.1 直流－直流降压变换器

因为降压变换器能够将直流输入电压减小到较小的直流输出电压，所以它被认为是直流－直流变压器。如上所述，降压变换器的一种普遍应用是从背板直流电源向计算机内部的各种负载供电。根据计算机的类型，背板电源的典型电压范围为 17～20V。负载（例如磁盘驱动器）需要 5～12V 的直流电压。相反，计算机中的集成电路，例如微处理器和显卡，需要 1～2V 较低的直流电压。

用于计算机直流－直流电压变换的常用降压变换器电路如图 1.12 所示。由于该电路中的工作电压相对低，通常使用功率 MOSFET 作为开关。当晶体管由控制电路控制导通时，电流从直流输入源通过电感器流到连接在输出端的负载。当晶体管由控制电路控制关断时，负载电流通过整流器和电感器循环。调整直流输出电压可以通过调节晶体管的导通时间来实现[11]。晶体管的开关波形与图 1.2 所示的类似。整流器的波形是晶体管波形的补充。

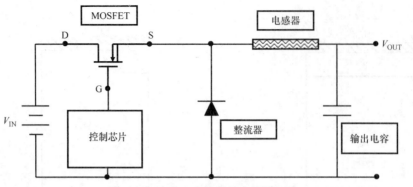

图 1.12　直流 - 直流降压变换器电路

为了减小电感器的尺寸，倾向于增加直流 - 直流变换器的工作频率。由于功率 MOSFET 为单极型器件，所以用作开关的功率 MOSFET 可以在高频下工作。如果功率整流器也使用单极型器件，那么既可以在高频下工作，同时开关功耗也很小。还希望减小整流器的通态压降以减少导通功耗。这些特性是硅功率肖特基整流器所特有的特性。然而，必须注意在最大工作温度下保持足够低的漏电流，以防止"热失控"（thermal runaway）现象发生。

1.5.2　变频电动机驱动

通过使用变频电动机驱动器代替具有阻尼器的恒速驱动器来调节输出，可以显著提高电动机的运行效率。最常用的拓扑将恒定频率交流输入电源转换为直流电压，然后使用逆变器来实现变频输出功率[12]。三相电动机驱动系统的电路图如图 1.13 所示。6 个 IGBT 与逆变器中的 6 个续流（fly - back）二极管一起使用，可将变频功率提供给电动机绕组。脉冲宽度调制（Pulse Width Modulation，PWM）用于产生输送到电动机绕组的变频交流电压波形[13]。

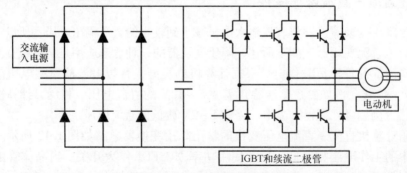

图 1.13　变频电动机驱动电路

在 PWM 的每个周期内，可以认为电动机绕组中的电流近似保持恒定。这就使得经由 IGBT 和整流器的电流和电压波形为线性。晶体管和续流二极管的典型波形如图 1.14 所示。通常在 t_1 到 t_3 的时间间隔内可以观察到硅 P–i–N 整流器的大的反向恢复电流，这不仅会在二极管中产生高功耗，在晶体管中也产生了高功耗[1,4]。用碳化硅肖特基整流器代替硅 P–i–N 整流器可以消除这种功耗。

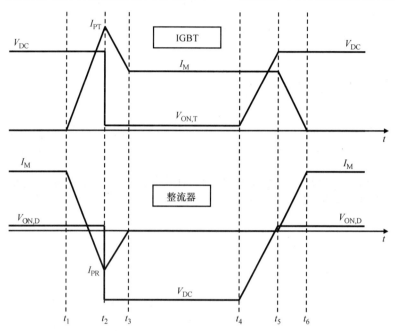

图 1.14　PWM 电动机驱动电路的线性化波形

1.6　总结

　　本章讨论了功率半导体整流器的理想特性，并将器件的典型特性与理想特性进行了比较；简要描述了整流器的两个应用。本章介绍了适用于这些应用的各种单极型和双极型功率器件的结构。这些结构将在本书后面章节中详细讨论。

参 考 文 献

1 B.J. Baliga, "Fundamentals of Power Semiconductor Devices", Springer Science, New York, 2008.

2 B.J. Baliga, "Silicon Carbide Power Devices", World Scientific Press, 2006.

3 B.J. Baliga, "Evolution of MOS-Bipolar Power Semiconductor Technology", Proceedings of the IEEE, pp. 409-418, 1988.

4 B.J. Baliga, "Power Semiconductor Devices for Variable-Frequency Drives", Proceedings of the IEEE, pp. 1112-1122, 1994.

5 B.J. Baliga, "Semiconductors for High Voltage Vertical Channel Field Effect Transistors", J. Applied Physics, Vol. 53, pp. 1759-1764, 1982.

[6] B.J. Baliga, "Pinch Rectifier", U.S. Patent 4,641,174, Issued February 3, 1987.

[7] B.J. Baliga, "The Pinch Rectifier: A Low Forward Drop, High Speed Power Diode", IEEE Electron Device Letters, Vol. EDL-5, pp. 194-196, 1984.

[8] L. Tu and B.J. Baliga, "Schottky Barrier Rectifier including Schottky Barrier Regions of differing Barrier Heights", U.S. Patent 5,262,668, November 6, 1993.

[9] B.J. Baliga, "New Concepts in Power Rectifiers", pp. 471-481 in 'Physics of Semiconductor Devices', World Scientific Press, 1985.

[10] B.J. Baliga, "Analysis of a High-Voltage Merged P-i-N/Schottky (MPS) Rectifier", IEEE Electron Device Letters, Vol. EDL-8, pp. 407-409, 1987.

[11] N. Mohan, T.M. Undeland, and W.P. Robbins, "Power Electronics", pp. 164-172, John Wiley and Sons, New York, 1995.

[12] J.D. van Wyk, "Power Electronic Converters for Drives", pp. 81-137, in 'Power Electronics and Variable Frequency Drives', Edited by B.K. Bose, IEEE Press, 1997.

[13] J. Holtz, "Pulse Width Modulation for Electronic Power Conversion", pp. 138-208, in 'Power Electronics and Variable Frequency Drives', Edited by B.K. Bose, IEEE Press, 1997.

第 2 章　肖特基整流器

肖特基整流器是通过金属和半导体漂移区之间的非线性电接触形成的。因为肖特基整流器具有较低的通态压降和快速的开关特性，并且可以用硅生产技术制成，因此在电力电子应用中是非常引人注意的单极型器件，广泛应用于低压电源电路中。硅肖特基整流器的最大击穿电压受漂移区电阻增加的限制，漂移区电阻随击穿电压的增加而增加，限制了肖特基整流器的最大击穿电压，因此市场上能买到的肖特基整流器的击穿电压通常低于100V。

第1章所描述的许多应用要求使用快开关、低压降，而且耐压超过500V的整流器。碳化硅更低的漂移区电阻促进了高压肖特基整流器的发展[1]。碳化硅整流器不仅开关速度快，而且消除了 P－i－N 整流器中的较大的反向恢复电流。这不仅降低了整流器的开关功耗，也降低了电力电路中 IGBT 的开关功耗[2]。

本章首先介绍肖特基整流器的基本结构、定义及组成部分。从正向、反向两种工作模式讨论器件的电流传输机制。在第一象限工作时，功率肖特基整流器的电流传输以热发射机制为主。在第三象限工作时，肖特基势垒降低效应强烈地影响着硅器件的漏电流。对于碳化硅器件来说，反向漏电流的分析必须考虑隧穿效应的影响。

本章内容旨在为后面章节中的先进器件工作原理的讨论提供背景和观点。与功率肖特基整流器相关的更详细的基础理论在近期出版的教科书中会讨论[3]，内容包括依赖于工作周期和最高结温的肖特基势垒高度的优化。

2.1　功率肖特基整流器的结构

金属－半导体或肖特基整流器的基本一维结构及反向偏置状态下的电场分布如图 2.1 所示。外加电压由漂移区承担。如果漂移区为均匀掺杂，则电场分布为三角形分布。最大电场强度位于金属接触处。当该处的电场强度等于半导体的临界电场强度时，器件发生击穿。

当阴极施加负偏置电压时，电子越过金属－半导体接触，流经漂移区和衬底，在肖特基整流器中形成电流。通态压降主要由金属－半导体界面压降和漂移区电阻、衬底和欧姆接触的欧姆压降构成。

在典型的通态电流密度下，电流传输以多数载流子为主，因此在功率肖特基整流器的漂移区中所存储的少数载流子是微不足道的。这使得肖特基整流器能快速从通态切换到反向阻断状态，因为耗尽层能快速在漂移区中建立。肖特基整流器的快

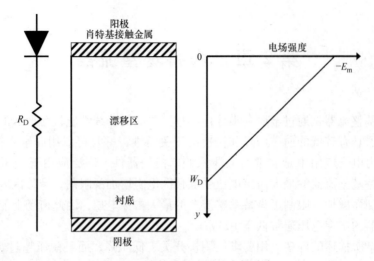

图 2.1 肖特基整流器的电场分布

速开关能力使其在高频状态下具有低功耗，成为高频开关电源应用的常用器件。随着商用高压碳化硅肖特基整流器的出现，它们也有望应用于电动机控制应用中。

肖特基势垒高度的有效关系式为

$$\Phi_{BN} = \Phi_M - \chi_S \tag{2.1}$$

式中，Φ_M 为金属功函数；χ_S 为半导体的电子亲和势。金属费米能级（E_{FM}）与半导体费米能级（E_{FS}）的电势差被称为接触电势差（V_C），可表示为

$$qV_C = (E_{FS} - E_{FM}) = \Phi_M - \Phi_S = \Phi_M - (\chi_S + E_C - E_{FS}) \tag{2.2}$$

式中，Φ_S 为半导体功函数；E_C 为导带底。零偏下肖特基接触处的内建电势（V_{bi}）（等于接触电势）在半导体一侧形成的耗尽层宽度可表示为

$$W_0 = \sqrt{\frac{2\varepsilon_S V_{bi}}{qN_D}} \tag{2.3}$$

2.2 正向导通

通过金属 – 半导体结的电流是通过给 N 漂移区施加负偏置电压形成的。对于 N 型半导体来说，通过界面的电流主要由多数载流子 – 电子形成。在硅和碳化硅肖特基整流器中，热发射是主要的电流传输机制。对于高迁移率半导体，如硅、砷化镓和碳化硅，用热发射理论描述通过肖特基势垒界面的电流[4]：

$$J = AT^2 e^{(q\Phi_{BN}/kT)} \left[e^{(qV/kT)} - 1 \right] \tag{2.4}$$

式中，A 为有效 Richardson 常数；T 为绝对温度；k 为玻耳兹曼常数；V 是外加电压。N 型硅[6]、砷化镓[6] 和 4H 碳化硅[3] 的 Richardson 常数分别为 110A/（$cm^2 \cdot K^2$）、140A/（$cm^2 \cdot K^2$）和 146A/（$cm^2 \cdot K^2$）。无论金属接触处所施加的电

压是正偏还是反偏，该表达式都是有效的。基于来自于金属和半导体的电流的叠加性，零偏时相互抵消。

当施加正偏电压时［式（2.4）中的 V］，方括号中的第一项占主导，因此正向电流密度可由式（2.5）计算。

$$J = AT^2 e^{(q\Phi_{BN}/kT)} e^{(qV_{FS}/kT)} \tag{2.5}$$

式中，V_{FS} 为肖特基接触处的正向压降。对于功率肖特基整流器，为了承担反向阻断电压，肖特基接触处的下方为轻掺杂的漂移区，如图 2.1 所示。漂移区的电阻性压降（V_R）使功率肖特基整流器压降增加，使其超过 V_{FS}。对于通过热电子发射进行的电流输运，由于少数载流子注入可以忽略，所以漂移区没有电导调制效应。由于漂移区厚度小（一般小于 $50\mu m$），因此在器件制造和封装过程中，漂移区生长在作为支撑的重掺杂 N^+ 衬底上。在分析时，需要把衬底电阻（R_{SUB}）考虑进来，因为它与漂移区的电阻大小相当，尤其是碳化硅器件。除此之外，阴极的欧姆接触电阻（R_{CONT}）也可能对通态压降产生较大的影响。

包括电阻性压降的功率肖特基整流器通态压降（V_F）可表示为

$$V_F = V_{FS} + V_R = \frac{kT}{q}\ln\left(\frac{J_F}{J_S}\right) + R_{S,SP}J_F \tag{2.6}$$

式中，J_F 为正向（通态）电流密度；J_S 为饱和电流密度；$R_{S,SP}$ 为总串联比电阻，表达式中的饱和电流密度为

$$J_S = AT^2 e^{-(q\Phi_{BN}/kT)} \tag{2.7}$$

总串联比电阻为

$$R_{S,SP} = R_{D,SP} + R_{SUB} + R_{CONT} \tag{2.8}$$

对于硅器件，饱和电流强烈依赖于肖特基势垒高度和温度，如图 2.2 所示。图中势垒高度的选取在典型金属与硅接触的势垒高度范围。饱和电流密度随温度增加而增加，随势垒高度增加而减小。这不仅影响到通态压降，也极大影响着反向漏电流，这个问题将在下节讨论。4H – SiC 器件的相应曲线如图 2.3 所示。该图所选的肖特基势垒高度范围更大，因为这是宽禁带半导体的典型值。

如第 1 章所述，漂移区比通态电阻为

$$R_{on-ideal} = \frac{4BV^2}{\varepsilon_S \mu_n E_C^3} \tag{2.9}$$

对相同的击穿电压来说，4H – SiC 漂移区的比通态电阻大约为硅器件的 $\frac{1}{2000}$，它们的大小可表示为

$$R_{D,SP} = R_{on-ideal}(Si) = 5.93 \times 10^{-9} BV^{2.5} \tag{2.10}$$

与

$$R_{D,SP} = R_{on-ideal}(4H-SiC) = 2.97 \times 10^{-12} BV^{2.5} \tag{2.11}$$

除此之外，还应考虑较厚、重掺杂的 N^+ 衬底的电阻，因为在某些情况下，该

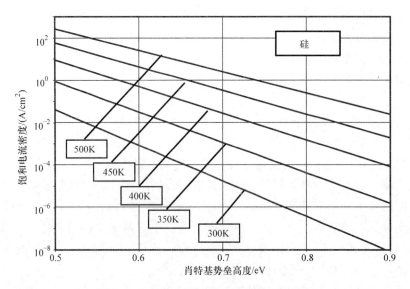

图 2.2　硅肖特基势垒整流器饱和电流密度

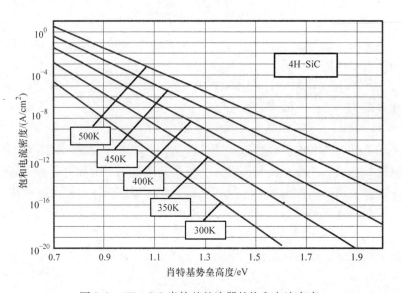

图 2.3　4H – SiC 肖特基整流器的饱和电流密度

电阻与漂移区电阻相当。N^+ 衬底的比电阻等于电阻率和厚度的乘积。对于硅来说，可用的 N^+ 衬底的电阻率为 $1\ m\Omega \cdot cm$。如果衬底的厚度是 $200\mu m$，N^+ 衬底的比电阻是 $2 \times 10^{-5}\Omega \cdot cm^2$。对于碳化硅来说，可用的 N^+ 衬底的电阻率要大很多。对于电阻率为 $0.02\Omega \cdot cm$ 和 $200\mu m$ 厚的典型衬底，其比电阻为 $4 \times 10^{-4}\Omega \cdot cm^2$。通过增加接触处的掺杂浓度和用低势垒高度的欧姆接触金属，可使 N^+ 衬底的欧姆接触比电阻减小至 $1 \times 10^{-6}\Omega \cdot cm^2$ 以下。

对不同击穿电压硅肖特基整流器计算所得的正向导通特性如图 2.4 所示。图中所选取的肖特基势垒高度是 0.7eV，这是实际功率器件所用的典型值。从图中可以看出，击穿电压为 50V 的器件，在 100A/cm² 通态额定电流密度下，漂移区串联电阻对通态压降没有什么负面影响。但是，当击穿电压超过 100V 时该电阻变得非常明显，这将硅肖特基整流器的应用限制在工作低于 100V 的系统中，如开关电源电路。

碳化硅整流器漂移区电阻的显著减小使其击穿电压更大，能够应用到典型的中等功率和大功率电力电子系统中，如应用于电动机控制中。高压 4H - SiC 肖特基整流器的正向特性如图 2.5 所示（肖特基势垒高度为 1.1eV）。计算所采用的 N⁺ 衬底电阻是 $4 \times 10^{-4} \Omega \cdot cm^2$。从图中可以看出，击穿电压不超过 3000V 时，漂移区电阻不能明显增加通态压降。从这些结果可以得出结论，碳化硅肖特基整流器是使用绝缘栅双极型晶体管（IGBT）的中等功率和大功率电子系统的极佳匹配二极管。在电动机控制应用方面，快速开关和无反向恢复电流降低了功耗，提高了效率[2]。

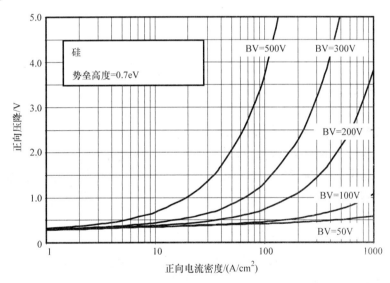

图 2.4　硅肖特基整流器的正向特性

肖特基势垒高度的选取对通态压降的影响很大。对于一般的肖特基整流器来说，通态压降与肖特基势垒高度成正比例关系。因此，为了降低通态压降，应在功率整流器中选用低肖特基势垒高度。对于低阻断电压硅器件来说，肖特基二极管的正向压降随温度的升高而减小，因为肖特基接触处的压降随温度升高而减小。对于高阻断电压 4H - SiC 整流器，通态压降随温度升高而增加，因为漂移区电阻压降随温度升高而增加。相关教科书[3]详细讨论了肖特基势垒高度对通态压降的影响。任何功率肖特基整流器的设计都要求通过选择肖特基势垒高度使通态压降最小，同时又能避免在阻断模式下产生额外的漏电流。肖特基整流器的反向阻断特性将在下

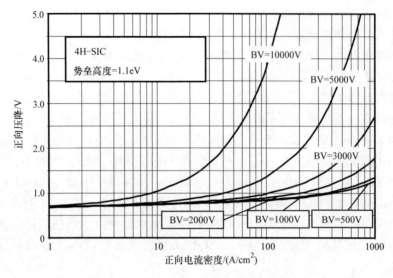

图 2.5 4H-SiC 肖特基整流器的正向特性

节讨论。

2.3 反向阻断

当给肖特基整流器施加反向偏置电压时，电压由漂移区承担，最大电场强度位于金属-半导体接触处，如图 2.1 所示。由于金属不能承担电压，肖特基整流器的反向阻断能力由突变 PN 结的物理机制决定[3]。若考虑的是平行平面结的击穿电压，那么硅器件漂移区的掺杂浓度和宽度为

$$N_D = 2 \times 10^{18} (BV_{PP})^{-4/3} \tag{2.12}$$

$$W_D = 2.58 \times 10^{-6} (BV_{PP})^{7/6} \tag{2.13}$$

实际功率肖特基整流器的击穿电压还受限于边缘击穿。必须采取终端技术来提高肖特基整流器的击穿电压，使其接近平行平面结的击穿电压[1,3]。

由于硅肖特基整流器的势垒高度相对较小，因此热电子发射成为主导。肖特基整流器的漏电流可通过将负偏置电压 V_R 代入式（2.4）获得。漏电流由饱和漏电流决定：

$$J_L = -AT^2 e^{(q\Phi_{BN}/kT)} = -J_S \tag{2.14}$$

反向漏电流强烈依赖于肖特基势垒高度和温度。为了减小漏电流，使阻断功耗达到最小，需要较大的肖特基势垒高度。而且随着温度升高，漏电流会迅速增大，如图 2.6 所示。如果漏电流功耗成为主导功耗的话，那么器件温度升高将形成正反馈机制。这种正反馈导致由热失控（thermal runaway）所形成的肖特基整流器的不稳定工作状态。肖特基整流器的这种损坏机制必须通过充分增加肖特基势垒高度加以避

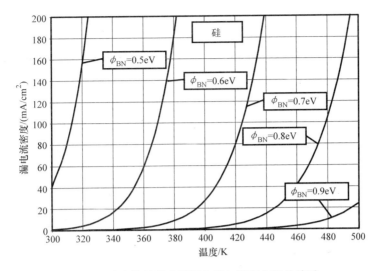

图 2.6 硅肖特基整流器漏电流与温度之间的关系

免，虽然这样做会造成通态压降的增加。较大的肖特基势垒高度是功率肖特基整流器在较高环境温度下工作的保证。由于肖特基势垒高度降低和隧穿效应，实际功率肖特基整流器的漏电流比饱和漏电流大很多。

2.3.1 肖特基势垒降低

根据前面的分析，肖特基整流器的漏电流应与所施加偏置电压的大小无关。可实际功率肖特基整流器的漏电流会随反向偏置电压的增加而迅速增加。漏电流的增加远大于反向偏置电压增加所导致耗尽层扩展区的空间电荷区产生电流。

在反向阻断状态下，由于镜像力势垒降低效应，肖特基势垒高度会随之降低[6]。势垒降低的量由金属-半导体接触界面的最大电场强度（E_M）决定。

$$\Delta \Phi_{BN} = \sqrt{\frac{qE_M}{4\pi\varepsilon_S}} \qquad (2.15)$$

对于一维结构，最大电场强度与反向偏置电压（V_R）的关系为

$$E_M = \sqrt{\frac{2qN_D}{\varepsilon_S}(V_R + V_{bi})} \qquad (2.16)$$

举例说明，图 2.7 为漂移区掺杂浓度为 $1 \times 10^{16} \, cm^{-3}$ 时硅和 4H-SiC 肖特基势垒高度降低。对于硅结构，在最大反向偏置电压下肖特基势垒高度降低 0.065eV。因为碳化硅整流器的低漂移区比通态电阻与发生碰撞电离时所具有的更大的电场强度有关，因此可以预计碳化硅整流器的肖特基势垒降低比硅器件更严重。漂移区掺杂浓度为 $1 \times 10^{16} \, cm^{-3}$ 时，在雪崩击穿电压下，碳化硅势垒降低是硅势垒降低的 3 倍，如图 2.7 所示。这将导致碳化硅器件的反向漏电流随反向偏置电压的增加有更

大的增加。因为硅器件（50V）和碳化硅器件（3000V）的击穿电压具有不同值，因此在图2.7所示的比较中，反向电压被归一化到击穿电压。

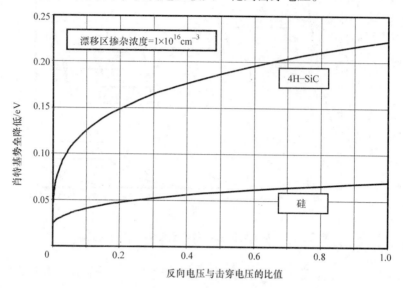

图 2.7 硅和4H – SiC 肖特基整流器肖特基势垒降低

考虑到肖特基势垒降低的漏电流可表示为

$$J_L = -AT^2 e^{-q(\Phi_{BN} - \Delta\Phi_{BN})/kT} \qquad (2.17)$$

图2.8对50V击穿电压的硅器件在有无肖特基势垒降低效应下所计算的漏电流进行了比较。图中忽略了空间电荷区产生的漏电流，因为该电流远小于流过金属 – 半导体接触处的漏电流。从图中可以看出，当反向电压增加到接近击穿电压时，由于势垒降低效应，漏电流增大了5倍。硅肖特基整流器实际反向漏电流的增加程度比肖特基势垒降低效应预测要大很多。

2.3.2 击穿前雪崩倍增

实际硅功率肖特基整流器漏电流的大幅度增加可以这样理解：当反向偏置电压接近击穿电压时，大量可动载流子通过处于大电场强度下的肖特基结构时，发生了击穿前雪崩倍增效应[7]。到达耗尽层边缘的电子数比通过金属 – 半导体接触处的电子数增大 M_n 倍。倍增因子（M_n）由金属 – 半导体接触处的最大电场强度（E_m）决定：

$$M_n = \{1 - 1.52[1 - \exp(-7.22 \times 10^{-25} E_m^{4.93} W_D)]\}^{-1} \qquad (2.18)$$

式中，W_D 为耗尽层宽度。考虑到击穿前倍增效应的影响，漂移区掺杂浓度为 $1 \times 10^{16} cm^{-3}$ 的硅肖特基整流器的漏电流密度如图2.8所示。当电场强度接近击穿的临界电场强度时，考虑了雪崩倍增系数的电流增大效应非常明显。考虑了肖特基势垒降低效应和击穿前倍增效应的漏电流与市场上买到的硅器件特性一致，反向偏置电

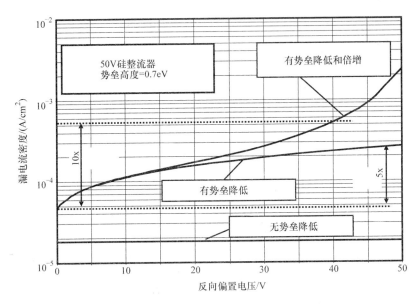

图 2.8　50V 硅肖特基整流器漏电流密度

压从低压增大到额定电压（大约为击穿电压的 80%），漏电流增大一个数量级。

2.3.3　碳化硅肖特基整流器

　　碳化硅肖特基势垒降低的加剧导致漏电流随反向偏置电压的增加而急剧增加，如图 2.9 所示。该模型预计：当反向电压接近击穿电压时，漏电流大约增加 3 个数量级。可是，当给高压碳化硅肖特基整流器施加反向偏置电压时，实验所观察到的漏电流的增加远大于肖特基势垒降低模型所给出的结果[8-10]，尽管模型中考虑了很大的势垒降低效应。当反向偏置电压增加时，实验所观察到的漏电流增加大约为 6 个数量级。

　　为了解释在碳化硅整流器中所观察到的漏电流更加迅速的增加，有必要考虑场发射（或者隧道效应）漏电流成分[11]。用于计算隧道电流的热电场发射模型使势垒降低与金属 - 半导体界面处的电场强度的二次方成正比。结合热电场发射模型，漏电流密度表达式可写为

$$J_S = AT^2 \exp\left(-\frac{q\Phi_{BN}}{kT}\right) \cdot \exp\left(\frac{q\Delta\Phi_{BN}}{kT}\right) \cdot \exp(C_T E_M^2) \qquad (2.19)$$

式中，C_T 为隧道系数。8×10^{-13} cm^2/V^2 的隧道系数可使漏电流增加 6 个数量级，如图 2.9 所示，与实验观测的结果一致。因此，除了肖特基势垒降低效应，隧道模型漏电流增加 3 个数量级。

　　如前所述，碳化硅肖特基整流器的漏电流随反向偏置电压的增加比硅器件更加严重。但是与硅器件相比，碳化硅器件可以选择更大的势垒高度来减小绝对漏电流

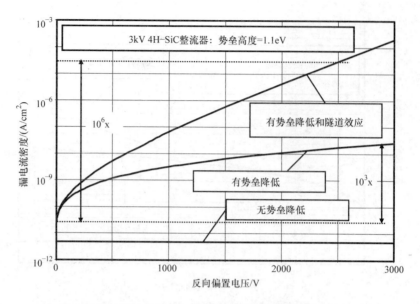

图2.9　3kV 4H – SiC 肖特基整流器的漏电流密度

密度，因为对于高压结构来说，1~1.5V 的通态压降是可以接受的。可将反向阻断模式的功耗维持在可接受的水平。例如，前面所讨论的 3kV 4H – SiC 肖特基二极管，室温下的反向功耗小于 $1W/cm^2$，而通态功耗为 $100W/cm^2$。必须考虑漏电流随温度升高而增加，确保反向功耗低于导通功耗，以保证器件稳定工作。对于硅器件来说，漏电流可使用参考文献［12］提出的 JBS 整流器结构屏蔽肖特基接触[1]加以抑制。

2.4　总结

本章论述了功率肖特基整流器的工作机理，为本书先进的概念提供了背景信息。对于击穿电压相对较高的功率器件，电流的主要传输机制是热发射。对于功率肖特基整流器，必须要考虑漂移区串联电阻对通态压降的影响。串联电阻将硅整流器的击穿电压限制在低于 100V。除此之外，在分析硅器件漏电流时，还要考虑肖特基势垒降低和前击穿雪崩倍增，因为它们可使漏电流在高反向偏置电压下增加。对于碳化硅肖特基整流器，因为漂移区的电阻可以更小，击穿电压最少增加至 3000V。可是，碳化硅器件的漏电流因为高反向偏置电压下的隧道电流而明显地增加了。关于功率肖特基整流器的更详细的内容可见参考文献［3］。

可通过屏蔽肖特基势垒，减小金属 – 半导体界面的电场强度抑制硅和碳化硅肖特基整流器的漏电流。实现这一目的方法很多，如，PN 结，MOS 区域，或者具有更高势垒高度的另一种金属，这些内容将在本书后面的章节中进行讨论。

参 考 文 献

[1] B.J. Baliga, "Silicon Carbide Power Devices", World Scientific Publishing Company, Singapore, 2005.

[2] B.J. Baliga, "Power Semiconductor Devices for Variable Frequency Drives", Proceedings of the IEEE, Vol. 82, pp. 1112-1122, 1994.

[3] B.J. Baliga, "Fundamentals of Power Semiconductor Devices", Springer Scientific, New York, 2008.

[4] S.M. Sze, "Physics of Semiconductor Devices", pp. 254-258, 2nd Edition, John Wiley and Sons, 1981.

[5] H.A. Bethe, "Theory of the Boundary Layer of Crystal Rectifiers", MIT Radiation Laboratory Report, Vol. 43, p. 12, 1942.

[6] E.H. Rhoderick and R.H. Williams, "Metal-Semiconductor Contacts", Second Edition, pp. 35-38, Oxford Science Publications, 1988.

[7] S.L. Tu and B.J. Baliga, "On the Reverse Blocking Characteristics of Schottky Power Diodes", IEEE Transactions on Electron Devices, Vol. 39, pp. 2813-2814, 1992.

[8] M. Bhatnagar, P.K. McLarty, and B.J. Baliga, "Silicon Carbide High Voltage (400V) Schottky Barrier Diodes", IEEE Electron Device Letters, Vol. 13, pp. 501-503, 1992.

[9] F. Dahlquist, et al, "A 2.8kV, Forward Drop JBS Diode with Low Leakage", Silicon Carbide and Related Materials – 1999, Material Science Forum, Vol. 338-342, pp. 1179-1182, 2000.

[10] Y. Sugawara, K. Asano, and R. Saito, "3.6kV 4H-SiC JBS Diodes with Low Ron", Silicon Carbide and Related Materials – 1999, Material Science Forum, Vol. 338-342, pp. 1183-1186, 2000.

[11] T. Hatakeyama and T. Shinohe, "Reverse Characteristics of a 4H-SiC Schottky Barrier Diode", Silicon Carbide and Related Materials – 2001, Material Science Forum, Vol. 389-393, pp. 1169-1172, 2002.

[12] B.J. Baliga, "The Pinch-Rectifier: A Low Forward Drop, High Speed Power Diode", IEEE Electron Device Letters, Vol. EDL-5, pp. 194-196, 1984.

第3章 结势垒控制肖特基整流器

对于肖特基整流器来说，有必要通过优化肖特基势垒高度来折中通态（或传导）功耗与反向阻断功耗[1]。随着肖特基势垒高度的降低，通态压降随之降低，使得通态功耗减小。但同时，较小的势垒高度会导致漏电流增加，从而导致较大的反向阻断功耗的形成。虽然可通过降低肖特基势垒高度来降低功耗，但代价是降低了最高工作温度。肖特基势垒的降低和击穿前雪崩倍增现象，使得漏电流随着反向偏置电压的增加而快速增加，使此优化无法实现。

首先提出的改进方法是利用 PN 结的屏蔽效应改善垂直硅肖特基整流器中的势垒降低效应[2,3]。因为基本理论依据是通过在肖特基接触周围设置紧密相间的 P+ 区形成势垒，屏蔽肖特基接触半导体一侧的大电场强度，所以该结构被称为"结势垒控制肖特基（JBS）整流器"。在 JBS 整流器中，当二极管正向偏置时，让通态电流流经 P+ 区之间的未耗尽间隙，以确保单极型工作机制。除了减少漏电流外，P+ 区域的存在还改善了二极管的耐用性。亚微米级的 P+ 区实现了硅 JBS 整流器特性的详细优化[4]。最小化的 P+ 区面积减小了肖特基接触下漂移区的扩展电阻，使通态压降降低。

前一章的论述表明，碳化硅肖特基整流器的漏电流随着反向偏置电压的增加而增加的现象更加严重。这是由于碳化硅漂移区中的较大电场强度以及热场发射（或隧穿）电流导致较严重的肖特基势垒降低效应。显然，用于硅二极管中的抑制肖特基接触处电场强度的方法，将在碳化硅整流器中发挥更大的效用。

本章将讨论结势垒控制屏蔽概念的应用，可以减少硅和 4H－SiC 肖特基整流器中金属－半导体接触的电场强度。除了分析模型之外，这些结构的工作机制可通过使用二维数值模拟进行分析。已经证明，JBS 理念提高了硅器件的性能，并且可以推广到碳化硅器件[5]以实现更高的性能改进。

3.1 结势垒控制肖特基（JBS）整流器的结构

JBS 整流器的结构如图 3.1 所示。它由肖特基接触和其周围的 P+ 区组成，在反向阻断模式下，P+ 区在金属－半导体接触下面产生势垒，屏蔽肖特基接触。势垒的大小取决于 PN 结之间的距离和结深。较小的间距和较大的结深有利于增加势垒的大小，从而使肖特基接触处电场强度有更大的减小。肖特基接触处电场强度的减小将减小势垒降低效应和场发射效应，这有利于减小高反向偏置电压下的漏电流。

　　选择合理 P⁺ 区之间的距离，确保导通状态，在肖特基接触之下存在未耗尽区域，实现该结构的单极传导。在 JBS 整流器中，二极管两端的压降不足以使 PN 结导通。具有低击穿电压的硅器件具有的低通态压降（大约 0.45V），远低于 PN 结产生大注入所需要的 0.7V。碳化硅的幅度甚至更大，因为其带隙更大。由于漂移区的比电阻小，典型的碳化硅肖特基整流器的通态压降低于 1.5V，远低于使 PN 结产生注入所需的 3V。因此，JBS 概念非常适合开发击穿电压非常高的碳化硅结构。

　　P⁺ 区通常通过使用具有适当间隔的掩模，通过离子注入掺杂来形成，未掺杂部分为肖特基接触处。为了制作方便，与高掺杂 P⁺ 区的欧姆接触和与 N⁻ 漂移区的肖特基势垒接触使用同一种金属。必须对 P⁺ 区之间的区域进行优化，以在降低通态压降和减少漏电流之间取得最佳折中。

　　在硅器件中，PN 结是由热退火形成的一个平面结，其横向扩展如图 3.1 所示。在 JBS 整流器结构的分析建模过程中，必须考虑横向扩散所占据的附加面积。另外，结的圆柱形形状，使阴极电势侵入肖特基接触，从而使（肖特基）接触处的电场强度随反向偏置电压的增加而增加。对于碳化硅器件，在离子注入的退火期间没有显著的扩散。如图 3.2 所示，碳化硅结构的 PN 结为矩形。

图 3.1　JBS 整流器结构

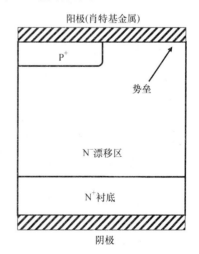

图 3.2　碳化硅 JBS 整流器结构

　　值得指出的是，在 JBS 整流器中，反向阻断电压由 P⁺/N 结下方所形成的耗尽区承担。这个结同时是硅二极管的终端。对于低电压硅器件，通常利用具有场板的圆柱形终端就足以实现增强击穿电压的目的。击穿电压因此降低到大约理想平行平面结的 80%。对于漂移区掺杂浓度的计算必须考虑到击穿电压的降低：

$$N_{\mathrm{D}} = \left(\frac{5.34 \times 10^{13}}{\mathrm{BV}_{\mathrm{PP}}} \right)^{\frac{4}{3}} \tag{3.1}$$

式中，$\mathrm{BV}_{\mathrm{PP}}$ 为在考虑边缘终端之后的平行平面结的击穿电压。

在设计这些器件时经常会出现的错误是，使 PN 结下面的漂移区的厚度等于具有上述掺杂浓度的理想平行平面结的耗尽层宽度。实际上，最大耗尽层宽度为器件的击穿电压（BV）下的最大耗尽层宽度，如由以下给出的：

$$t = W_{\mathrm{D}}(\mathrm{BV}) = \sqrt{\frac{2\varepsilon_{\mathrm{S}}\mathrm{BV}}{qN_{\mathrm{D}}}} \tag{3.2}$$

因此，在 PN 结下面所需的漂移区厚度小于具有上述掺杂浓度的理想平行平面结的耗尽层宽度。由于电流在结之间传输以及漂移区的较低掺杂浓度，因此肖特基接触下的漂移区电阻比理想平行平面结构的电阻更高。

3.2 正向导通模型

对 JBS 整流器的通态压降的分析要考虑 P⁺ 区所引起的肖特基接触的电流收缩，并且由于电流是从肖特基接触扩散到 N⁺ 衬底的，因此漂移区电阻有所增加[6]。为适用于不同的 JBS 整流器的设计，人们开发了几种扩展电阻模型。另外，由于碳化硅中 PN 结的形状不同，因此需要一个独特的模型。这些模型将在后面讨论。在所有模型中，都假设 JBS 整流器的通态压降远低于 PN 结开始形成电流所需的电压。

3.2.1 硅 JBS 整流器：正向导通模型 A

A 型硅 JBS 整流器正向导通工作下的电流模式如图 3.3 所示。该模型考虑了 PN 结处耗尽层的存在，这增加了肖特基接触的电流密度。通过肖特基接触的电流，仅在顶表面处的未耗尽的部分漂移区（具有尺寸 d）内流动。因此，肖特基接触处的电流密度（J_{FS}）与元胞（或阴极）电流密度（J_{FC}）有关：

$$J_{\mathrm{FS}} = \left(\frac{p}{d}\right)J_{\mathrm{FC}} \tag{3.3}$$

式中，p 为元胞间距。尺寸 d 由元胞间距（p）、离子注入窗口的尺寸（$2s$）、P⁺ 区域的结深和导通状态耗尽层宽度（$W_{\mathrm{D,ON}}$）确定：

$$d = p - s - x_{\mathrm{J}} - W_{\mathrm{D,ON}} \tag{3.4}$$

在推导该方程时，假设横向扩散结深等于（纵向）结深。P⁺ 区的尺寸（尺寸 s）最小化取决于用于器件制造的光刻技术，以及在扩散过程中所产生的结深（x_{J}），肖特基接触处的电流密度可能提高两倍甚至更多。在计算肖特基触两端的压降时，必须考虑到这一点：

$$V_{\mathrm{FS}} = \phi_{\mathrm{B}} + \frac{kT}{q}\ln\left(\frac{J_{\mathrm{FS}}}{AT^2}\right) \tag{3.5}$$

电流流过肖特基接触之后，流经漂移区的未耗尽部分。由于电流从肖特基接触扩散到 N⁺ 衬底，因此漂移区的电阻大于上一章讨论的比导通电阻，如图中模型 A 所示。在该模型中，假定电流从肖特基接触区域（宽度 d）扩散到漂移区域底部的整个元胞间距（p）。为了求解这种扩展电阻，对于距表面的深度为 x、厚度为 dx 的导电区域。该段的宽度 $l(x)$ 由式（3.6）给出：

$$l(x) = d + \frac{(p-d)x}{x_J + t} \tag{3.6}$$

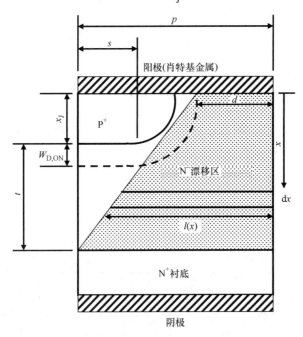

图 3.3 在导通期间硅 JBS 整流器结构电流流动模式：模型 A

该段的电阻为

$$dR_{\text{drift}} = \frac{\rho_D dx}{l(x)Z} = \frac{\rho_D(x_J + t)dx}{[d(x_J + t) + (p-d)x]Z} \tag{3.7}$$

式中，Z 为与图中所示的横截面正交方向上的元胞长度。漂移区的电阻可通过在表面（$x = 0$）和 N$^+$ 衬底（$x = x_J + t$）之间积分该电阻来获得：

$$R_{\text{drift}} = \frac{\rho_D}{Z}\left(\frac{x_J + t}{p - d}\right)\ln\left(\frac{p}{d}\right) \tag{3.8}$$

漂移区的比电阻可通过将元胞电阻乘以元胞面积（pZ）来计算：

$$R_{\text{sp,drift}} = \rho_D p\left(\frac{x_J + t}{p - d}\right)\ln\left(\frac{p}{d}\right) \tag{3.9}$$

另外，重要的是还要包括厚的、高掺杂的 N$^+$ 衬底的电阻，因为这在某些情况下衬底电阻与漂移区的电阻相当。N$^+$ 衬底的比电阻可以通过其电阻率和厚度的乘积来确定。对于硅，可以使用电阻率为 $1\text{m}\Omega \cdot \text{cm}$ 的 N$^+$ 衬底。$200\mu\text{m}$ 的典型厚度的 N$^+$ 衬底所贡献的比电阻为 $2 \times 10^{-5}\Omega \cdot \text{cm}^2$。

包括衬底的贡献，JBS 整流器在正向元胞电流密度 J_{FC} 下的通态压降由式

（3.10）给出：

$$V_F = \phi_B + \frac{kT}{q}\ln\left(\frac{J_{FS}}{AT^2}\right) + (R_{sp,drift} + R_{sp,subs}) \cdot J_{FC} \tag{3.10}$$

当使用该公式计算通态压降时，是从 PN 结的内建电势中减去大约 0.45V 的通态压降来进行耗尽层宽度估算的，结果是令人满意的。此外，还要说明的是，结处的掺杂为线性渐变的，这使得结在 P 侧的耗尽层宽度是总耗尽层宽度的一半。所以：

$$W_{D,ON} = 0.5 \cdot \sqrt{\frac{2\varepsilon_S(V_{bi} - 0.45)}{qN_D}} \tag{3.11}$$

式中，V_{bi} 为突变 P^+/N 结的内建电势。击穿电压在 30～60V 范围内，硅 JBS 整流器的耗尽层宽度（$W_{D,ON}$）为 0.1～0.15μm。

3.2.2　硅 JBS 整流器：正向导通模型 B

在模型 B 中，硅 JBS 整流器正向导通电流分布如图 3.4 所示的阴影区域。如已经在模型 A 所讨论的那样，由于 P^+ 扩散和 PN 结耗尽层的存在，肖特基接触处的电流密度（J_{FS}）增强了。如式（3.3）～式（3.5）所定义的，这增加了肖特基接触两端的压降。在电流流过肖特基接触之后，流过结之间漂移区的未耗尽部分。在模型 B 中，假定电流流过具有均匀宽度 d 的区域，直到其到达耗尽区的底部，然后扩展到漂移区底部的整个元胞间距（p）。

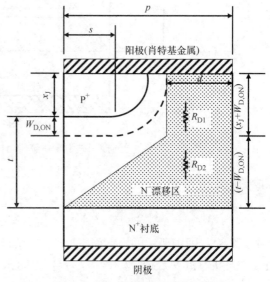

图 3.4　在导通期间硅 JBS 整流器结构电流流动模式：模型 B

对电流的净电阻可通过将两段电阻相加求得。第一段均匀宽度 d 的电阻由式（3.12）给出：

$$R_{D1} = \frac{\rho_D(x_J + W_{D,ON})}{dZ} \tag{3.12}$$

第二段的扩展电阻可以通过使用与模型 A 相同的方法得出：

$$R_{D2} = \frac{\rho_D}{Z}\left(\frac{t - W_{D,ON}}{p - d}\right)\ln\left(\frac{p}{d}\right) \tag{3.13}$$

漂移区域的净扩展电阻由式（3.14）给出：

$$R_{\mathrm{drift}} = \frac{\rho_{\mathrm{D}}(x_{\mathrm{J}} + W_{\mathrm{D,ON}})}{dZ} + \frac{\rho_{\mathrm{D}}}{Z}\left(\frac{t - W_{\mathrm{D.ON}}}{p - d}\right)\ln\left(\frac{p}{d}\right) \tag{3.14}$$

漂移区的比电阻可通过将元胞电阻乘以元胞面积（pZ）来进行计算：

$$R_{\mathrm{sp,drift}} = \frac{\rho_{\mathrm{D}}p(x_{\mathrm{J}} + W_{\mathrm{D,ON}})}{d} + \rho_{\mathrm{D}}p\left(\frac{t - W_{\mathrm{D.ON}}}{p - d}\right)\ln\left(\frac{p}{d}\right) \tag{3.15}$$

JBS 整流器在正向元胞电流密度 J_{FC} 下的通态压降由式（3.16）给出：

$$V_{\mathrm{F}} = \phi_{\mathrm{B}} + \frac{kT}{q}\ln\left(\frac{J_{\mathrm{FS}}}{AT^2}\right) + (R_{\mathrm{sp,drift}} + R_{\mathrm{sp,subs}})J_{\mathrm{FC}} \tag{3.16}$$

当使用该公式计算通态压降时，是从 PN 结的内建电势中减去大约 0.45V 的通态压降来进行耗尽层宽度估算的，结果是令人满意的。此外，还要说明的是，结处的掺杂为线性渐变的，这使得结在 P 侧的耗尽层宽度是总耗尽层宽度的一半。所以：

$$W_{\mathrm{D,ON}} = 0.5\sqrt{\frac{2\varepsilon_{\mathrm{S}}(V_{\mathrm{bi}} - 0.45)}{qN_{\mathrm{D}}}} \tag{3.17}$$

式中，V_{bi} 为突变 $\mathrm{P^+}$/N 结的内建电势。击穿电压在 30 ~ 60V 范围内，硅 JBS 整流器的耗尽层宽度（$W_{\mathrm{D,ON}}$）为 0.1 ~ 0.15μm。

3.2.3　硅 JBS 整流器：正向导通模型 C

当 $\mathrm{P^+}$ 区的离子注入窗口（$2s$）随着光刻设计规则的改进而减小时，漂移区中的电流路径在到达 $\mathrm{N^+}$ 衬底之前重叠。这种情况（模型 C）的电流流动模式如图 3.5 中用阴影区域表示。由于 $\mathrm{P^+}$ 区和 PN 结耗尽层的存在，所以模型 C 中的肖特基接触处的电流密度（J_{FS}）增大了，就如已经在模型 B 所讨论的那样。如式（3.3）~ 式（3.5）所定义，这增加了肖特基接触两端的压降。在流经肖特基接触之后，电流流过结之间的漂移区的未耗尽部分。在模型 C 中，假定在到达耗尽层的底部之前，电流流过具有均匀宽度 d 的区域，然后以 45° 扩展角扩展到整个元胞间距（p）。从耗尽区底部流出的电流路径在距离（$s + x_{\mathrm{J}} + W_{\mathrm{D,ON}}$）处重叠。然后电流流过均匀横截面。

电流的净电阻可通过 3 段的电阻相加来计算。第一段均匀宽度 d 的电阻由式（3.18）给出：

$$R_{\mathrm{D1}} = \frac{\rho_{\mathrm{D}}(x_{\mathrm{J}} + W_{\mathrm{D,ON}})}{dZ} \tag{3.18}$$

第二部分的电阻可以通过使用与模型 A 相同的方法得出。但是，在这个模式下，该电流流动路径的宽度由式（3.19）给出：

$$l(x) = d + x \tag{3.19}$$

由于 45° 扩展角度。使用该表达式，第二段的电阻由式（3.20）给出：

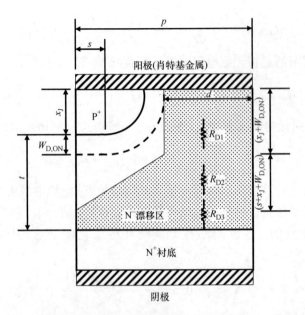

图 3.5 在导通期间硅 JBS 整流器结构电流流动模式：模型 C

$$R_{D2} = \frac{\rho_D}{Z}\ln\left(\frac{p}{d}\right) \tag{3.20}$$

具有均匀横截面宽度 p 的第三段的电阻由式（3.21）给出：

$$R_{D3} = \frac{\rho_D(t - s - x_J - 2W_{D,ON})}{pZ} \tag{3.21}$$

漂移区的比电阻可通过将元胞电阻（$R_{D1} + R_{D2} + R_{D3}$）与元胞面积（pZ）相乘来计算：

$$R_{sp,drift} = \frac{\rho_D p(x_J + W_{D,ON})}{d} + \rho_D p\ln\left(\frac{p}{d}\right) + \rho_D(t - s - x_J - 2W_{D,ON}) \tag{3.22}$$

JBS 整流器在正向元胞电流密度 J_{FC} 下的通态压降由式（3.23）给出：

$$V_F = \phi_B + \frac{kT}{q}\ln\left(\frac{J_{FS}}{AT^2}\right) + (R_{sp,drift} + R_{sp,subs})J_{FC} \tag{3.23}$$

当使用该公式计算通态压降时，是从 PN 结的内建电势中减去大约 0.45V 的通态压降来进行耗尽层宽度估算的，结果是令人满意的。此外，还要说明的是，结处的掺杂为线性渐变的，这使得结在 P 侧的耗尽层宽度是总耗尽层宽度的一半。所以：

$$W_{D,ON} = 0.5\sqrt{\frac{2\varepsilon_S(V_{bi} - 0.45)}{qN_D}} \tag{3.24}$$

式中，V_{bi} 为突变 P^+/N 结的内建电势。击穿电压在 30～60V 范围内，硅 JBS 整流器的耗尽层宽度（$W_{D,ON}$）为 0.1～0.15μm。

3.2.4   硅 JBS 整流器：示例

为了理解上述 JBS 整流器的正向电流模型之间的差异，对击穿电压为 50V 的特定器件进行分析。如果终端使击穿电压下降到理想值的 80%，则平行平面击穿电压为 62.5V。漂移区的掺杂浓度为 8×10^{15} cm^{-3}，承担该电压的耗尽区宽度为 2.85μm。在假设通态压降为 0.45V 的情况下，所计算的 N$^-$ 漂移区中的耗尽区宽度为 0.13μm。如果 JBS 结构具有 1.25μm 的元胞间距（p），并且使用 0.5μm 的离子注入窗口（2s）产生具有 0.5μm 结深的 P$^+$ 区，则尺寸 d 为 0.37μm。因此，与阴极（或平均元胞）电流密度相比，肖特基接触区域所传输的电流密度增加了 3 倍。

使用上述 3 个 JBS 整流器模型所得的通态 $i-v$ 特性如图 3.6 所示。在该分析中，肖特基势垒高度为 0.7eV。虽然模型 B 与其他两个模型相比稍差，但它们对通态压降的预测非常接近。在 100A/cm^2 的通态电流密度下，所预测的 JBS 整流器的通态压降为 0.467V。

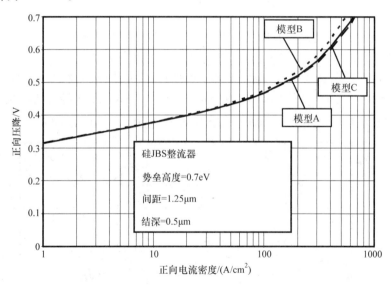

图 3.6   50V 硅 JBS 整流器结构的正向导通特性

通过使用 3 种模型中的任何一种，都可以预测元胞间距（p）的改变对通态特性的影响。肖特基势垒高度为 0.7eV 时，用模型 C 所得的结果如图 3.7 所示。图中还包括具有相同漂移区参数的平面肖特基整流器的 $i-v$ 特性用于比较。只要间距大于 1.25μm，间距对通态压降的影响就很小。然而，由于肖特基接触处电流的收缩，当间距减小到 1.00μm 时，通态压降增加 10%。如下面所讨论的，较小的元胞间距和间隔 d 有利于减小漏电流，因此有必要仔细选择并精确控制 JBS 整流器中的元胞间距，以优化其特性。

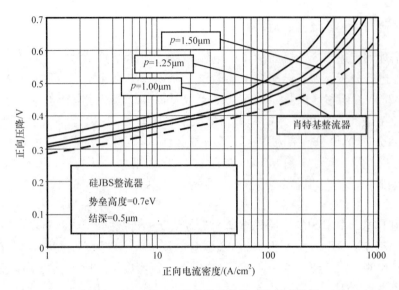

图 3.7　50V 硅 JBS 整流器结构的正向导通特性

　　PN 结对肖特基接触的屏蔽程度也取决于结的深度。更大的结深提高了平面结之间区域的纵横比（稍后定义）。纵横比越大，对垂直结型场效应晶体管的屏蔽作用越大，阻断增益越大[7]。然而，结深的增加导致元胞间距增加，模型 C 中的第一个电阻增加，进而使通态压降增加。两个结深的正向 $i-v$ 特性分析结果如图 3.8 所示。结深从 0.5μm 增加到 1μm，通态压降从 0.467V 上升到 0.487V。

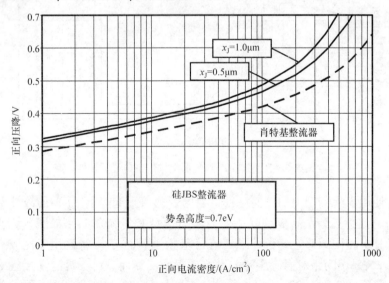

图 3.8　50V 硅 JBS 整流器结构的正向导通特性

模拟示例

　　为了验证上述用于硅 JBS 整流器的通态特性分析模型的正确性，这里给出了 50V 器件的二维数值模拟结果。该结构的漂移区厚度为 $3\mu m$，掺杂浓度为 8×10^{15} cm^{-3}。P^+ 区的结深为 $0.5\mu m$，离子注入窗口（图 3.5 中的尺寸 s）为 $0.25\mu m$。图 3.1E 为该结构掺杂分布的三维视图。P^+ 区域位于图的左上角。结在顶部表面延伸至 $0.75\mu m$，金属 – 半导体接触变为 $0.5\mu m$。而且，该区域的一部分因结电势而耗尽。

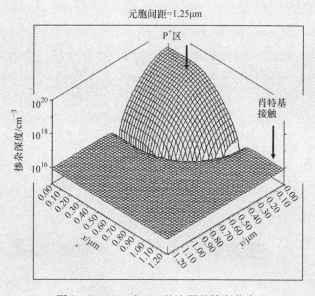

图 3.1E　50V 硅 JBS 整流器的掺杂分布

　　元胞间距 p 为 $1.25\mu m$ 的 JBS 整流器，势垒高度为 $0.7eV$ 时，所得的通态 $i-v$ 特性如图 3.2E 所示。该曲线包括流过该结构的总电流（阴极电流）以及流经肖特基接触（点线）和 P^+ 区域（虚线）的电流。由图可知，流过 P^+ 区的电流非常小，除非通态压降超过 $0.7V$。在通态电流密度为 $100A/cm^2$ 时，通态压降为 $0.45V$，表明没有来自 PN 结的显著注入，并且所有电流都流经肖特基接触。流经 P^+ 区的电流比流过肖特基接触的电流小 6 个数量级。这确保了从 PN 结注入的少数载流子对 JBS 整流器的反向恢复特性的影响最小。

　　上述 JBS 整流器结构的电流曲线如图 3.3E 所示。用于确认其工作在单极电流导通模式下，通态压降为 $0.5V$。可以看出，所有电流曲线汇聚到位于结构右上侧的肖特基接触，表明没有电流流过 P^+ 区。电流流动模式与模型 C 一致，在耗尽区的底部之前，横截面基本不变，之后以大约 45°的角度扩散电流。距表面 $1.5\mu m$ 的深度以下，电流变为均匀分布。这证明了模型 C 中用三区模型分析串联电阻是正确的。

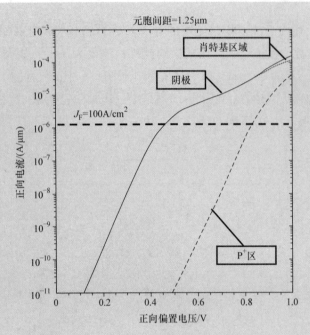

图 3.2E 50V 硅 JBS 整流器的通态特性

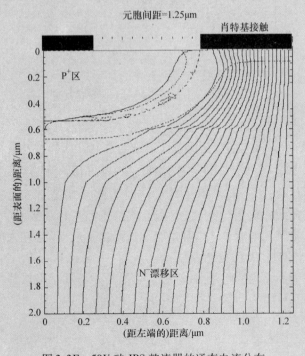

图 3.3E 50V 硅 JBS 整流器的通态电流分布

　　将元胞间距为 $1.00\mu m$ 和 $1.25\mu m$ 的 50V JBS 整流器的通态 $i-v$ 特性与元胞间距为 $1.25\mu m$ 的 50V 肖特基整流器的通态 $i-v$ 特性进行比较，如图 3.4E 所示。所有结构的肖特基势垒高度均为 0.7eV。在 JBS 整流器中，P^+ 区通过 $0.5\mu m$ 的窗口 $(2s)$ 注入，深度为 $0.5\mu m$。可以观察到 JBS 整流器的通态压降由于 P^+ 区的存在而增加。考虑到面积的差别，在 $100A/cm^2$ 的通态电流密度下，与肖特基整流器的 0.41V 通态压降相比，JBS 整流器的通态压降为 0.45V 和 0.49V。正如预期的那样，JBS 整流器的曲线在 0.8V 的通态压降处出现弯曲，因为此时 PN 结开始注入，而肖特基整流器没有观察到曲线拐点。这些结果与分析模型预测的结果非常接近（见图 3.7），证实了对 JBS 整流器通态特性分析的正确性。

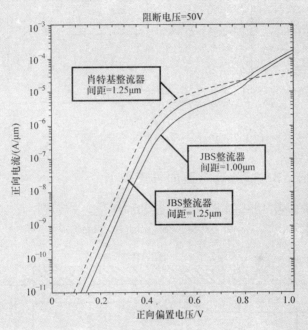

图 3.4E　50V 硅 JBS 整流器结构正向导通特性（1）

　　在 JBS 整流器中，结深的增加改善了肖特基接触的屏蔽效应。但是，它也增加了从肖特基接触到阴极的电流路径的电阻。利用数值模拟，观察 JBS 整流器结深从 $0.5\mu m$ 增加到 $1.0\mu m$ 的影响，增加 $0.5\mu m$ 的元胞间距以保证肖特基接触尺寸不变。该结构的通态 $i-v$ 特性与 $0.5\mu m$ 结深的进行比较，如图 3.5E 所示。因为它们具有相同的肖特基接触尺寸，所以它们的 $i-v$ 特性几乎重合，并且其元胞电阻几乎相等。然而，值得注意的是这两个结构的元胞面积是不相等的。考虑到元胞面积的差别，对于 JBS 整流器来说，在相同的通态电流密度 $100A/cm^2$ 下的通态压降是不相等的。结深为 $1.0\mu m$ 的结构的通态压降大于结深为 $0.5\mu m$ 结构的 0.02V。这与分析模型的预测非常吻合（见图 3.8）。

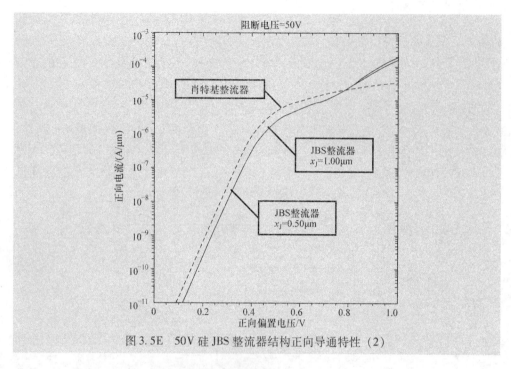

图3.5E　50V 硅 JBS 整流器结构正向导通特性（2）

3.2.5　碳化硅 JBS 整流器：正向导通模型

　　如前面关于硅 JBS 整流器结构所讨论的那样，这 3 种模型几乎产生相同的通态特性。因此，本节以图 3.9 阴影区域所示的电流分布为基础，仅为碳化硅 JBS 整流

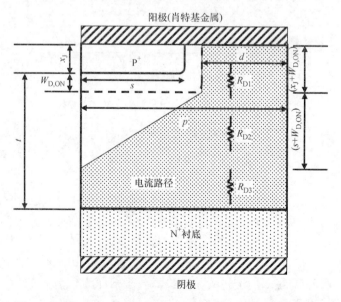

图3.9　碳化硅 JBS 整流器在正向导通状态下的电流流动模式

器建立一个模型。该模型与硅 JBS 整流器的模型 C 相似，因为碳化硅 PN 结没有横向扩散。在该模型中，假定通过肖特基接触的电流仅在顶表面处漂移区的未耗尽部分（具有尺寸 d）内流动。因此，肖特基接触（J_{FS}）处的电流密度与元胞（或阴极）电流密度（J_{FC}）有关：

$$J_{FS} = \left(\frac{p}{d}\right) J_{FC} \tag{3.25}$$

式中，p 为元胞间距。尺寸 d 由单元间距（p）、离子注入窗口的尺寸（s）和耗尽层宽度（$W_{D,ON}$）决定：

$$d = p - s - W_{D,ON} \tag{3.26}$$

在推导这个等式时，假定在离子注入中没有横向扩散（straggle）的现象。P^+ 区最小化的尺寸（尺寸 s）取决于器件制造的光刻技术，肖特基接触处的电流密度可能提高两倍或更多倍。在计算肖特基接触两端的压降时，必须考虑到这一点：

$$V_{FS} = \phi_B + \frac{kT}{q} \ln\left(\frac{J_{FS}}{AT^2}\right) \tag{3.27}$$

在流经肖特基接触之后，电流流过漂移区的未耗尽部分。在该模型中，假设电流流过具有均匀宽度 d 的区域，直到其到达耗尽区域的底部，然后以 45° 扩展角扩展到整个元胞间距（p）电流路径在距耗尽区底部（$s + W_{D,ON}$）处重叠，流过均匀横截面。

电流净电阻的计算可通过三段电阻相加获得。第一段均匀宽度 d 的电阻由式（3.28）给出：

$$R_{D1} = \frac{\rho_D(x_J + W_{D,ON})}{dZ} \tag{3.28}$$

第二段的电阻，可以通过使用和硅 JBS 整流器的模型 C 相同方法得出：

$$R_{D2} = \frac{\rho_D}{Z} \ln\left(\frac{p}{d}\right) \tag{3.29}$$

具有均匀横截面宽度 p 的第三段的电阻由式（3.30）给出：

$$R_{D3} = \frac{\rho_D(t - s - 2W_{D,ON})}{p \cdot Z} \tag{3.30}$$

漂移区的比电阻可以通过将元胞电阻（$R_{D1} + R_{D2} + R_{D3}$）乘以单元面积（pZ）来计算：

$$R_{sp,drift} = \frac{\rho_D p(x_J + W_{D,ON})}{d} + \rho_D p \ln\left(\frac{p}{d}\right) + \rho_D(t - s - 2W_{D,ON}) \tag{3.31}$$

此外，还应包括较厚的、高掺杂的 N^+ 衬底的电阻，因为这比硅器件要大得多。N^+ 衬底的比电阻可以用其电阻率和厚度的乘积来确定。对于 4H - SiC，N^+ 衬底的最低可用电阻率为 20mΩ·cm。如果衬底的厚度为 200μm，则 N^+ 衬底的比电阻为 4×10^{-4} Ω·cm^2。JBS 整流器在正向元胞电流密度 J_{FC} 下的通态压降由式

（3.32）给出：

$$V_F = \phi_B + \frac{kT}{q}\ln\left(\frac{J_{FS}}{AT^2}\right) + (R_{sp,drift} + R_{sp,subs})J_{FC} \qquad (3.32)$$

由于碳化硅具有更大的内建电势，其耗尽层宽度也远远高于硅。而且，碳化硅结构在相对较大的 1V 左右的通态压降下工作。因此，当使用上述等式计算通态压降时，可以用 PN 结的约 3.2V 的内建电势中减去 1V 的通态压降来计算耗尽层宽度：

$$W_{D,ON} = \sqrt{\frac{2\varepsilon_S(V_{bi} - 1.0)}{qN_D}} \qquad (3.33)$$

式中，V_{bi} 为 PN 结的内建电势。由于离子注入工艺在碳化硅中形成突变结，所以假定整个耗尽发生在结的轻掺杂 N 侧。对于用 $1 \times 10^{16} cm^{-3}$ 的掺杂浓度制造的 4H - SiC JBS 整流器，其击穿电压约为 3000V，零偏置耗尽层宽度约为 0.5μm。因此可以得出结论，考虑碳化硅 JBS 整流器的耗尽层宽度更为重要。

肖特基势垒高度取 0.8eV，用上述分析模型所计算的 3kV JBS 整流器的正向特性如图 3.10 所示，以元胞间距（p）为参数。对于该分析，P^+ 区域（$2s$）的宽度保持在 1.0μm，因为碳化硅晶片的直径小，而不使用更小的几何尺寸。结深为 0.5μm，结下方的漂移区厚度为 20μm，可以承担 3kV 电压。与肖特基整流器特性（如图中虚线所示）相比，只要元胞间距大于 1.1μm，100A/cm² 的正向电流密度下通态压降增加很小（小于 0.1V）。如本章后面所述，这种元胞间距足以大大减小金属 – 半导体接触处的电场强度。

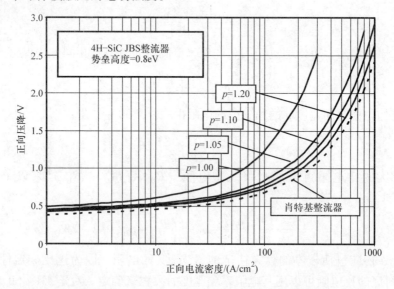

图 3.10 3kV 4H – SiC JBS 整流器的正向特性

模拟示例

　　为了验证上述碳化硅 JBS 整流器的通态特性模型，这里给出了 3000V 器件的二维数值模拟结果。该结构的漂移区厚度为 $20\mu m$，掺杂浓度为 $1 \times 10^{16} cm^{-3}$。P^+ 区的深度为 $0.5\mu m$，离子注入窗口（图 3.9 中的尺寸 s）为 $0.5\mu m$。假设注入区域没有发生横向扩散。

　　对于 $1.25\mu m$ 的元胞间距和与 $4.5eV$ 的接触功函数的情况，通过数值模拟获得的 3kV 4H – SiC JBS 整流器的正向 i – v 特性如图 3.6E 所示。对应于 4H – SiC 的 $3.7eV$ 的电子亲和势，肖特基势垒高度约为 $0.8eV$。在 $100A/cm^2$ 的电流密度下，通态压降为 0.7V，这与前一部分的分析模型获得的结果类似，为模型提供了验证。值得指出的是，该二极管展现出通态压降为所期望的正温度系数，而在特性中没有扭结（kink）。

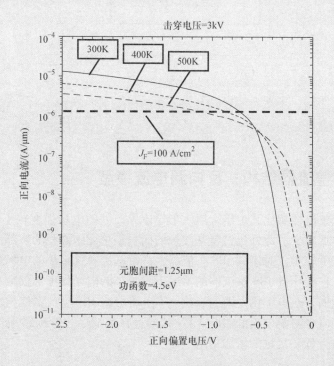

图 3.6E　3kV 4H – SiC JBS 整流器的正向特性

　　然而，正如分析模型所预测的那样，当元胞间距减小到 $1.0\mu m$ 时，正向特性大幅下降，如图 3.7E 所示。当元胞间距减小时，通态压降增加 0.7V，这也与分析模型一致。通态压降增加的原因在于较小的元胞间距使得肖特基接触处的电流收缩现象更加严重，因为对于 $1.00\mu m$ 的元胞间距，尺寸 d 减小到仅为 $0.014\mu m$。本章后面将会介绍，$1.2\mu m$ 的元胞间距足以抑制肖特基接触处的电场强度。

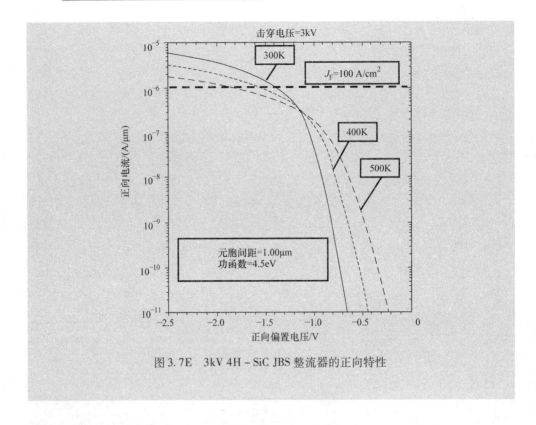

图 3.7E　3kV 4H – SiC JBS 整流器的正向特性

3.3　JBS 整流器结构：反向漏电流模型

与肖特基整流器相比，由于金属 – 半导体界面处的电场强度较小，JBS 整流器中的反向漏电流减少。此外，肖特基接触的面积是总元胞面积的一部分，导致其对反向电流的贡献较小。对于硅 JBS 整流器，肖特基接触处减小的电场强度抑制了势垒降低效应。在碳化硅 JBS 整流器的情况下，减小的电场强度不仅减小了势垒降低效应，而且减弱了热电子场发射的影响。本节将分析 JBS 整流器结构中肖特基接触处电场强度的减少对漏电流的影响。PN 结的存在减弱了击穿前雪崩倍增效应，因此避免了来自肖特基接触的雪崩倍增电流。

3.3.1　硅 JBS 整流器：反向漏电流模型

对于 JBS 整流器，漏电流模型必须考虑到元胞内肖特基接触面积的减小，以及由于 PN 结的屏蔽而使肖特基接触处电场强度减小的影响。硅 JBS 整流器的漏电流由式（3.34）给出：

$$J_{\mathrm{L}} = \left(\frac{p - s - x_{\mathrm{J}}}{p} \right) A T^2 \exp\left(-\frac{q\phi_{\mathrm{b}}}{kT} \right) \exp\left(\frac{q\beta\Delta\phi_{\mathrm{bJBS}}}{kT} \right) \tag{3.34}$$

式中，β 为一个常数，用来说明越靠近 PN 结势垒降低效应越小，在后面将给予讨论。在前面关于肖特基整流器的章节中，已经证明由于镜像力势垒降低现象，肖特基接触处的大电场强度导致有效势垒高度的减小。与肖特基整流器相比，JBS 整流器的势垒降低由接触处减小的电场强度 E_{JBS} 决定：

$$\Delta\phi_{\text{bJBS}} = \sqrt{\frac{qE_{\text{JBS}}}{4\pi\varepsilon_{\text{S}}}} \qquad (3.35)$$

肖特基接触处的电场强度随距 PN 结距离的变化而变化。在肖特基接触的中间观察到最大的电场强度，越接近 PN 结越小。在针对最差情况的分析模型中，很谨慎地使用了（肖特基）接触中间的电场强度来计算漏电流。在来自相邻 PN 结的耗尽区在肖特基接触下产生势垒之前，如肖特基整流器，肖特基接触中间的金属 – 半导体界面处的电场强度随所施加的反向偏压的增加而增加。在肖特基接触之下的漂移区耗尽之后，通过 PN 结形成势垒。在肖特基接触下，来自相邻结的耗尽区相交时的电压被称为夹断电压。夹断电压（V_{P}）由器件元胞参数确定：

$$V_{\text{P}} = \frac{qN_{\text{D}}}{2\varepsilon_{\text{S}}}(p - s - x_{\text{J}})^2 - V_{\text{bi}} \qquad (3.36)$$

尽管在反向偏置电压超过夹断电压后开始形成势垒，但由于肖特基接触的电势侵入，电场强度在肖特基接触处继续上升。由于平面结的"打开"的形状，这个问题在硅 JBS 整流器来说更为严重。为了分析这一点对反向漏电流的影响，电场强度 E_{JBS} 可以通过以下方式与反向偏置电压建立关系：

$$E_{\text{JBS}} = \sqrt{\frac{2qN_{\text{D}}}{\varepsilon_{\text{S}}}(\alpha V_{\text{R}} + V_{\text{C}})} \qquad (3.37)$$

式中，α 为用于说明夹断后在电场中累积的系数；V_{C} 为肖特基接触电势。

举例说明：以本章前面讨论的 50V 硅 JBS 整流器为例，其元胞间距（p）为 1.25μm，P$^+$ 区的尺寸为 0.25μm。对于掺杂浓度为 1×10^{16} cm^{-3} 的漂移区，该结构的夹断电压仅为 1V。由于硅 JBS 整流器结构中平面 PN 结的二维性质，很难推导出 α 的解析表达式。然而，肖特基接触处的电场强度的减少可以通过假设式（3.37）中 α 为不同值来预测。对于范围在 0.05 和 1.00 之间的 α 值，结果如图 3.11 所示。α 等于 1 对应于没有屏蔽的肖特基整流器结构。从中可以观察到，随着 α 减小，肖特基接触处电场强度显著降低。

肖特基接触处电场强度降低对肖特基势垒下降的影响如图 3.12 所示。如果没有 PN 结的屏蔽，肖特基整流器会出现 0.07eV 的势垒下降。在 JBS 整流器结构中，势垒下降，降低到 0.05eV，α 值为 0.2。虽然这可能看起来很小，但它对反向漏电流有很大影响，如图 3.13 所示。图中假设常数 β 为 0.7 是基于下面所讨论的数值模拟结果。对于间距为 1.25μm 的 JBS 结构，0.5μm 的注入窗口（$2s$）以及 0.5μm 的结深，肖特基接触面积仅减少到元胞面积的 40%。这导致在低反向偏压下漏电

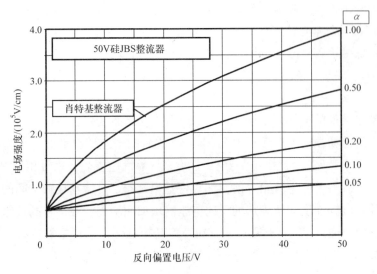

图 3.11   50V 硅 JBS 整流器肖特基接触的电场强度

流成比例降低。PN 结的存在使肖特基势垒下降和击穿前雪崩倍增受到了抑制，降低了随着反向偏压增加而漏电流增加的速率。当 α 等于 0.5 时，反向偏压达到 50V 时漏电流密度减少为肖特基整流器的 $\frac{1}{35}$。这表明 JBS 整流器结构可以实现非常大的反向功耗改善。

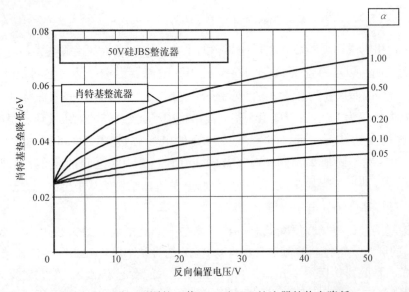

图 3.12   对于不同的 α 值 50V 硅 JBS 整流器的势垒降低

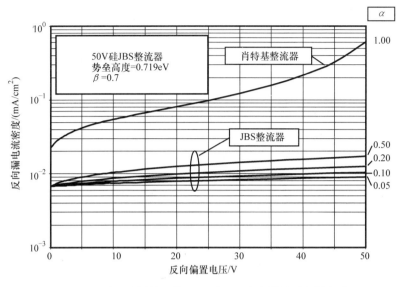

图 3.13 对于不同的 α 值 50V 硅 JBS 整流器的反向漏电流

模拟示例

为了验证上述硅 JBS 整流器反向特性的模型，在此描述了 50V 器件的二维数值模拟结果。该结构的漂移区掺杂浓度为 $8 \times 10^{15} \, \mathrm{cm}^{-3}$，厚度为 $3 \mu \mathrm{m}$。P$^+$ 区域的结深为 $0.5 \mu \mathrm{m}$，离子注入窗口（图 3.5 中的尺寸 s）为 $0.25 \mu \mathrm{m}$。肖特基金属的功函数为 $0.65 \mathrm{eV}$。

图 3.8E 显示了 JBS 整流器元胞中电场分布的三维视图。肖特基接触位于图的右下方，P$^+$ 区位于图的顶部。由图可知 PN 结处为大电场强度（$4 \times 10^5 \mathrm{V/cm}$）。然而，肖特基接触中间的电场强度大大降低（$2.45 \times 10^5 \mathrm{V/cm}$）。还可以看出，越靠近 PN 结，电场强度越小。因此，可以选择肖特基接触的中间区域——最差电场分布情况来进行漏电流的分析。

元胞间距为 $1.25 \mu \mathrm{m}$ 的 JBS 整流器中肖特基接触的中间处的电场强度增加情况如图 3.9E 所示。为了将该特性与肖特基二极管的特性进行对比，将肖特基整流器的电场强度增加情况也显示在图 3.10E 中。从这些图中显而易见，由于结合了 PN 结，在 JBS 整流器中肖特基接触处的电场强度被抑制。可以通过减小元胞间距来获得肖特基接触处更大的电场强度抑制，间距为 $1.00 \mu \mathrm{m}$ 的结构电场强度增加情况，如图 3.11E 所示。

在 JBS 整流器分析模型中，系数 α 控制肖特基接触中间电场强度增加的速率，该系数可以从二维数值模拟的结果中提取。对于元胞间距（p）为 1.25 和 $1.00 \mu \mathrm{m}$ 的 JBS 整流器（用各自的符号表示），从数值模拟得到的肖特基接触中间电场强度的增加情况如图 3.12E 所示。用式（3.37）所得到的计算结果用实线表示，通过

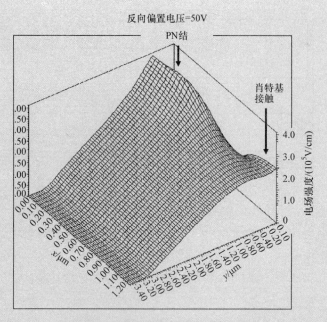

图 3.8E　50V 硅 JBS 整流器的电场分布

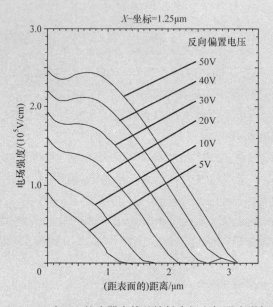

图 3.9E　50V 硅 JBS 整流器肖特基接触中间电场强度增加（1）

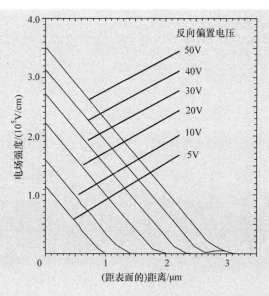

图 3.10E   50V 硅肖特基整流器的电场强度增加

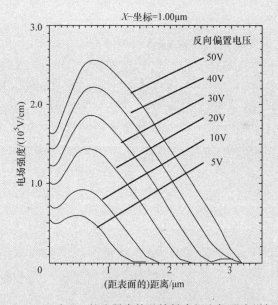

图 3.11E   50V 硅 JBS 整流器肖特基接触中间电场强度增加（2）

调整 α 数值，以适合数值模拟的结果。α 等于 1 的情况与预期相当，与肖特基整流器相吻合。元胞间距为 1.25μm 的 JBS 整流器的 α 值为 0.45，而 1.00μm 间距的 α 值为 0.18。利用这些 α 值，分析模型可准确预测肖特基接触中间的电场特性。因此可用于计算 JBS 整流器中的肖特基势垒下降和漏电流。

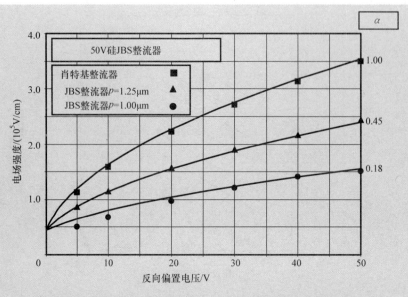

图3.12E　50V 硅 JBS 整流器肖特基接触中间电场强度增加（3）

从数值模拟中得到的元胞间距为 1.25μm 的 50V 硅 JBS 整流器的反向 $i-v$ 特性如图3.13E 所示，并与肖特基整流器的特性进行了比较。两种器件的横截面宽度均为 1.25μm，深度为 1μm（垂直于剖面的宽度）。从图可知，JBS 整流器元胞的击穿电压为 64V。这与由于终端作用使其 50V 的击穿电压为平行平面结击穿电压的 80% 情况一致。在 JBS 整流器结构中，小反向偏压下，漏电流减少为原来的 1/2.5。这与 JBS 整流器结构中，肖特基接触面积减少为原来的 1/2.5 一致。当

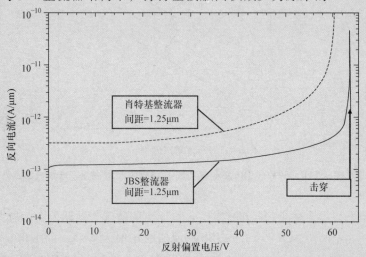

图3.13E　50V 硅 JBS 整流器的反向阻断特性（1）

反向电压增加到 60V 时，肖特基整流器的漏电流增加 100 倍。比较而言，当反向电压增加到 60V 时，该 JBS 整流器的反向漏电流仅增加 4 倍。这种增加与分析模型的预测一致。根据模拟结果，反向偏压为 60V 时，间距为 1.25μm 的 JBS 整流器的漏电流为肖特基整流器的 1/75。

数值模拟对反向阻断状态下 JBS 整流器的电流流动进行了深入研究。将流经阴极的总反向电流与流过肖特基接触和 P⁺ 区接触的电流进行比较，如图 3.14E 所示。在低于 50V 的反向偏置电压下，阴极电流基本上等于流过肖特基接触的电流。当反向电压超过 30V 时，流经 P⁺ 区接触的电流迅速增加，并且在 55V 以上的反向偏置电压下与流经肖特基接触中的电流相当。值得指出的是，由于流过 P⁺ 区接触的电流迅速地增加，表明雪崩倍增发生在 P⁺ 区下，这是由于如图 3.8E 所示的更大的局部电场强度所致。如果在电路工作期间，JBS 整流器被迫击穿，这将屏蔽肖特基接触以防损坏。

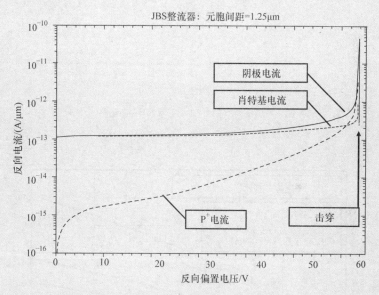

图 3.14E 50V 硅 JBS 整流器的反向阻断特性（2）

JBS 整流器结构中肖特基接触的屏蔽作用可通过增加结深来加强。为了说明这一点，在这里分析结深增加到 1.00μm 的情况。为了进行比较，该结构的肖特基接触的尺寸等于间距 1.25μm，结深为 0.5μm JBS 整流器结构的尺寸。对于各种反向偏置电压，结深为 1.00μm 的结构的电场分布如图 3.15E 所示。通过比较图 3.9E 中结深为 0.5μm 结构的电场分布，可以观察到肖特基接触中间的电场强度已经降低。这表明 α 的值已经被更大的结深减小了。

图 3.16E 比较了不同结深的 JBS 整流器结构，不同的反向偏压下电场强度的增加情况。在该图中，调整分析模型中的 α 值以匹配模拟数据。可以看出，由于较大

的纵横比，较大的结深使 α 从 0.45 减小到 0.3。这对于抑制肖特基势垒下降和减小漏电流都是有益的。更深的结也可以用于边缘终端以增大击穿电压。

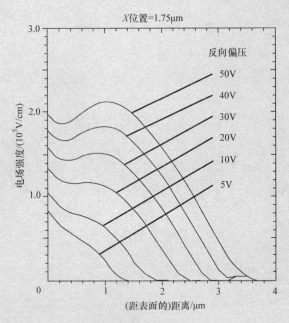

图 3.15E 50V 硅 JBS 整流器肖特基接触中间电场强度增加（4）

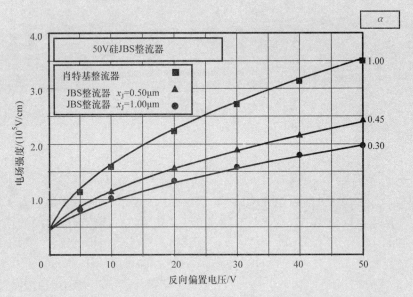

图 3.16E 50V 硅 JBS 整流器肖特基接触中间电场强度增加（5）

3.3.2　碳化硅 JBS 整流器：反向漏电流模型

碳化硅 JBS 整流器中的漏电流可以使用与硅 JBS 整流器相同的方法计算。首先，很重要的一点是，JBS 整流器元胞中的肖特基接触面积更小了。第二，在分析肖特基势垒降低效应时，必须考虑到由于 PN 结的屏蔽作用，肖特基接触处具有更小的电场强度。第三，在考虑到 PN 结的屏蔽使肖特基接触处具有更小电场强度的同时，还要考虑到热电子场发射电流。经过这些调整之后，碳化硅 JBS 整流器的漏电流可以通过使用式（3.38）计算得出：

$$J_{\mathrm{L}} = \left(\frac{p-s}{p} \right) AT^2 \exp\left(-\frac{q\phi_{\mathrm{b}}}{kT} \right) \exp\left(\frac{q\phi_{\mathrm{bJBS}}}{kT} \right) \exp\left(C_{\mathrm{T}} E_{\mathrm{JBS}}^2 \right) \tag{3.38}$$

式中，C_{T} 为隧穿系数（对于 4H – SiC，为 $8 \times 10^{-13}\,\mathrm{cm^2/V^2}$）。与肖特基整流器相比，JBS 整流器的势垒降低由肖特基接触处减小的电场强度 E_{JBS} 决定：

$$\Delta\phi_{\mathrm{bJBS}} = \sqrt{\frac{qE_{\mathrm{JBS}}}{4\pi\varepsilon_{\mathrm{S}}}} \tag{3.39}$$

与硅 JBS 结构的情况一样，肖特基接触处的电场强度随距 PN 结距离的变化而变化。在肖特基接触的中间具有最大的电场强度，并且越接近 PN 结越小。在最差条件下使用分析模型，谨慎用肖特基接触中间的电场强度来计算漏电流。

相邻 PN 结的耗尽区在肖特基接触下产生势垒之前，如肖特基整流器，肖特基接触中间处的金属 – 半导体界面的电场强度随所施加的反向偏压的增加而增加。在肖特基接触之下的漂移区耗尽之后，通过 PN 结形成势垒。与硅 JBS 整流器结构的情况一样，可以用器件元胞参数求得夹断电压（V_{P}）：

$$V_{\mathrm{P}} = \frac{qN_{\mathrm{D}}}{2\varepsilon_{\mathrm{S}}}(p-s)^2 - V_{\mathrm{bi}} \tag{3.40}$$

值得指出的是，4H – SiC 的内建电势远远大于硅。尽管在反向偏压超过夹断电压之后势垒开始形成，但由于肖特基接触电势的侵入，肖特基接触处的电场强度继续上升。与硅 JBS 整流器结构相比，这个问题对于碳化硅结构不那么严重，因为 4H – SiC 中杂质的扩散系数非常低，导致 PN 结呈矩形形状[⊖]。为了分析这一因素对反向漏电流的影响，电场强度 E_{JBS} 可以通过以下方式与反向偏置电压建立关系：

$$E_{\mathrm{JBS}} = \sqrt{\frac{2qN_{\mathrm{D}}}{\varepsilon_{\mathrm{S}}}(\alpha V_{\mathrm{R}} + V_{\mathrm{bi}})} \tag{3.41}$$

式中，α 为用于说明在夹断后电场累积的系数。

举例说明：以本章前面讨论的 3kV 碳化硅 JBS 整流器的情况为例，其元胞间距（p）为 $1.25\mu m$，P^+ 区的尺寸为 $0.5\mu m$，漂移区的掺杂浓度为 $1 \times 10^{16}\,\mathrm{cm^{-3}}$，

　　⊖　可以理解为突变结。——译者注

此结构的夹断电压仅为2V。由于 JBS 整流器结构中 PN 结的二维特性，很难推导出 α 的解析表达式。然而，肖特基接触处电场强度的减少可以通过假设式（3.41）中 α 为不同值来预测。结果如图 3.14 所示，α 值介于 0.05 和 1.00 之间。α 等于 1 对应于没有屏蔽的肖特基整流器结构。从中可以观察到，随着 α 的减小，肖特基接触处电场强度显著降低。

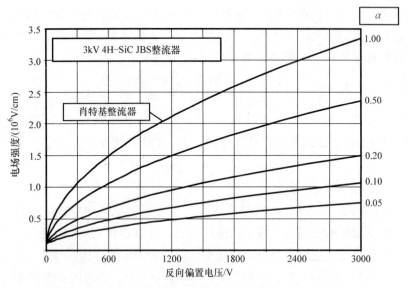

图 3.14 3kV 碳化硅 JBS 整流器肖特基接触的电场分布

由于 JBS 结构中 PN 结的屏蔽作用，肖特基接触处电场强度的降低对肖特基势垒下降的影响如图 3.15 所示。如果没有 PN 结的屏蔽，肖特基整流器会出现 0.22eV 的势垒下降。这比硅器件要大得多，因为（肖特基）接触处的电场强度较大。在 4H - SiC JBS 整流器结构中，势垒降低到 0.15eV 时，α 值为 0.2。这些较小的 α 值适用于碳化硅结构，因为 PN 结的矩形形状有利于在肖特基接触处产生更强的屏蔽。

正如第 4 章所讨论的那样，当 3kV 肖特基整流器的电压升高到 2500V 时，碳化硅的较大势垒降低与热电子场发射电流一起导致漏电流增加 6 个数量级。把这种现象重新画在图 3.16 中，α 为 1 时的势垒高度为 0.8eV。从中可以看出，由于 JBS 整流器结构中的屏蔽，漏电流大大降低。对于间距为 1.25μm 的 4H - SiC JBS 整流器结构，0.5μm 的注入窗口以及 0.5μm 的结深，肖特基接触面积降至元胞面积的 60%。这使得在低反向偏压下的漏电流成比例降低。更重要的是，PN 结的存在抑制了肖特基接触处的电场强度，随着反向偏压的增加，大大降低了漏电流的增加速率。当 α 的值为 0.5，反向偏压达到 3kV 时，漏电流密度降低为肖特基整流器的 1/570，α 值为 0.2 时，漏电流密度降低到肖特基整流器的 1/36000。这表明，4H - SiC JBS 整流器结构能够对反向功耗有巨大的改进，同时通态压降略有增加。

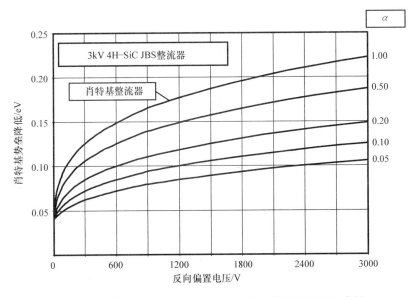

图 3.15 不同 α 值的 3kV 碳化硅 JBS 整流器肖特基势垒降低

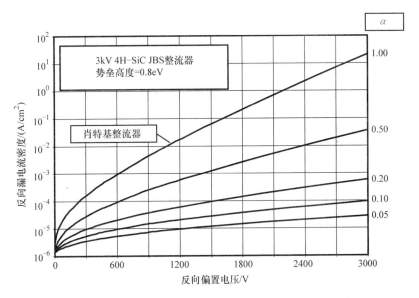

图 3.16 不同 α 值的 3kV 碳化硅 JBS 整流器反向漏电流

  然而，在 300K 下，α 为 0.5 的 JBS 整流器，当肖特基势垒高度为 0.8eV 时，漏电流密度导致在 3000V 的反向偏压下的功耗为 $100W/cm^2$。通过增加肖特基势垒高度可以减小反向阻断模式下的功耗。例如，如果势垒高度从 0.8eV 增加到 1.1eV，则漏电流减小 5 个数量级，如图 3.17 所示。这足以将反向阻断模式下的功耗降低到正向导通模式的功耗以下，即使在高温下也能保证整流器的稳定工作。势垒高度的这种变化将增加 0.3V 的导通压降，前面的图 3-10 所示的 $i-v$ 特性被平移至更大的压降。1.1eV 势垒高度的 4H-SiC JBS 整流器的通态压降仅为 1V，这对于设计承担 3000V 的整流器来说是非常好的选择。

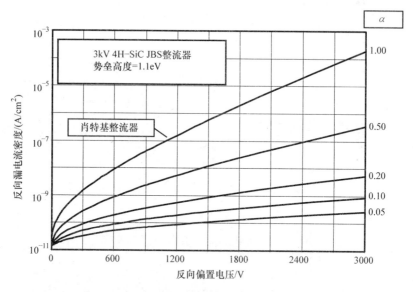

图 3.17   不同 α 值的 3kV 碳化硅 JBS 整流器反向漏电流

模拟示例

为了验证碳化硅 JBS 整流器的反向阻断特性模型，对漂移区掺杂浓度为 $1 \times 10^{16} \mathrm{cm}^{-3}$，厚度为 20μm，击穿电压为 3kV 的结构进行分析研究。下面进行二维数学模拟，保持 1μm 的注入窗口（$2s$）不变，通过改变间距（p）改变 P^+ 区域之间的间距，通过改变 P^+ 区域的结深，以观察其对肖特基接触处电场强度减少的影响。

在 3kV（恰好在击穿之前）的反向偏压下，元胞间距为 1.25μm 的 3kV 4H-SiC JBS 整流器结构中的三维电场分布视图如图 3.17E 所示。由图可以看出，最大电场强度出现在 PN 结处，并且肖特基接触处电场强度得到了抑制。值得指出的是，肖特基接触处的最大电场强度出现在距 PN 结最远的位置（对于图 3.17E 中的结构，$x = 1.25$μm）。由于势垒下降和隧穿的原因，在这个位置会产生最大漏电流。因此，肖特基接触处的最大电场强度将用于 4H-SiC JBS 整流器的反向漏电特性的分析。

对于元胞间距为 1.25μm 的情况，肖特基接触中心处的电场分布如图 3.18E 所示。从中可以观察到，与体内的峰值电场强度相比，肖特基接触表面处的电场强度显著减小了。电场的峰值发生在约 2μm 的深度处。在 3kV 的反向偏压下，肖特基接触处的电场强度仅为 1.4×10^6 V/cm，而在 1.5μm 深处所形成的最大电场强度为 2.8×10^6 V/cm。

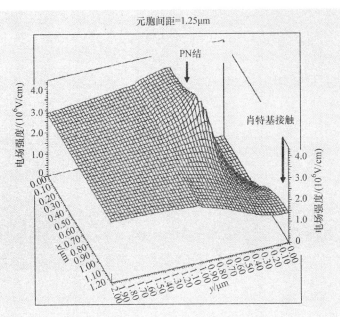

图 3.17E　3kV 碳化硅 JBS 整流器的电场分布

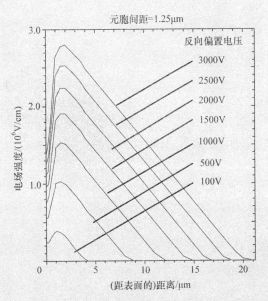

图 3.18E　3kV 碳化硅 JBS 整流器在各种电压下的电场分布（1）

通过减小元胞间距，同时保持 P⁺ 区的窗口尺寸不变，可以实现肖特基接触处的电场强度进一步减少。元胞间距为 1.00μm 的情况如图 3.19E 所示。当反向偏置电压达到 3kV 时，肖特基接触处的电场强度仅为 7×10^5 V/cm，最大电场强度为 2.8×10^6 V/cm。由于 P^+ 区之间的距离在较小的反向偏置电压下耗尽，并且由于较大的沟道纵横比而在接触下形成较大的势垒，因此使肖特基接触处电场强度减小得更加多。随着反向偏置电压的增加，较大的势垒抑制了肖特基接触处电场强度的增加。这对于漏电流随反向偏置电压增加而增加的抑制具有非常强的影响。

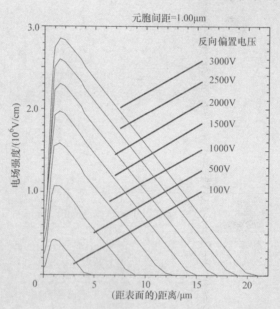

图 3.19E   3kV 碳化硅 JBS 整流器在各种电压下的电场分布（2）

由数值模拟所得的，不同元胞间距的肖特基接触的电场强度随反向偏置电压的增加而增加的关系绘于图 3.20E 中。将这些数据点与使用分析模型所获得的如实线所示计算值进行比较。调整 α 值以使得与每个元胞间距的模拟数据具有良好的匹配。与具有相同结深和间距 d 的硅 JBS 整流器结构相比，碳化硅 JBS 整流器结构的 α 值更小。这是由于碳化硅结构中的 PN 结为矩形形状，而硅结构中的结为平面圆柱形。肖特基接触下结的矩形形状产生更大的势垒，从而更大程度上抑制了（肖特基）接触处的电场强度。在分析模型中，这可以用式（3.41）中较小 α 值来解释。

对于碳化硅结构，当间距超过 $2\mu m$ 时，（肖特基）接触处的电场强度接近体内的最大值。然而，当间距减小到 $1.25\mu m$ 时，（肖特基）接触处的电场强度变成不到正常肖特基整流器结构的一半。肖特基接触处电场强度的减小有利于抑制肖特基势垒降低效应。用分析模型对 4H - SiC JBS 整流器的肖特基势垒下降进行了计算，并与普通肖特基整流器结构进行了比较，如图 3.21E 所示。从中可以观察到，元胞间距为 $1.25\mu m$ 的 JBS 整流器的肖特基势垒降到仅为 0.143eV，而普通肖特基整流器为 0.223eV。

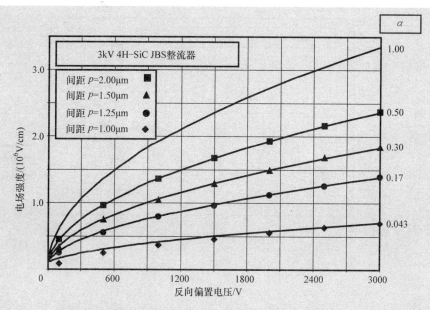

图 3.20E　3kV 碳化硅 JBS 整流器在各种电压下的电场分布（3）

4H－SiC JBS 整流器结构中肖特基接触处的较小电场强度大大降低了漏电流，因为该结构不仅抑制了肖特基势垒降低效应，还抑制了隧穿电流。漏电流的减少如图 3.22E 所示。元胞间距为 $1.25\mu m$ 时，在击穿电压附近的反向阻断电压下，漏电流减少到肖特基整流器的 1/100000。由于 $1.25\mu m$ 的间距被证明可以产生良好的通态特性（见图 3.6E），所以该值对于阻断电压为 3kV 的 4H－SiC JBS 整流器来说是最佳的。

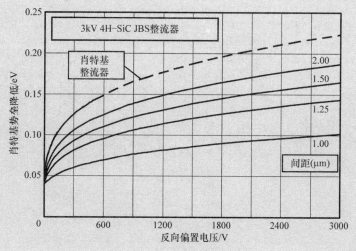

图 3.21E　4H－SiC JBS 整流器肖特基势垒降低

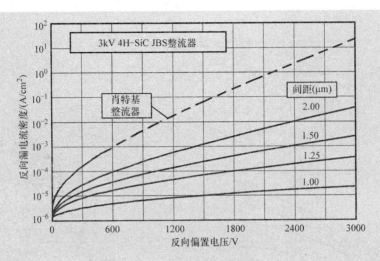

图 3.22E   4H - SiC JBS 整流器漏电流的抑制

通过增加 P⁺ 区的结深可以实现对 4H - SiC JBS 整流器中肖特基接触处的电场强度的更大抑制。这可以通过使用各种能量的硼离子注入来完成。举例说明：以结深为 0.9μm 情况下数值模拟的结果为例。与硅结构的情况不同，在碳化硅结构的情况下，由于在离子注入层的退火期间没有横向扩散，所以元胞间距不必增大。在 3kV 的反向偏压下（击穿之前），1.25μm 元胞间距的 3kV 4H - SiC JBS 整流器结构中的三维电场分布如图 3.23E 所示。从中可以看出，肖特基接触处的电场强

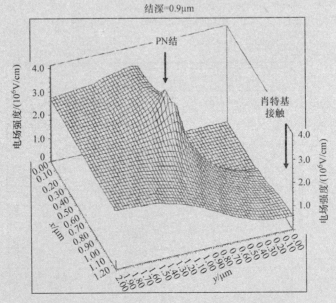

图 3.23E   3kV 4H - SiC JBS 整流器的电场分布

度比 $0.5\mu m$ 的结深的电场强度抑制得强烈。肖特基接触处的最大电场强度从 1.4×10^6 V/cm（见图3.17E）降至 0.6×10^6 V/cm。

　　P^+ 区结深对肖特基接触处电场强度抑制程度的影响如图3.24E所示。在该图中，元胞间距保持在 $1.25\mu m$，而结深度从 $0.1\mu m$ 增加到 $0.9\mu m$。数据点提取于二维数值模拟。实线是通过使用不同的 α 所获得的分析值，α 的选取原则是使分析值与数值模拟的数据相匹配。从图中可以看出，α 的值随着结深的增加而减小，因为当结深变大时，在金属接触下形成更强的势垒。基于这些结果，可以得出结论，对于元胞间距为 $1.25\mu m$ 的 JBS 整流器，$0.5\mu m$ 的结深足以抑制肖特基接触下的电场强度。

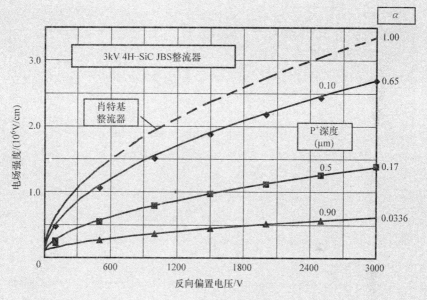

图3.24E　4H－SiC JBS 整流器反向偏置电压下的电场分布

　　JBS 整流器中肖特基接触下方电流传导区的纵横比，对（肖特基）接触处电场强度的抑制有很大的影响，影响程度由式（3.37）和式（3.41）中的系数 α 给予量化。纵横比的定义为

$$AR = \frac{L}{2a} \tag{3.42}$$

式中，L 为长度；$2a$ 为 JFET 结构中沟道的宽度[8]。硅 JBS 整流器结构和碳化硅 JBS 整流器结构的等效尺寸如图3.25E所示。基于该图，纵横比可以通过将 P^+ 区域的结深（x_J）除以 JBS 整流器中接触处的 PN 结之间的间距来计算。在硅 JBS 整流器结构中，由于必须考虑 P^+ 区域的横向扩散，因此可以通过使用 $2(p-s-x_J)$ 来获得 PN 结之间的（肖特基）接触处宽度。在碳化硅 JBS 整流器结构的情况下，

由于 P^+ 区域的横向扩展可忽略不计，因此可以通过使用 2（$p-s$）表示 PN 结之间的间距。

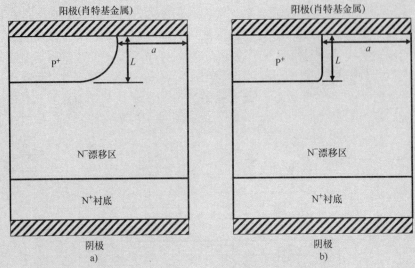

图 3.25E　纵横比参数

a）硅 JBS 整流器　b）碳化硅 JBS 整流器

从数值模拟得到的，用于硅和碳化硅 JBS 整流器的系数 α 随纵横比的变化如图 3.26E 所示。从中可以观察到，系数 α 随纵横比呈指数倍数变化。与具有相同纵横比的硅器件相比，碳化硅器件的尺寸更小。因为与碳化硅器件的矩形 P^+ 区相比，

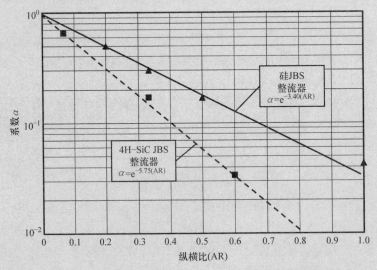

图 3.26E　JBS 整流器纵横比对 α 的影响

硅器件 P⁺ 区为圆柱形，因此电场强度不能得到相同程度的抑制。JBS 结构因此特别适合于改善碳化硅肖特基整流器的性能。

3.4 折中曲线

参考文献 [1] 证明了在优化肖特基整流器结构时，通过改变肖特基势垒高度，可以使特定占空比和工作温度下的功耗最小化。较小的势垒高度降低了通态压降，降低了通态功耗，而较大的势垒高度降低了漏电流，从而减少了反向阻断功耗。根据占空比和温度的不同，最佳功耗发生在最佳势垒高度。基于这些不依赖半导体材料的考虑，在书中研究了通态压降和漏电流之间的基本折中曲线。但是，基本的折中曲线不包括串联电阻对通态压降的影响。更重要的是，它排除了肖特基势垒下降和击穿前雪崩倍增效应对肖特基整流器漏电流增加的强烈影响。

当计算硅肖特基整流器压降包含漂移区的压降时，肖特基势垒降低和击穿前雪崩倍增效应的影响被计入漏电流的计算中，折中曲线大幅度下降，如图 3.18 所示的与三角形数据点相对应的虚线所示。在该图中，通过改变肖特基势垒高度来生成硅肖特基整流器的折中曲线。对于 0.45V 的通态压降，与基本折中曲线相比，肖特基整流器的漏电流增加了两个数量级。

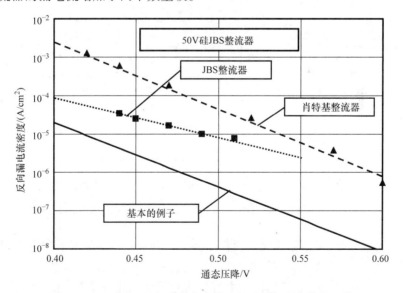

图 3.18 50V 硅 JBS 整流器与肖特基整流器折中曲线的比较

在硅 JBS 整流器中，肖特基势垒降低效应由于（肖特基）接触处的电场强度降低而得到改善。另外，由于肖特基接触附近的电场强度的大幅降低，流经肖特基接触电流的击穿前雪崩倍增效应得到了抑制。正如本章前面所指出的，由于 JBS 整流器中 PN 结处的电场强度较大，因此击穿转移到的 PN 结处。JBS 整流器结构的折中曲线通过使用本章前面部分提供的分析模型，结合基于数值模拟提取的 α 值计算得出，在图 3.18 中用对应于方形数据点的虚线表示。对于硅 JBS 整流器结构，保持相同的势垒高度，同时间距变化。对于 0.45V 的通态压降，与肖特基整流器相比，JBS 整流器的漏电流密度减少了一个数量级。这意味着通过使用 JBS 整流器结构可以实现较低的总功耗。另外，可以得出结论，在热失控开启之前，JBS 整流器可以在更高的温度下工作。

　　碳化硅 JBS 整流器可以进行类似的分析。在这种情况下，反向阻断特性的主要改进是由于抑制了肖特基势垒的降低，和由于肖特基接触处电场强度降低引起的热电子场发射电流的降低。当这些现象包含在 4H - SiC 肖特基整流器漏电流分析中时，如图 3.19 所示，通过改变肖特基势垒高度，可得 3kV 阻断电压器件的折中曲线，即三角形数据点所对应的虚线。从中可以观察到，与基本曲线相比，漏电流密度增加了 10 个数量级以上。

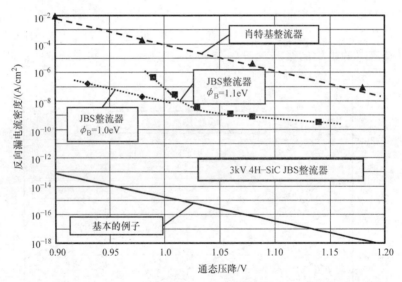

图 3.19　3kV 4H - SiC JBS 整流器与肖特基整流器折中曲线的比较

　　对于碳化硅 JBS 整流器结构，肖特基势垒下降和热电子场发射现象被抑制，在大反向偏置电压下产生明显减小的漏电流。这些结构通过改变元胞间距获得的折中曲线也在图 3.19 中用虚线示出。从中可以观察到，对于在 1.0~1.1V 范围内的相同通态压降，漏电流比肖特基整流器小 4 个数量级。对于 1.1eV 的势垒高度，通过增加元胞间距可以为 JBS 整流器获得的最小通态压降约为 0.97V。因此，当元胞间距增加到 1.5μm 以上时，其性能开始接近肖特基整流器的性能。然而，如果肖特基势垒高度降低到 1.0eV，同时保持小的元胞间距以抑制漏电流，JBS 整流器的折中曲线仍然比肖特基整流器好 4 个数量级，即使对于低于 1V 的通态压降，如图 3.19 所示。

3.5 总结

本章论述了 PN 结对肖特基接触在半导体中所产生电场强度的屏蔽，可以显著改善肖特基整流器的漏电流特性。在硅器件中，肖特基接触电场强度的降低抑制了肖特基势垒降低和击穿前雪崩倍增现象。这使漏电流降低了一个数量级，但是由于肖特基接触面积的损失使通态压降增加。在碳化硅器件中，肖特基接触处电场强度的降低抑制了肖特基势垒降低和热电子场发射电流的形成，使漏电流降低了 4 个数量级。因此，这种方法更有利于碳化硅肖特基整流器的开发[9-11]。

使用 PN 结改善肖特基整流器的性能，也被用在硅功率 MOSFET 结构[12]内制作高性能反并联二极管，应用于开关模式电源电路中的同步整流器中。在此应用中，功率 MOSFET 用于代替降压变换器电路拓扑中的二极管。在通态电流传导期间，栅极电压被施加到功率 MOSFET 以形成导电沟道，使通态压降低于肖特基整流器的通态压降。但是，为了避免切换瞬变期间的直通问题，需要通过备用路径短时间传输负载电流。如果此电流流经功率 MOSFET 结构中的体二极管，电路工作会因为此双极二极管的慢反向恢复而中断。因此，最好将肖特基整流器与 PN 体二极管并联。已证实 JBS 结构非常适合肖特基整流器与功率 MOSFET 集成，因为它能将 MOSFET 的源极区的接触金属作为 JBS 二极管中的肖特基接触金属。尽管该（肖特基）接触的势垒高度相对较小，使得常规肖特基整流器的漏电流过大，但通过使用来自 PN 结的屏蔽，JBS 结构中的漏电流得到了抑制。功率 MOSFET 结构内的 P 基区可用于形成这些 PN 结，而无须额外的工艺步骤。

参 考 文 献

1 B.J. Baliga, "Fundamentals of Power Semiconductor Devices", Springer Scientific, New York, 2008.

2 B.J. Baliga, "The Pinch Rectifier: A Low Forward Drop High Speed Power Diode", IEEE Electron Device Letters, Vol. 5, pp. 194-196, 1984.

3 B.J. Baliga, "Pinch Rectifier", U. S. Patent 4,641,174, Issued February 3, 1987.

4 M. Mehrotra and B.J. Baliga, "Very Low Forward Drop JBS Rectifiers Fabricated using Sub-micron Technology", IEEE Transactions on Electron Devices, Vol. 41, pp. 1655-1660, 1994.

5 B.J. Baliga, "Silicon Carbide Power Devices", World Scientific Publishing Company, 2005.

6 B.J. Baliga, "Analysis of Junction Barrier controlled Schottky Rectifier Characteristics", Solid State Electronics, Vol. 28, pp. 1089-1093, 1985.

7 B.J. Baliga, "Modern Power Devices", Chapter 4, John Wiley and Sons, 1987.

[8] B.J. Baliga, "Modern Power Devices", Krieger Publishing Company, Malabar, FL, 1992.

[9] R. Held, N. Kaminski, and E. Niemann, "SiC Merged P-N/Schottky Rectifiers for High Voltage Applications", Silicon Carbide and Related materials – 1997, Material Science Forum, Vol. 264-268, pp. 1057-1060, 1998.

[10] F. Dahlquist, et al, "A 2.8 kV JBS Diode with Low Leakage", Silicon Carbide and Related materials – 1999, Material Science Forum, Vol. 338-342, pp. 1179-1182, 2000.

[11] J. Wu, "A 4308 V, 20.9 mO-cm^2 4H-SiC MPS Diodes based on a 30 micron Drift Layer", Silicon Carbide and Related materials – 2003, Material Science Forum, Vol. 457-460, pp. 1109-1112, 2004.

[12] B.J. Baliga and D. Alok, "Paradigm Shift in Planar Power MOSFET Technology", Power Electronics Technology Magazine, pp. 24-32, November 2003.

第4章　沟槽肖特基势垒控制肖特基整流器

如前一章所述，硅和碳化硅肖特基整流器在高反向偏置电压下的漏电流可以通过屏蔽金属接触，不在半导体内产生大电场强度而得到降低。前一章所使用的方法是在肖特基接触下方形成 PN 结，精确选择 PN 结之间的间距可以在反向阻断模式下在金属接触下方形成势垒。这种方法的缺点之一是需要在非常高的温度下对离子注入的 P 型区进行退火来激活掺杂并消除晶格损伤。在高温下，半导体表面会形成裂解键（dissociation），这必会降低之后形成的金属 – 半导体结的质量。虽然这个问题出现在硅器件中，但由于碳化硅器件激活离子注入区所需的退火温度更高（约1600℃），因此这个问题更加严重。

因此提出了第二种改善势垒降低效应的方法：在垂直肖特基整流器中，利用第二个势垒高度更大的肖特基接触来屏蔽主肖特基接触[1,2]。其基本思路是：利用间距较小的高势垒的肖特基接触形成一个势垒，屏蔽用来传导电流的主低势垒肖特基接触，避免在半导体中产生的大电场强度。为了在主肖特基接触下产生高势垒，要在垂直壁沟槽内设置第二个高势垒肖特基金属。因此这个器件被命名为："沟槽肖特基势垒控制肖特基（TSBS）整流器"。

在 TSBS 整流器结构中，当整流器正偏时，通态电流在沟槽间未耗尽的间隙流动。当施加反向偏压时，在主肖特基接触下方形成的势垒抑制了该接触处的电场强度。这个势垒能够防止反向偏置时漏电流的大幅增加，并保持较小的漏电流。然而，在位于沟槽中的第二肖特基接触处将产生大电场强度，这使得该接触处的反向偏置漏电流快速增加。但是，通过使用第二个高势垒的肖特基接触，在较大的反向偏置电压下能使主低势垒高度肖特基接触的漏电流保持在非常小的值。

本章将给出 TSBS 整流器结构的分析模型。器件的工作机理也通过使用二维数值分析来加以论证。证明 TSBS 的概念能够提高硅和碳化硅器件的性能。这些器件结构可以在不需要降低碳化硅表面质量的高温工艺下生产，因此肖特基接触的质量得以改善。

4.1　沟槽肖特基势垒控制肖特基（TSBS）整流器的结构

TSBS 整流器的结构如图4.1所示。该结构由设置在沟槽区的高势垒金属组成，以产生势垒。该势垒可以在反向阻断模式下屏蔽主低势垒高度的肖特基接触（在位置 B 处）。势垒的大小取决于沟槽和沟槽之间的间距。较小的间距和较大的沟槽深度有助于增加势垒的大小，从而导致肖特基接触处电场强度能够得到更大的降低。肖特基接触处电场强度的降低使势垒降低效应和场发射效应降低，这有利于降低高反向偏置电压下的漏电流。然而，在沟槽中的金属尖角处会产生大电场强度，导致器件元胞结构内阻断电压降低。合理优化元胞结构可以保证元胞击穿电压高于边缘终端处的击穿电压。

沟槽之间间距的选取原则是：保证主肖特基接触（低势垒高度）的下方有未耗尽区域存在，该区域使器件在导通期间能以低通态压降实现单极传导。在 TSBS 整流器中，由于沟槽内的金属势垒高，因此流过沟槽的电流相对较小。由于硅的带隙小，所以主接触区和沟槽金属之间的势垒差难以超过 0.3eV。碳化硅具有较大的带隙，这使得主接触区与沟槽金属间有可能产生更大的势垒差。因此，TSBS 理念非常适合开发击穿电压非常高的碳化硅结构。

TSBS 结构的制作：首先将主接触区的低势垒金属沉积在原始半导体表面来获得高质量的界面。然后在金属层上以一定图案的形式形成制作沟槽的窗口。如果使用合适的化学物质进行等离子反映刻蚀，在刻蚀半导体形成自对准沟槽时，金属可用作阻挡层。然后可以蒸发第二种高势垒的金属填充沟槽并覆盖第一层金属形成元胞结构。当然，在边缘第二层金属必须以一定的图案形式形成器件的终端。如图 4.1 所示的结构，可以产生硅和碳化硅两种器件。因此，只需为两种半导体制成的 TSBS 整流器创建一个基本模型。但是，如下所述，适用于硅和 4H – SIC 的肖特基势垒高度的差异会导致器件优化时存在一些差异。

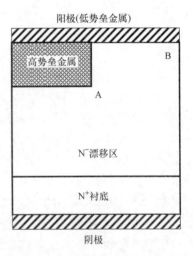

图 4.1　TSBS 整流器结构

在硅 JBS 整流器中，用退火过程形成的 PN 结为平面结，其横向延伸如图 3.1 所示。横向扩散所占据的附加面积使通态特性变差。而且，随着反向阻断电压的增加，圆柱形状使阴极电势侵入到肖特基接触，使其电场增强。与硅 JBS 整流器相比，TSBS 整流器结构沟槽中的矩形金属接触可产生优异的通态特性和反向阻断特性。

与 JBS 整流器结构情况一样，假设由于终端原因，击穿电压大约降低到理想平行平面结的 80%。漂移区掺杂浓度的计算应考虑击穿电压的降低量：

$$N_D = \left(\frac{5.34 \times 10^{13}}{BV_{PP}} \right)^{\frac{4}{3}} \quad\quad (4.1)$$

式中，BV_{PP} 为在考虑终端引起击穿电压降低后的平行平面结的击穿电压。TSBS 结构中的最大耗尽层宽度与器件的击穿电压（BV）有关，如下式表示：

$$t = W_D(BV) = \sqrt{\frac{2\varepsilon_S BV}{qN_D}} \quad\quad (4.2)$$

因此，在沟槽底部以下所需漂移区的厚度小于具有上述掺杂浓度的理想平行平面结的耗尽层宽度。由于电流在沟槽间传输，而且漂移区具有较低的掺杂浓度，低势垒的主肖特基接触下的漂移区电阻高于理想平行平面结的漂移区电阻。

4.2　正向导通模型

对 TSBS 整流器的通态压降分析，需要考虑由于存在沟槽而导致主低势垒肖特基接触处的电流收缩，以及电流从主肖特基接触扩展到 N⁺ 衬底导致漂移区电阻的增加。前一章针对 JBS 整流器结构的扩展电阻开发了若干模型。发现了从 PN 结底部以 45° 为电流扩散角的 C 模型是最合适的。此外，该模型还被应用到假设结为矩形形状的碳化硅 JBS 整流器中。因此，该模型适合应用于硅和碳化硅 TSBS 整流器通态电流的分析。

TSBS 整流器正向导通下的电流流动模式如图 4.2 中的阴影区所示。该模型考虑了沟槽所占据的空间和高势垒金属所存在的耗尽层，这使主肖特基接触处的电流密度增加。通过主肖特基接触处的电流仅在上表面未耗尽漂移区内流动（具有尺寸 d）。因此，主肖特基接触处的电流密度（J_{FS}）与元胞（或阴极）电流密度（J_{FC}）有关：

$$J_{FS} = \left(\frac{p}{d} \right) J_{FC} \tag{4.3}$$

式中，p 为元胞间距。尺寸 d 由元胞间距（p）、刻蚀沟槽的窗口（$2s$）的尺寸以及

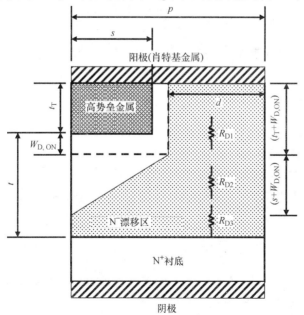

图 4.2　TSBS 整流器结构在通态工作时的电流流动模式

通态耗尽层宽度（$W_{D,ON}$）确定：

$$d = p - s - W_{D,ON} \tag{4.4}$$

沟槽所占空间（尺寸 s）的最小化由制造器件的光刻工艺决定，肖特基接触处的电流密度能提高两倍或更多。所以在计算肖特基接触两端的压降时，必须考虑到这一点：

$$V_{FS} = \phi_B + \frac{kT}{q}\ln\left(\frac{J_{FS}}{AT^2}\right) \tag{4.5}$$

当电流流过主肖特基接触后，电流流过漂移区未耗尽部分。在这个模型中，假设电流流过具有均匀宽度 d 的区域直到其耗尽区的底部，然后以 45°扩展角扩展到整个元胞间距（p）。电流路径在距耗尽区底部的距离为（$s + W_{D,ON}$）时发生重叠。然后电流流过均匀的横截面。

电流的净电阻可通过 3 段的电阻相加来计算。第一段均匀宽度为 d 的电阻由式（4.6）给出：

$$R_{D1} = \frac{\rho_D(t_T + W_{D,ON})}{dZ} \tag{4.6}$$

第二部分电阻可通过用于硅 JBS 整流器 C 模型相同的方法导出：

$$R_{D2} = \frac{\rho_D}{Z}\ln\left(\frac{p}{d}\right) \tag{4.7}$$

具有均匀横截面宽度 p 的第三部分电阻由式（4.8）给出：

$$R_{D3} = \frac{\rho_D(t - s - 2W_{D,ON})}{pZ} \tag{4.8}$$

漂移区的比电阻可通过将元胞电阻（$R_{D1} + R_{D2} + R_{D3}$）乘以元胞面积（pZ）来计算：

$$R_{sp,drift} = \frac{\rho_D p(t_T + W_{D,ON})}{d} + \rho_D p\ln\left(\frac{p}{d}\right) + \rho_D(t - s - 2W_{D,ON}) \tag{4.9}$$

此外，重要的是还要包括厚的、高掺杂 N$^+$衬底的电阻。对于硅器件来说，衬底对电阻的贡献典型值为 $2 \times 10^{-5}\Omega \cdot cm^2$。对于 4H - SiC，由 N$^+$衬底所贡献的比电阻典型值为 $4 \times 10^{-4}\Omega \cdot cm^2$。

考虑包括衬底贡献后，TSBS 整流器在正向电流密度 J_{FC}下的通态压降由式（4.10）给出：

$$V_F = \phi_B + \frac{kT}{q}\ln\left(\frac{J_{FS}}{AT^2}\right) + (R_{sp,drift} + R_{sp,subs})J_{FC} \tag{4.10}$$

硅和碳化硅结构的通态耗尽层宽度由沟槽中金属的接触电势和通态电压决定。金属 - 半导体结的接触电势由式（4.11）给出：

$$qV_C = \phi_M - (\chi_S + E_C - E_{FS}) \tag{4.11}$$

式中，ϕ_M 为沟槽中金属的功函数；χ_S 为半导体电子亲合势；E_C 为导带底的能量；

E_{FS} 为半导体中费米能级。半导体中费米能级位置的计算可通过式（4.12）获得：

$$E_{FS} = E_i + \frac{kT}{q}\ln\left(\frac{n_0}{n_i}\right) \qquad (4.12)$$

式中，E_i 为本征费米能级；k 为玻耳兹曼常数；T 为绝对温度；q 为电子的电荷；n_0 为电子的平衡浓度；n_i 为本征载流子浓度。为了简单起见，在进行 TSBS 整流器分析时，可假定半导体中的电子平衡浓度等于掺杂浓度。

当使用上述等式计算通态压降时，可以通过从接触电势中减去通态压降来计算耗尽层宽度：

$$W_{D,ON} = \sqrt{\frac{2\varepsilon_S(V_C - V_{ON})}{qN_D}} \qquad (4.13)$$

由于金属 – 半导体接触形成的是突变结，所以可假设耗尽层全部存在于半导体中一侧。

4.2.1　硅 TSBS 整流器：示例

为了理解硅 TSBS 整流器的工作机理，下面对击穿电压为 50V 的特定器件进行分析。如果终端使击穿电压下降到理想值的 80%，则应使平行平面结的击穿电压为 62.5V。漂移区的掺杂浓度为 $8 \times 10^{15}\,cm^{-3}$，承担该电压的耗尽区宽度为 2.85μm。在这个例子中，假定主肖特基接触的势垒高度为 0.60eV，沟槽中金属的势垒高度为 0.85eV。这两个值可通过在主肖特基接触处使用低势垒金属铬，沟槽金属为铂来实现。

在这种情况下，沟槽中的金属接触电势差为 0.639V。使用该值和 0.45V 的通态压降，可知沟槽中金属的 N⁻ 漂移区中耗尽区宽度为 0.17μm。如果 TSBS 结构的元胞间距（p）为 1.00μm，并且使用 0.5μm 的窗口（$2s$）产生沟槽，则尺寸 d 为 0.58μm。因此，与阴极（或平均元胞）电流密度相比，主肖特基接触处电流密度增大了约 2 倍。因为在硅 JBS 整流器结构中通过结的横向扩散消耗了额外空间，所以本结构电流密度的增加小于硅 JBS 结构。

通过使用上述 TSBS 整流器的模型可以预测改变元胞间距（p）对通态特性的影响。沟槽深度为 0.5μm 时所求得的通态特性如图 4.3 所示。为了便于比较，图中还包括具有相同漂移区参数的普通肖特基整流器的 i–v 特性。只要间距大于 1.00μm，元胞间距对通态压降的影响就很小。TSBS 整流器结构在通态电流密度为 100A/cm⁻² 时，通态压降为 0.343V，而正常的肖特基结构（其肖特基势垒高度与主肖特基接触势垒高度相同）的通态压降为 0.322V。更小元胞间距的 TSBS 结构能获得比 JBS 整流器更低的通态压降，具有更优异的通态特性。

在反向阻断状态下，对 TSBS 整流器主肖特基接触下方的漂移区大电场强度的屏蔽程度取决于沟槽深度。更深的沟槽深度提高了金属沟槽之间区域的纵横比。正如前一章所讨论的那样，对于纵向结型场效应晶体管来说，纵横比越大，屏蔽效果

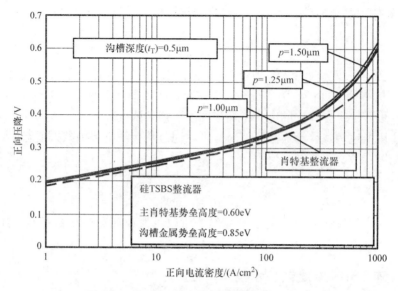

图 4.3　50V 硅 TSBS 整流器结构的正向特性

越好，从而产生更大的阻断增益[5]。然而，随着沟槽深度的增加，漂移区电阻模型中的第一段电阻增加，导致通态压降增大。元胞间距为 $1\mu m$ 不变，改变沟槽深度，所计算的正向 $i-v$ 特性如图 4.4 所示。将沟槽深度从 $0.5\mu m$ 增加到 $1\mu m$ 会使通态压降从 $0.343V$ 增加到 $0.348V$。在该图中，还包括了沟槽深度为 0 的结构情况。在这种情况下，TSBS 整流器的通态压降低到 $0.338V$。这仍然大于普通肖特基整流器 $0.322V$ 的通态压降，因为高势垒金属所占据的空间增大了主肖特基接触处的电流密度。

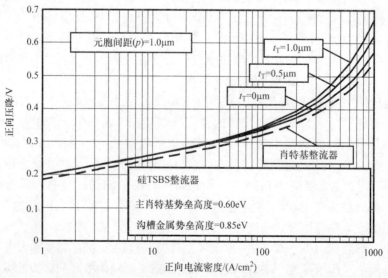

图 4.4　50V 硅 TSBS 整流器结构的正向特性

模拟示例

为了验证上述用于硅 TSBS 整流器的通态特性分析模型的正确性，这里给出了50V 器件的二维数值模拟结果。所有器件的漂移区厚度均为 $3\mu m$，掺杂浓度为 $8 \times 10^{15} cm^{-3}$。对于所有的 TSBS 整流器结构，主肖特基接触使用 4.80eV 功函数的金属，沟槽中金属的功函数为 5.05eV。在所有情况下，刻蚀沟槽的窗口（图 4.2 中尺寸 s 的两倍）保持在 $0.5\mu m$。

元胞间距 p 为 $1.00\mu m$，沟槽深度为 $0.5\mu m$ 的 TSBS 整流器的通态 $i-v$ 特性如图 4.1E 所示。该图包括流过该结构的总电流（阴极电流）以及流过主肖特基接触（虚线）的电流和沟槽金属（虚线）的电流。从中可以观察到，因为沟槽中的肖特基接触具有更大的势垒高度，所以流经沟槽中金属的电流比通过主肖特基接触的电流小 3 个数量级。这证明了只有电流流过主低势垒肖特基接触的 TSBS 整流器分析模型的正确性。在通态电流密度为 $100 A/cm^2$ 时，从该结构的数值模拟中获得的通态压降为 0.35V。通过数值模拟得到的数值，与主肖特基接触势垒高度为 0.6eV 结构的分析模型所得到的值非常吻合（见图 4.3）。通过外推数值模拟得到的 $i-v$ 特性的线性部分可以确定主肖特基接触的饱和电流密度为 $8 \times 10^{-4} A/cm^{-2}$（见图 4.1E）。在计算该饱和电流密度时，重要的是要认识到主肖特基接触面积仅为元胞面积的一半。用该值作为饱和电流密度，模拟发现主肖特基接触的有效肖特基势垒高度也为 0.6eV，这与分析模型所用的值相同。

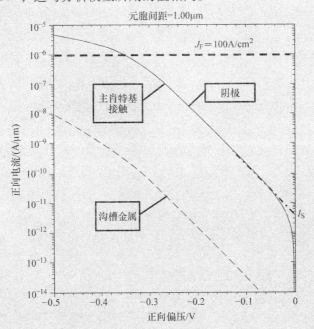

图 4.1E　50V 硅 TSBS 整流器的通态特性

上述 TSBS 整流器在通态压降为 0.4V 的电流曲线如图 4.2E 所示，其元胞间距 (p) 为 1μm，沟槽深度为 0.5μm。从中可以看出，所有电流曲线汇聚到位于结构右上侧的主肖特基接触，流过沟槽中金属接触的电流非常小。电流流动模式与所开发的分析模型所得的模式一致，沟槽之间的横截面的电流分布大致均匀，之后以约 45°的角度扩展电流（见图 4.2）。电流在离表面 1.5μm 深以下变成均匀分布。这证明了漂移区串联电阻的三区分析模型和没有电流流过位于沟槽的金属电极的正确性。

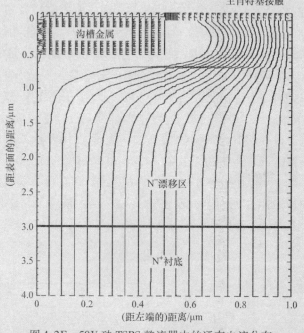

图 4.2E 50V 硅 TSBS 整流器中的通态电流分布

硅 TSBS 整流器的通态特性与普通肖特基整流器具有相同的温度特性。如图 4.3E 所示，通态压降随温度的升高而降低[4]。因此随着温度的升高，通态功耗降低。因为漏电流密度随温度的升高而迅速增加，所以反向阻断功耗在高温下占主导地位。功耗所引起的温度热失控现象实现了最小化。

在 TSBS 整流器中，必须用牺牲主肖特基接触面积来引入第二个肖特基接触以在反向偏置状态下提供势垒。这使主肖特基接触处的电流密度增加和在漂移区产生较大的扩展电阻。与普通的肖特基整流器相比，这些现象预期会增加 TSBS 整流器的通态压降。这种对通态特性的影响可以使用典型 TSBS 整流器的 $i-v$ 特性作为例子来说明。元胞间距为 1μm，沟槽深度为 0.5μm 的典型 TSBS 整流器的 $i-v$ 特性与图 4.4E 中元胞间距为 1μm 的普通肖特基整流器相比较。从中可以看到，TSBS整流器的通态压降比普通肖特基整流器大 0.03V，普通肖特基整流器与 TSBS

整流器中主肖特基接触具有相同的 0.6eV 势垒高度。为了完整起见，图中还展示了与 TSBS 整流器沟槽中金属具有相同 0.85eV 势垒高度的普通肖特基整流器的 i-v 特性。这个普通肖特基整流器的通态压降比 TSBS 整流器的通态压降大 0.21V。

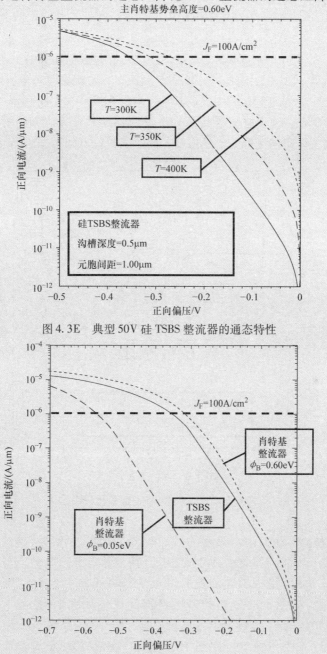

图 4.3E　典型 50V 硅 TSBS 整流器的通态特性

图 4.4E　典型 50V 硅 TSBS 整流器与肖特基整流器的通态特性比较

　　在图4.5E中比较了元胞间距为0.75μm、1.00μm、1.25μm和1.50μm的50V TSBS整流器的通态特性，以及元胞间距为1.00μm的普通肖特基整流器的通态特性。所有结构的主肖特基接触势垒高度均为0.60eV。在TSBS整流器中，沟槽宽度（$2s$）为1μm，深度为0.5μm。从图中可以看出，随着元胞间距的增加，通态压降降低。然而，在考虑结构的面积差别之后，发现在100A/cm²的通态电流密度下，所有元胞间距大于1μm的TSBS整流器的通态压降是近似相等的。这些结果与分析模型预测的结果一致（见图4.3），证实了使用JBS整流器通态分析模型的正确性。然而，当间距减小到0.75μm时，通态压降增加到0.41V，而其他TSBS整流器的通态压降为0.35V。基于这些结果，TSBS整流器的最佳元胞间距为1μm，能够较大程度上抑制主肖特基接触的电场强度，同时获得较低的通态压降。

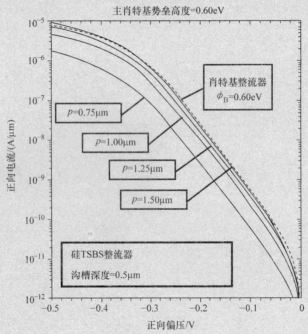

图4.5E　50V硅TSBS整流器通态特性

　　在TSBS整流器中，沟槽深度的增加改善了对主肖特基接触的屏蔽作用。然而，这也增加了从肖特基接触到阴极的电流路径的电阻。对于元胞间距为1μm的TSBS整流器，沟槽深度从0增加到1.0μm的影响可通过数值模拟给以证明。这些结构的通态$i-v$特性与普通肖特基整流器的比较如图4.6E所示。沟槽深度为0.25μm和0.50μm时，器件的$i-v$特性几乎一致。对于较深的沟槽，在100A/cm²的电流密度下，通态压降稍有增加。这些结果与分析模型的预测非常吻合（见图4.4）。图中还用虚线表示出了零沟槽深度的情况。这种情况下的通态压降仍然大于普通肖特基整流器的通态压降，这是由于高势垒金属所消耗的空间的原因。

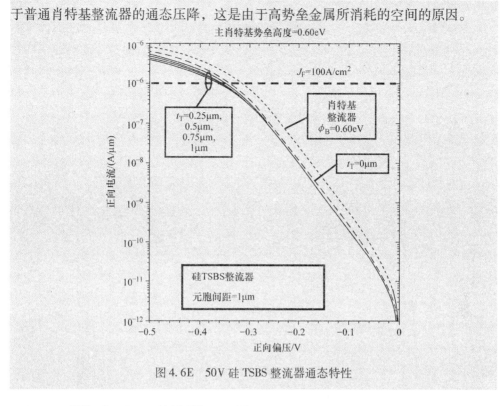

图 4.6E　50V 硅 TSBS 整流器通态特性

4.2.2　碳化硅 TSBS 整流器：示例

如前所述，因为元胞结构相同，所以碳化硅和硅 TSBS 整流器可使用同一个通态模型。然而，在碳化硅器件的情况下，因为碳化硅具有比硅更大的能带带隙，所以可以使用具有较大肖特基势垒高度的金属层。虽然这会在沟槽金属上产生较大的零偏置耗尽层宽度，但因为碳化硅器件的通态压降较大，所以通态电流下的耗尽层宽度与硅器件近似。硅和碳化硅结构之间的一个显著差异是，对于高电压碳化硅整流器来说，沟槽深度是总漂移区厚度的一小部分。这减弱了碳化硅元胞结构内电流扩展的影响。但重要的是要包括厚的、高掺杂的 N$^+$ 衬底的电阻，因为这比硅器件大得多。N$^+$ 衬底的比电阻可以通过电阻率和厚度的乘积来确定。对于 4H - SiC，N$^+$ 衬底最低可用的电阻率为 20mΩ · cm。如果衬底厚度为 200μm，则 N$^+$ 衬底提供的比电阻为 4×10^{-4}Ω · cm^2。

TSBS 整流器在正向元胞电流密度 J_{FC} 下的通态压降（包括衬底贡献）由式（4.10）给出。4H - SiC 的理查德森常数为 146AK^{-2}cm^{-2}。举例说明，本节将分析阻断电压为 3kV 的 4H - SiC TSBS 整流器。在考虑终端损失的情况下，该反向阻断能力可以通过使用掺杂浓度为 8.5×10^{15}cm^{-3} 且厚度为 20μm 的漂移区来实现。典型的 4H - SiC TSBS 整流器具有 1μm 的元胞间距，1μm 的沟槽宽度（2s）和 0.5μm

的沟槽深度。

以沟槽深度为参变量，主肖特基接触势垒高度为 0.8eV 的分析模型所计算的 3kV TSBS 整流器的正向特性如图 4.5 所示。从中可以看到，沟槽深度对通态特性影响不大。与 20μm 漂移区的总厚度相比，沟槽深度相对较小。在这些高电压碳化硅 TSBS 整流器中，电流扩展仅发生在距顶部 2μm 的范围内，所有情况下漂移区剩余区域均没有电流扩展现象。因此沟槽深度的选择以在反向阻断模式时能充分减小主肖特基接触的电场强度为目的。

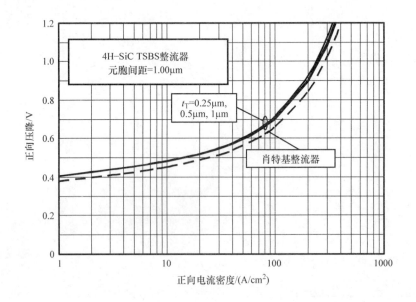

图 4.5　3kV 4H – SiC TSBS 整流器的正向特性

值得指出的是，由于 TSBS 整流器中沟槽的存在，主肖特基接触面积减少一半。与普通的肖特基整流器相比，这导致主肖特基接触的电流密度增加和在 $i-v$ 特性中可观察到向更大的电压移动。与肖特基整流器（图中虚线所示）相比，这些 TSBS 整流器在 $100A/cm^2$ 的正向电流密度下通态压降增加很小（0.04V）。

图 4.6 显示了 4H – SiC TSBS 整流器元胞间距的改变对通态特性的影响。在（如图所示的）这种情况下，结构的沟槽深度保持在相同值 0.5μm。可以看到，将元胞间距从 1.00μm 增加到 1.25μm，通态压降仅有小幅改善。相反，将元胞间距减小到 0.75μm 会导致通态压降显著增加。因此有必要保持至少 1μm 的元胞间距来获得较低的通态压降。如本章后面所述，该数值足以抑制主肖特基接触处的电场。

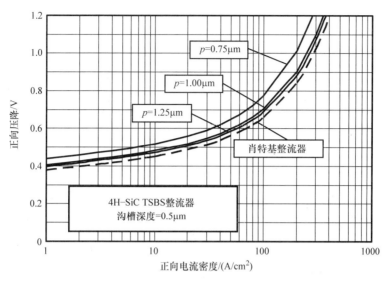

图 4.6　3kV 4H－SiC TSBS 整流器的正向特性

模拟示例

　　为了验证上述碳化硅 TSBS 整流器的通态模型，本文给出了 3kV 结构的二维数值模拟结果。该结构的漂移区厚度为 $20\mu m$，掺杂浓度为 $8.5 \times 10^{15} cm^{-3}$。沟槽深度为 $0.5\mu m$，刻蚀窗口（图 4.2 中的尺寸 $2s$）为 $1.0\mu m$。主肖特基接触使用 $4.5eV$ 功函数的金属，沟槽中的金属的功函数为 $5.0eV$。基于 4H－SiC $3.7eV$ 的电子亲和力，主肖特基金属的势垒高度为 $0.8eV$，沟槽中金属的势垒高度为 $1.3eV$。

　　来源于数值模拟的典型 3kV 4H－SiC TSBS 整流器正向 $i-v$ 特性如图 4.7E 所示，其元胞间距为 $1\mu m$，沟槽深度为 $0.5\mu m$。300K，电流密度为 $100A/cm^2$ 时的通态压降为 $0.7V$，与分析模型提供的值相同，验证了模型的正确性。由于漂移区电阻的主要贡献，4H－SiC 整流器的通态压降具有理想的正温度系数。由于电子迁移率随温度的增加而降低，所以漂移区电阻随温度增加而增加。

　　在 TSBS 结构中，通态特性分析模型基于这样的假设，即通过沟槽金属的电流是可以忽略的。在元胞间距为 $1\mu m$ 的典型 TSBS 结构中，沟槽高势垒金属的电流如图 4.8E 所示。在通态工作点处，通过高势垒金属的电流比通过低势垒金属的电流小约 7 个数量级。这验证了开发 4H－SiC TSBS 整流器分析模型时所用的假设是正确的，说明碳化硅整流器的通态压降受控于通过主肖特基接触金属的传输电流。

　　由碳化硅 TSBS 结构的分析模型可知，通态压降并非强烈地依赖于沟槽深度，而是对元胞间距敏感。相同沟槽深度 TSBS 结构的数值模拟说明了元胞间距的影响。如图 4.9E 所示，当元胞间距减小到 $0.75\mu m$ 时，通态压降显著增加。通态压

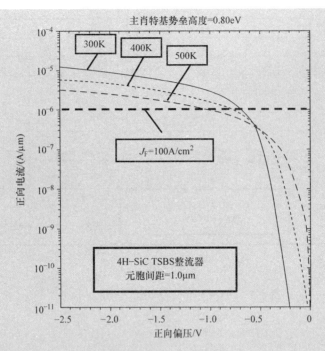

图 4.7E 典型 3kV 4H-SiC TSBS 整流器正向特性

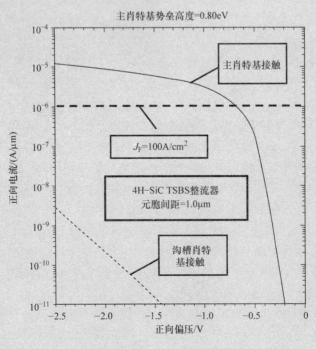

图 4.8E 典型 3kV 4H-SiC TSBS 整流器的正向特性

降从 1μm 元胞间距的 0.7V 增加到 0.75μm 元胞间距的 0.9V。这种增加与使用分析模型得到的结果相似（见图 4.6）。通态压降增加的原因是较小的元胞间距使肖特基接触处电流收缩较大，尺寸 d 从 1μm 元胞间距处的 0.32μm 缩小到了仅为 0.07μm。本章后面会展示，1μm 的元胞间距足以抑制在反向阻断模式下的主肖特基接触处电场强度。

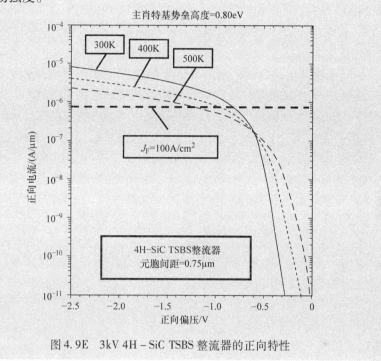

图 4.9E　3kV 4H – SiC TSBS 整流器的正向特性

4.3　TSBS 整流器结构：反向漏电流模型

由于主肖特基接触处金属 – 半导体界面具有更小电场强度的原因，所以与肖特基整流器相比，TSBS 整流器中的反向漏电流更小。此外，主肖特基接触面积占总元胞面积的一小部分而导致较小的反向电流形成。在硅 TSBS 整流器情况下，被降低的肖特基接触处的电场强度抑制了势垒降低效应。在碳化硅 TSBS 整流器情况下，降低的电场强度不仅减弱了势垒降低效应，且还可以减轻热电子场发射效应。本节将分析 TSBS 整流器结构中肖特基接触处电场强度的降低对漏电流的影响。

4.3.1　硅 TSBS 整流器：反向漏电流模型

与 JBS 整流器结构一样，TSBS 整流器的漏电流模型必须考虑元胞内较小的主肖特基接触面积以及由于屏蔽效应而在肖特基接触处产生较小的电场强度影响。硅 TSBS 整流器中主肖特基接触的漏电流分量可由式（4.14）获得：

$$J_{\mathrm{L}} = \left(\frac{p-s}{p}\right)AT^2 \exp\left(-\frac{q\phi_{\mathrm{b}}}{kT}\right)\exp\left(\frac{q\beta\Delta\phi_{\mathrm{bTSBS}}}{kT}\right) \tag{4.14}$$

式中，β 为一个常数，如在 JBS 整流器结构中所讨论的，用来说明越靠近沟槽，势垒降低越小。前面关于肖特基整流器的章节已经证明：由于镜像力势垒降低效应，肖特基接触处的高电场强度使有效势垒高度降低。与肖特基整流器相比，TSBS 整流器的势垒降低由主肖特基接触处降低的电场强度 E_{TSBS} 决定：

$$\Delta\phi_{\mathrm{bTSBS}} = \sqrt{\frac{qE_{\mathrm{TSBS}}}{4\pi\varepsilon_{\mathrm{S}}}} \tag{4.15}$$

在 TSBS 整流器中，肖特基接触处的电场强度随距沟槽的距离的变化而变化。肖特基接触的中间区域电场强度最大，越接近沟槽的电场强度越小。在针对最坏情况的分析模型中，很谨慎地使用了肖特基接触中间的电场强度来计算漏电流。在来自相邻沟槽的耗尽区在主肖特基接触下方产生势垒之前，如肖特基整流器，（主肖特基）接触中间的金属 - 半导体界面处的电场强度随所施加的反向偏压的增加而增加。在主肖特基接触下的漂移区耗尽后，通过沟槽形成势垒。来自相邻沟槽的耗尽区在主肖特基接触下相交时的电压被称为夹断电压。夹断电压（V_{P}）可由器件的元胞参数确定：

$$V_{\mathrm{P}} = \frac{qN_{\mathrm{D}}}{2\varepsilon_{\mathrm{S}}}(p-s)^2 - V_{\mathrm{CT}} \tag{4.16}$$

式中，V_{CT} 为沟槽中金属的接触电势。

尽管反向偏压超过夹断电压后开始形成势垒，但由于肖特基接触的电势侵入，电场在肖特基接触处会继续上升。为了分析这一点对反向漏电流的影响，电场 E_{TSBS} 可以通过以下方式与反向偏置电压建立关系：

$$E_{\mathrm{TSBS}} = \sqrt{\frac{2qN_{\mathrm{D}}}{\varepsilon_{\mathrm{S}}}(\alpha V_{\mathrm{R}} + V_{\mathrm{CM}})} \tag{4.17}$$

式中，α 为用于说明夹断后在电场中（电势）累积的系数；V_{CM} 为主肖特基接触的接触电势。

以上对主肖特基接触电场的分析与上一章中所讨论的对硅和碳化硅 JBS 整流器的分析相同。因此，如图 3.11 所示的不同 α 值的电场强度和反向偏压的图形关系，也适用于 TSBS 结构。因为 TSBS 结构中沟槽的矩形形状能产生更大的电场强度抑制，所以硅 TSBS 整流器的 α 值与硅 JBS 整流器的 α 值不同。

肖特基接触处的电场强度降低对硅 TSBS 整流器中肖特基势垒下降的影响也与图 3.12 中所示的相同。没有沟槽中金属的屏蔽，正常的硅肖特基整流器中会出现 0.07eV 的势垒降低。在 TSBS 整流器中，势垒降低到 0.05eV，α 值为 0.2。虽然这看起来可能很小，但它对反向漏电流有很大的影响，如图 3.13 所示。

对 TSBS 整流器的漏电流分析还要包括来自沟槽金属接触的贡献。通过使沟槽肖特基接触的势垒高度变大，流过该处的漏电流原则上可以比流过主接触金属的漏电流小得多。对于硅器件，通过使用硅化铂，肖特基势垒高度最大值实际上仅为 0.85eV。由于肖特基势垒降低现象，流过沟槽接触金属的漏电流随反向偏置电压的增加而迅速增加。TSBS 整流器中沟槽角产生的较大电场强度加剧了这种增加。

通过使用平面肖特基势垒理论可以模拟来自硅 TSBS 整流器中沟槽（肖特基）接触的漏电流成分为

$$J_{LTS} = \left(\frac{s}{p} \right) A T^2 \exp\left(-\frac{q\phi_{bTS}}{kT} \right) \exp\left(\frac{q\Delta\phi_{bTS}}{kT} \right) \tag{4.18}$$

TSBS 整流器中沟槽（肖特基）接触的势垒降低取决于该接触处的电场 E_{TS}：

$$\Delta\phi_{bTS} = \sqrt{\frac{qE_{TS}}{4\pi\varepsilon_S}} \tag{4.19}$$

其中沟槽接触处的电场强度（E_{TS}）可以用平行平面结的分析理论来计算。然而，这种方法求得的沟槽金属接触漏电流的大小比 TSBS 整流器中实际存在的电流要小得多。沟槽金属接触漏电流的大小因为沟槽尖角处的大电场强度而显著增强。沟槽尖角处较大的电场强度加剧了肖特基势垒降低现象，在高反向偏压下产生快速增加的漏电流。由于尖角处电场强度是由二维效应决定的，因此它不适用于简单的分析建模。

模拟示例

为了验证以上硅 TSBS 整流器的反向特性模型，在此描述了 50V 器件的二维数值模拟结果。该结构的漂移区掺杂浓度为 $8 \times 10^{15} \mathrm{cm}^{-3}$，厚度为 $3\mu m$。典型的硅 TSBS 整流器具有 $0.5\mu m$ 的沟槽深度和 $1\mu m$ 的沟槽刻蚀窗口（图 4.2 中的尺寸 $2s$）。选择主肖特基金属功函数以获得 0.60eV 的势垒高度，同时选择沟槽金属以获得 0.85eV 的势垒高度。

典型 TSBS 整流器元胞中电场分布的三维视图如图 4.10E 所示。主肖特基接触位于图的右下侧，沟槽区位于图的顶部。在沟槽底部金属界面处可观察到大电场强度（$4 \times 10^5 \mathrm{V/cm}$）。然而，主肖特基接触中间电场强度大大降低了（$1.5 \times 10^5 \mathrm{V/cm}$）。还能从图看出，越靠近 PN$^\ominus$结时电场越小。因此，漏电流的最坏情况分析可以在主肖特基接触的中间区进行。值得指出的是，在沟槽的尖角处会产生大电场强度（$6 \times 10^5 \mathrm{V/cm}$）。这会降低元胞内的击穿电压，通过对沟槽底部的圆滑可以降低这个电场强度。

对于元胞间距为 $1\mu m$ 的典型 TSBS 整流器来说，其主肖特基接触中间电场强度随反向偏置电压的增加而增加的情况如图 4.11E 所示。与图 3.10E 所示的普通肖特基接触整流器的电场强度增长相比，显然在 TSBS 整流器中，主肖特基接触的电场强度得到了抑制。尽管该 TSBS 整流器中势垒发生在约 $0.5\mu m$ 的深度，但峰值电

⊖　应将 PN 结改为沟槽。——译者注

场强度发生在约 1μm 的深度。因此，在沟槽底部下方需要足够的漂移区厚度，来防止在高反向偏置电压下电场穿透至 N⁺ 衬底。

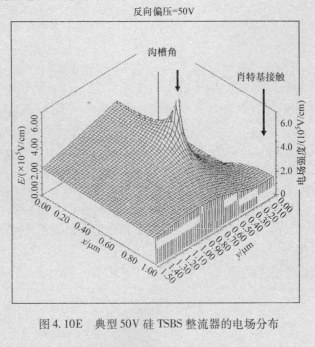

图 4.10E　典型 50V 硅 TSBS 整流器的电场分布

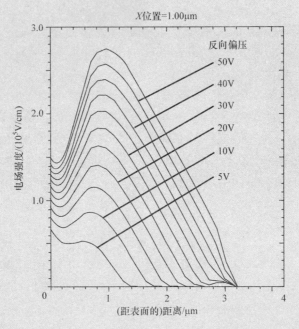

图 4.11E　典型 50V 硅 TSBS 整流器主肖特基接触中间电场的增长

　　主肖特基接触处更强烈的电场强度抑制，可通过增加 TSBS 整流器的沟槽深度或减小元胞间距获得。元胞间距为 $1.00\mu m$，沟槽深度为 $0.75\mu m$ 的 TSBS 整流器的改进情况如图 4.12E 所示。此时，主肖特基接触中心电场强度降至 $0.9\times10^5 V/cm$，而沟槽深度为 $0.5\mu m$ 的典型 TSBS 整流器电场强度为 $1.5\times10^5 V/cm$。对于具有更深沟槽的结构，峰值电场强度的位置也转移到更深的深度，导致在 40V 以上的反向偏置电压下的电场分布更易于穿透到 N^+ 衬底。这些模拟旨在说明，当漂移区总厚度不变时，改变沟槽深度的影响。实际上，当沟槽深度增加时，应优先选择增加漂移区的总厚度来避免电场穿透到 N^+ 衬底。

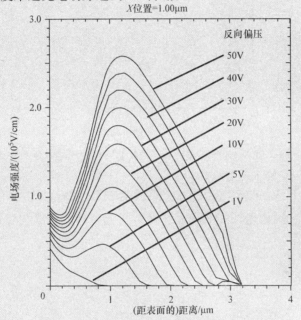

图 4.12E　50V 硅 TSBS 整流器中主肖特基接触中间电场强度的增加

　　对于元胞间距为 $0.75\mu m$，沟槽深度为 $0.5\mu m$ 的 TSBS 整流器，如图 4.13E 所示，减小元胞间距获得主肖特基接触处电场强度更大幅度的降低。主肖特基接触中心处的电场强度降低到 $0.35\times10^5 V/cm$，而对于沟槽深度为 $0.5\mu m$ 的典型 TSBS 整流器，电场强度仅为 $1.5\times10^5 V/cm$。然而正如前面所指出的那样，通态压降的增加并不能保证主肖特基接触处电场强度的急剧降低。

　　在沟槽角处所产生的电场强度也取决于沟槽间空间的大小。一方面，当沟槽靠得近时，它们之间在小的反向偏置电压下就发生空间耗尽。在这种情况下，沟槽角处的电场强度没有显著增强。然而，当沟槽间的空间减小时，主肖特基接触面积减小，产生更大的通态压降。另一方面，如果沟槽间的空间扩大，则沟槽角处电场强度更高。

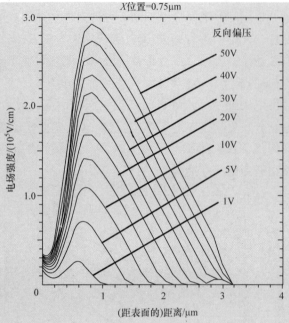

图 4.13E　50V 硅 TSBS 整流器主肖特基接触中间电场强度的增加

　　元胞间距为 $1.5\,\mu m$，沟槽深度为 $0.5\,\mu m$ 的 TSBS 整流器结构的三维电场分布图如图 4.14E 所示。沟槽角处的电场强度在 50V 的反向偏压下增加到 $8 \times 10^5\,V/cm$，

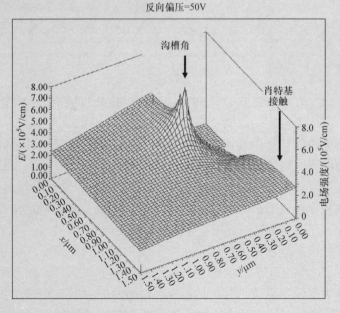

图 4.14E　50V TSBS 整流器中的电场分布

相比之下，典型的元胞间距为 1μm 的 TSBS 整流器电场强度为 6.0×10^5 V/cm。沟槽角处增强的电场强度使元胞内 TSBS 整流器的击穿电压降低。重要的是要将此击穿电压维持在边缘终端处的击穿电压之上。还需指出的是，沟槽间较大的空间导致主肖特基接触处有较大的电场强度（比较图 4.14E 和图 4.10E）。

在 TSBS 整流器的分析模型中，系数 α 控制主肖特基接触中间电场强度的增加速率，它可以从二维数值模拟结果中提取。从数值模拟获得主肖特基接触中部的电场强度增加的情况如图 4.15E 所示，元胞间距（*p*）为 1.00 ~ 1.50μm 的 TSBS 整流器分别用各自的符号表示。用式（4.17）所得到的计算结果用实线表示，通过调整 α 的值，以适合数值模拟的结果。α 等于 1 的情况与预期吻合，与肖特基整流器相吻合。元胞间距为 1.00μm 的 TSBS 整流器的 α 值为 0.14。1.25μm 元胞间距的 α 值增加到 0.38，而 1.5μm 间距的 α 值为 0.55。利用这些 α 值，分析模型可以准确预测肖特基接触中间电场强度的特性。因此可以用来计算 TSBS 整流器中的肖特基势垒降低和漏电流。

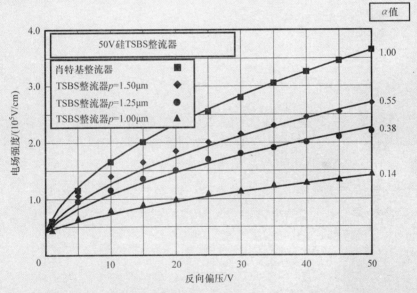

图 4.15E 硅 50V TSBS 整流器肖特基接触中间电场强度的增加

数值模拟能洞察 TSBS 整流器在反向阻断模式下的电流流动情况。将流过阴极的总反向电流与主肖特基接触的电流和沟槽金属接触的电流进行比较，如图 4.16E 所示。在低于 30V 的反向偏置电压下，阴极电流等于流过的主肖特基接触电流。由于抑制了主肖特基接触处电场强度的增加，所以随着电压的增加，通过主肖特基接触的电流基本保持恒定。然而，当反偏电压超过 30V 时，流过沟槽金属接触的电流迅速增加，并且在 50V 以上的反向偏压与主肖特基接触的电流相当。有必要在沟槽金属接触中使用足够大的势垒高度来减少这种（电流）成分。还可以通过圆滑沟槽底部减小尖角处的电场，来减少来自沟槽接触的漏电流。值得指出的是，由于流过两个接触的电流非常迅速地增加，因此击穿就发生了。

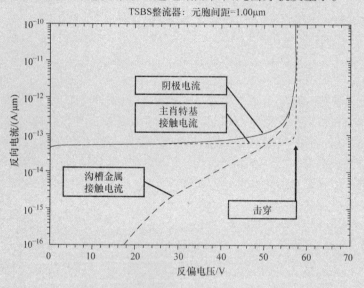

图 4.16E   50V 硅 TSBS 整流器反向阻断特性

从数值模拟获得元胞间距为 $1.00\mu m$ 的 50V 硅 TSBS 整流器的反向 $i-v$ 特性如图 4.17E 所示，图中还一起显示了肖特基整流器的特性，其势垒高度分别相当于主接触金属的势垒高度（0.60eV）和沟槽中金属的势垒高度（0.85eV）。所有器件的横截面宽度（元胞间距）均为 $1\mu m$。从图可以看到 TSBS 整流器元胞击穿电压

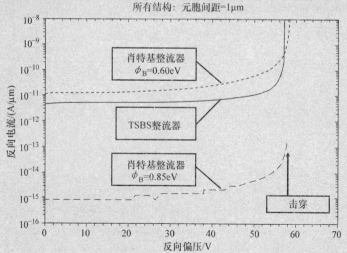

图 4.17E   典型 50V 硅 TSBS 整流器与肖特基整流器反向阻断特性的比较

为 57V。这与由于终端的限制使 50V 的（器件）击穿电压为平行平面结击穿电压的 80% 的情况一致。在 TSBS 整流器中，小反向偏置电压下的漏电流是势垒高度为 0.60eV 肖特基整流器（漏电流的）1/2。这与 TSBS 整流器中肖特基基础面积减少 1/2 一致。当反偏电压增加到 50V 时，肖特基整流器的漏电流增加 7 倍。相比之下，当反偏电压增加到 50V 时，该 TSBS 整流器的反向漏电流仅增加 2 倍。增加的情况与分析模型预测的一致。势垒高度为 0.85eV 的平面肖特基整流器的漏电流也示于图中，其势垒高度相当于沟槽（肖特基）接触的势垒高度。电流远低于其他器件。从这个观察结果可以得出结论，沟槽角处的电场增强对由 TSBS 整流器中沟槽金属所贡献的漏电流有显著的不利影响。

在图 4.18E 中比较了具有不同沟槽深度的 TSBS 整流器反向偏置电压的电场强度增加。在该图中，调整分析模型中的 α 值来匹配模拟数据。可以看出，由于沟槽纵深比较大，随着沟槽深度的增加，α 从 1.00 减小到 0.018。这对于抑制肖特基势垒降低和减小漏电流是有益的。

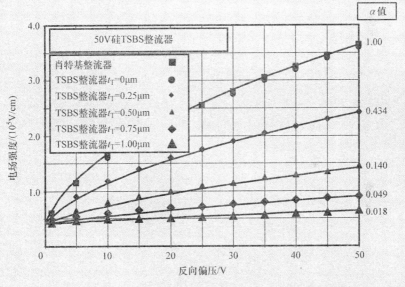

图 4.18E　50V 硅 TSBS 整流器肖特基接触中间电场强度的增加

4.3.2　碳化硅 TSBS 整流器：反向漏电流模型

碳化硅 TSBS 整流器中的漏电流可以使用和硅 TSBS 整流器相同的计算方法。首先，重要的是考虑到 TSBS 整流器中较小的主肖特基接触面积。其次，必须考虑肖特基势垒的降低，由于沟槽金属电极的屏蔽使主肖特基接触电场强度更小。第三，必须包括热电子场发射电流，由于沟槽金属接触的屏蔽作用使得主肖特基接触的电场强度更小。经过这些调整后，碳化硅 TSBS 整流器的漏电流可以通过式

（4.20）来计算：

$$J_L = \left(\frac{p-s}{p}\right) AT^2 \exp\left(-\frac{q\phi_b}{kT}\right) \exp\left(\frac{q\Delta\phi_{bTSBS}}{kT}\right) \exp(C_T E_{TSBS}^2) \tag{4.20}$$

式中，C_T 为隧穿系数（4H – SiC 的为 $8 \times 10^{-13} \, cm^2/V^2$）。与肖特基整流器相比，TSBS 整流器的势垒降低由肖特基接触减小的电场强度 E_{TSBS} 决定：

$$\Delta\phi_{bTSBS} = \sqrt{\frac{qE_{TSBS}}{4\pi\varepsilon_S}} \tag{4.21}$$

与硅 TSBS 结构一样，主肖特基接触处的电场强度随距沟槽距离的变化而变化。在主肖特基接触的中间观察到最大电场强度，越接近沟槽的电场强度越小。在开发情况最差的分析模型时，谨慎地使用主肖特基接触中间的电场来计算漏电流。

相邻沟槽的耗尽区在主肖特基接触下产生势垒之前，如普通肖特基整流器，主肖特基接触中间的金属 – 半导体界面处电场强度随所施加的反向偏置电压增加而增加。在肖特基接触下方的漂移区耗尽后，通过沟槽金属接触建立势垒。与硅 TSBS 整流器情况一样，可以用器件的元胞参数求出夹断电压（V_P）：

$$V_P = \frac{qN_D}{2\varepsilon_S}(p-s)^2 - V_{CT} \tag{4.22}$$

式中，V_{CT} 为沟槽中金属的接触电势。值得指出的是，4H – SiC 的接触电势大于硅的接触电势，因为 4H – SiC 更有利于沟槽中金属产生更大的势垒高度。尽管在反向偏压超过夹断电压后势垒开始形成，但由于主肖特基接触的电势侵入，主肖特基接触处的电场强度继续上升。为了分析这一点对反向漏电流的影响，将电场 E_{TSBS} 与反向偏压建立联系：

$$E_{TSBS} = \sqrt{\frac{2qN_D}{\varepsilon_S}(\alpha V_R + V_{CT})} \tag{4.23}$$

式中，α 为用于说明在夹断后（电势）在电场中累积的系数。

因为碳化硅 TSBS 结构的沟槽与碳化硅 JBS 结构的 PN 结具有相同的矩形形状，因此第 3 章提供的图也适用于 TSBS 整流器。对应不同的 α 值所对应的主肖特基电场强度的降低，读者可以参考图 3.14；图 3.15 为不同 α 值下主肖特基接触的势垒降低情况；图 3.16 为不同 α 值的主肖特基接触处漏电流的减小。然而，从 TSBS 整流器模拟中提取的 α 值必须用于分析特定的 TSBS 整流器。

模拟示例

为了验证以上碳化硅 TSBS 整流器的反向阻断特性模型，在此描述了 3kV 结构的二维数值模拟结果。该结构的漂移区厚度为 $20\mu m$，掺杂浓度为 $8.5 \times 10^{15} \, cm^{-3}$。沟槽深度为 $0.5\mu m$，刻蚀窗口（图 4.2 中的尺寸 $2s$）为 $1.0\mu m$。主肖特基接触的金属功函数为 4.5eV，沟槽中的金属功函数为 5.0eV。对应的肖特基势垒高度，基于 4H – SiC 的 3.7eV 电子亲和力，相当于主肖特基金属的势垒高度为 0.8eV，沟槽中金属的势垒高度为 1.3eV。

通过使用二维数值模拟还研究了 TSBS 结构的反向阻断特性。发现 TSBS 整流器的击穿电压与使用相同漂移区参数的肖特基整流器击穿电压相同（约 3kV）。流过主肖特基接触和沟槽金属的电流与反向偏置电压的函数关系如图 4.19E 所示。从中还可以看出，由于主肖特基接触具有低势垒，所以在高达 2.5kV 的反向偏置电压下，主肖特基漏电流仍占主导地位。然而，在未受保护的沟槽金属的漏电流随反向偏压呈指数级增加，使其漏电流在 2.9kV 的反向偏压下赶上然后超过主接触的漏电流。

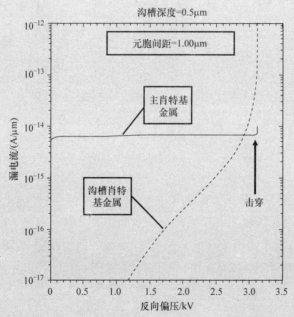

图 4.19E 3kV 4H – SiC TSBS 整流器的反向阻断特性

由于沟槽尖角处产生了更强的电场，沟槽接触金属漏电流的增加会加剧。这种电场的增强可以在图 4.20E 所示的电场三维视图中看到，该 TSBS 结构的元胞间距为 1.00μm，所施加的反向偏压为 3kV（临近击穿电压）。该图还显示了，预计主肖特基电场强度将被位于沟槽中的高肖特基势垒金属所产生的势垒减弱。与 JBS 整流器情况一样，主肖特基接触处的最大电场强度出现在离沟槽最远的位置（对应于图 4.20E 中的 $x = 1.00μm$）。因此，最大的势垒降低和隧道效应等因素将发生在这个位置。因此，要将肖特基接触的最大电场强度用于分析 TSBS 整流器的反向漏电特性。电场强度降低的程度取决于沟槽区间的间距以及沟槽深度。

元胞间距为 1μm 的主肖特基接触中心处的电场分布如图 4.21E 所示。从中可以看出，与体峰值电场强度相比，主肖特基接触的表面电场强度显著降低。电场强度的峰值出现在约 1μm 之处。在 3000V 的反向偏压下，肖特基接触处的电场强

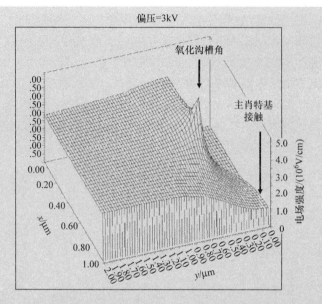

图 4.20E　4H – SiC TSBS 整流器中电场的分布

度仅为 $1 \times 10^6 \, \text{V/cm}$，而体最大电场为 $2.85 \times 10^6 \, \text{V/cm}$。通过减小元胞间距可以实现主肖特基接触处电场强度更多的降低。这可以用如图 4.22E 所示的元胞间距为 $0.75 \, \mu\text{m}$ 时的情况予以说明。在此，肖特基接触处的电场强度仅为 $2 \times 10^5 \, \text{V/cm}$，而体最大值为 $2.85 \times 10^6 \, \text{V/cm}$。

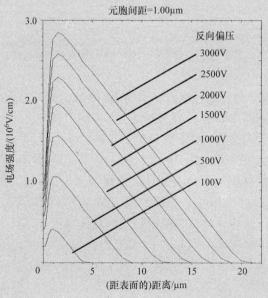

图 4.21E　4H – SiC TSBS 整流器中电场强度随反向电压变化

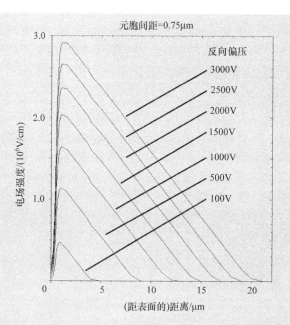

图 4.22E　4H-SiC TSBS 整流器中电场强度随反向偏压的变化

　　随着反向偏置电压的增加，TSBS 整流器中主肖特基接触处电场强度的增加如图 4.23E 所示，其中沟槽深度保持 0.5μm 不变。当元胞间距小于 2μm 时，主肖特基中央电场强度明显小于普通肖特基整流器的电场强度。随着元胞间距的减小，对电场强度的抑制明显增强。为了提取出碳化硅 TSBS 的 α 系数，从数值模拟中获

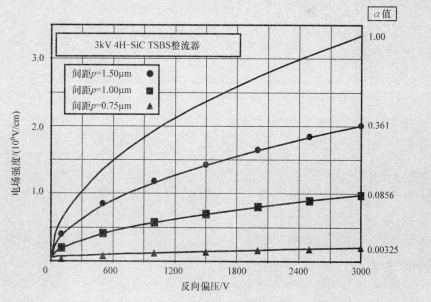

图 4.23E　4H-SiC TSBS 整流器中电场强度随反向偏压的变化

得的数据由图 4.23E 中的符号来表示，而使用不同 α 值分析计算的电场强度由实线示出。因此，使用 TSBS 概念来抑制主肖特基接触处电场强度的优势是仅需要仔细优化（沟槽）间距，而且该间距略小于碳化硅 JBS 整流器[6]。只要间距适当，由于肖特基势垒和隧穿电流的降低，电场的减小会收获巨大的好处。

在图 4.24E 中量化了对主肖特基接触势垒降低的保护情况，其中的数值是用解析表达式确定的，所用的电场强度从模拟中提取。如果间距为 1μm，肖特基势垒降低的量从 0.22eV 降至 0.12eV。因为隧穿电流对电场有强烈的依赖性，因此改善肖特基势垒降低效应对于碳化硅肖特基整流器的漏电流有相当显著的改善。如图 4.25E 所示，即使元胞间距为 1μm，在高反向偏置电压下，仍可以看到漏电流降低了 5 个数量级，这证明了利用势垒抑制主肖特基接触漏电流的优势。（注意，图中忽略了来自沟槽金属的漏电流）通过缩减元胞间距到 0.75μm，漏电流可能会有更大的减小，但这伴随着通态压降的增加。因此，TSBS 结构对于改善高电压碳化硅整流器的反向阻断特性非常有效。

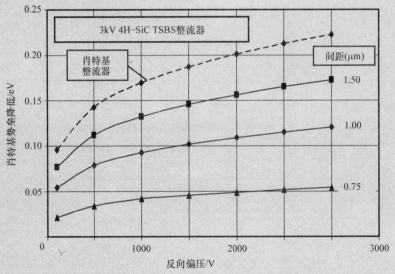

图 4.24E　4H – SiC TSBS 整流器中的肖特基势垒降低

图 4.26E 中比较了元胞间距固定为 1μm 时，不同沟槽深度的主肖特基接触的电场强度。当沟槽深度为 0.5μm 时，电场强度大约减少为 1/3。对于 1μm 的沟槽深度，电场强度甚至降低为 1/5。为了提取碳化硅 TSBS 结构的 α 系数，从数值模拟中获得的数据由图 4.26E 中的符号来表示，使用不同 α 值分析计算的电场强度由实线示出。

主肖特基接触处电场强度的降低对肖特基势垒降低的影响量化于图 4.27E 中。当沟槽深度为 0.5μm 时，势垒降低从普通碳化硅肖特基整流器的 0.22eV 降低至

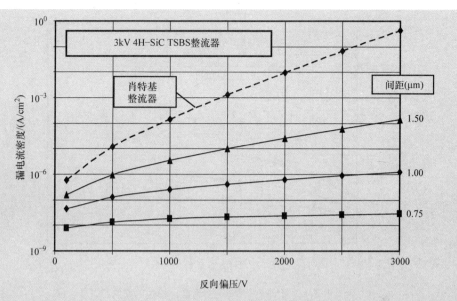

图 4.25E　4H – SiC TSBS 整流器中的漏电流

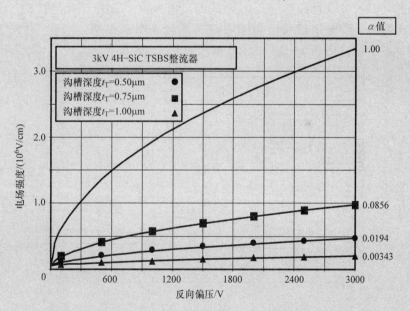

图 4.26E　4H – SiC TSBS 整流器中电场强度随反向电压的变化

0.125eV。当沟槽深度增加到 0.75μm 时，势垒降低减小到 0.08eV，而对于 1.00μm 的沟槽深度，它仅为 0.055eV。

　　肖特基势垒降低效应的减弱使碳化硅 TSBS 肖特基整流器中的漏电流减小，如图 4.28E 所示。在计算分析漏电流时，还应包括碳化硅肖特基接触中隧穿电流的减

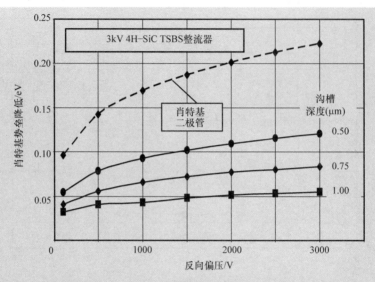

图 4.27E　4H－SiC TSBS 整流器肖特基势垒降低

少。从图 4.28E 可以看到，对于 0.5μm 的沟槽深度，漏电流减少了 5 个数量级。沟槽深度的进一步增加仅仅会使漏电流再降低一个数量级。因此，对于碳化硅 TSBS 整流器来说，用 0.5μm 深的沟槽抑制漏电流就足够了。

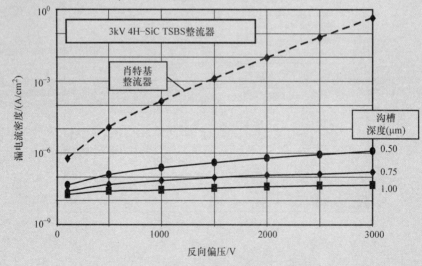

图 4.28E　4H－SiC TSBS 整流器中的漏电流

位于 TSBS 整流器中主肖特基接触下电流传导区的纵横比，对肖特基接触处电场强度的抑制有很大的影响。影响程度由式（4.17）和式（4.22）中的系数 α 给予量化。硅和碳化硅 TSBS 整流器的纵横比（AR）可以通过将沟槽深度除以沟槽之间的间距来进行计算：

$$AR = \frac{t_T}{2(p-s)} \qquad (4.24)$$

对于硅和碳化硅 TSBS 整流器，从数值模拟求得的系数 α 与纵横比的变化如图 4.29E 所示。从中可以看到，系数 α 随纵横比呈指数级变化。其中一条线适用于硅器件的数据（另外一条线适用于 4H - SiC 器件的数据），不同沟槽深度和元胞间距代表着不同的纵横比，进而决定着 α 的大小。与具有相同纵横比的硅器件相比，碳化硅器件的 α 更小，说明硅器件中的电场强度未被抑制到（与 4H - SiC 器件）相同的程度。因此 TSBS 结构特别适合改善碳化硅肖特基整流器的性能。

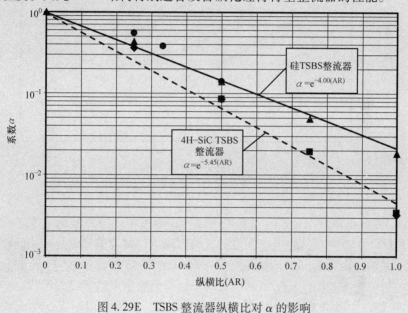

图 4.29E　TSBS 整流器纵横比对 α 的影响

4.4　折中曲线

参考文献 [4] 证明了在优化肖特基整流器结构期间，通过改变肖特基的势垒高度，可以使特定占空比和工作温度下的功耗最小化。较小的势垒高度降低了通态压降，降低了通态功耗，而较大的势垒高度降低了漏电流，从而减少了反向阻断功耗。根据占空比和温度的不同，最佳功耗发生在最佳势垒高度。基于这些不依赖半导体材料的考虑，在书中研究了通态压降和漏电流之间的基本折中曲线。但是，基本的折中曲线不包括串联电阻对通态压降的影响。更重要的是，它排除了肖特基势垒下降和雪崩前倍增效应对肖特基整流器漏电流增加的强烈影响。

当计算硅肖特基整流器压降时，应包含漂移区的压降，而且肖特基势垒降低和雪崩前倍增效应的影响也被计入漏电流的计算中时，折中曲线大幅度退化，如图4.7所示中三角形数据点对应的实线所示。在该图中，通过改变肖特基势垒高度来生成硅肖特基整流器的折中曲线。对于0.45V的通态压降，与基本折中曲线相比，肖特基整流器的漏电流增加了两个数量级。

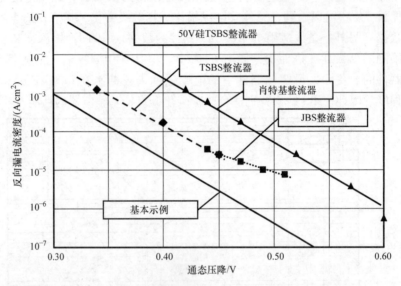

图4.7　50V硅TSBS整流器与肖特基整流器折中曲线的比较

在硅TSBS整流器中，肖特基势垒降低效应由于接触处的电场强度降低而得到改善。另外，主肖特基接触电场强度的大幅度降低抑制了流经该处电流的前雪崩倍增。对于元胞间距为1μm，沟槽深度为0.5μm的TSBS整流器结构，由其数值模拟所得到的折中曲线如图4.7所示，用对应于钻石形数据点的虚线表示。对于这些硅TSBS整流器，主肖特基接触的势垒高度是变化的，器件结构不变。对于0.40V的通态压降，与普通肖特基整流器相比，TSBS整流器的漏电流减少了一个数量级。值得指出的是，TSBS整流器具有与JBS整流器相同的漏电流，其通态压降为0.45V，这表明两种结构在降低漏电流方面同等有效。

碳化硅TSBS整流器可以进行类似的分析。在这种情况下，反向阻断特性的主要改进是由于抑制了肖特基势垒降低，以及由于肖特基接触处电场强度降低引起的热电子场发射电流的降低。当这些现象包含在4H-SiC肖特基整流器漏电流的分析中时，如图4.8所示，通过改变势垒高度，可得3kV阻断电压器件的折中曲线，即三角形数据点对应的实线。从中可以观察到，与基本曲线相比，漏电流增加了10个数量级以上。

对于碳化硅TSBS整流器，肖特基势垒降低和热电子场发射现象被抑制，肖特基势垒下降和热电子场发射现象被抑制，在大反向偏置电压下产生明显的漏电流减小。通过改变元胞间距获得这些结构的折中曲线在图4.8中由虚线表示。从中可以

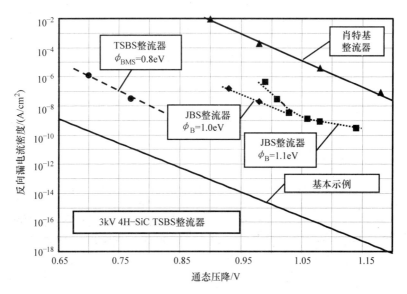

图 4.8 3kV 4H – SiC TSBS 整流器与肖特基整流器的折中曲线比较

看到, 对于相同的通态压降, 漏电流比肖特基整流器小 7 个数量级。与 JBS 整流器相比, 对于相同的漏电流密度 ($1 \times 10^{-8} \, \text{A/cm}^2$), TSBS 整流器的通态压降低了 0.2V。这种差异可归因于碳化硅 JBS 整流器在通态下存在较大的耗尽层宽度, 因为 4H – SiC 中 PN 结的内建电势远大于 TSBS 整流器沟槽中金属的接触电势。

4.5 总结

本章论述了通过高势垒接触金属的沟槽区对主传导电流的肖特基接触在半导体中所产生大电场强度的屏蔽, 显著改善了肖特基整流器的漏电流特性。在硅器件中, 接触电场强度的降低抑制了肖特基势垒降低和雪崩前倍增现象。这使漏电流减少了一个数量级, 但是由于肖特基接触面积的损失使通态压降增加。在碳化硅器件中, 肖特基接触处电场强度的降低抑制了肖特基势垒降低和热电子场发射电流的形成, 使漏电流减少了 7 个数量级。此外, TSBS 整流器不需要像 JBS 整流器中形成 PN 结所需的高温退火工艺。这规避了碳化硅表面的退化, 能够形成良好的肖特基接触。

TSBS 整流器概念在碳化硅器件中的应用首先是由 PSRC[2] 进行的 1000V 器件的研究。之后, 对使用钛作为肖特基接触和镍作为沟槽中的金属, 阻断电压为 300V 的 4H – SiC 器件的实验结果进行了报告[7]。其中观察到漏电流减少了 2 个数量级。对于阻断电压为 100V 的 6H – SiC 器件, 漏电流也减少了 3 个数量级。

参 考 文 献

[1] L. Tu and B.J. Baliga, "Schottky Barrier Rectifier including Schottky Barrier Regions of Differing Barrier Heights", U. S. Patent 5,262,668, Issued November 16, 1993.

[2] M. Praveen, S. Mahalingam, and B.J. Baliga, "Silicon Carbide Dual Metal Schottky Rectifiers", PSRC Technical Working Group Meeting Report, TW-97-002-C, 1997.

[3] B.J. Baliga, "Silicon Carbide Power Devices", World Scientific Publishing Company, 2005.

[4] B.J. Baliga, "Fundamentals of Power Semiconductor Devices", Springer Scientific, New York, 2008.

[5] B.J. Baliga, "Modern Power Devices", Chapter 4, John Wiley and Sons, 1987.

[6] B.J. Baliga, "High Voltage Silicon Carbide Devices", Material Research Society Symposium, Vol. 512, pp. 77-88, 1998.

[7] K.J. Schoen, et al, "A Dual Metal Trench Schottky Pinch-Rectifier in 4H-SiC", IEEE Electron Device Letters, Vol. 19, pp. 97-99, 1998.

[8] F. Roccaforte, et al, "Silicon Carbide Pinch Rectifiers using a Dual-Metal Ti-NiSi Schottky Barrier", IEEE transactions on Electron Devices, Vol. 50, pp. 1741-1747, 2003.

第5章 沟槽 MOS 势垒控制肖特基整流器

在前面的章节中讨论了通过引入 PN 结或在沟槽内设置金属来减少肖特基接触处电场的器件结构。抑制电场强度能够显著降低反向阻断状态下的漏电流。本章将描述另一种抑制肖特基接触处电场强度的方法。这种方法是将金属－氧化层－半导体（MOS）结构设置在肖特基接触周围所刻蚀的沟槽内。在反向偏压状态下，沟槽之间的区域耗尽，在肖特基接触下产生势垒，避免在半导体体内产生高电场。这种器件结构被称为"沟槽 MOS 势垒控制肖特基（TMBS）整流器"结构[1]。与 JBS 和 TSBS 整流器结构一样，用于形成势垒的 MOS 结构深度与总漂移区厚度相比比较小。在该器件理念中，MOS 结构用于抑制肖特基接触处电场强度，但不能用于形成漂移区中的电场。

在 TMBS 整流器中，当整流器正向偏置时，设计通态电流流经沟槽间未耗尽的间隙。与 JBS 和 TSBS 结构相比，采用 MOS 结构，沟槽间的空间很少耗尽，这使得该区域的电阻更小。当施加反向电压时，MOS 结构形成深耗尽区，深耗尽区在沟槽间延伸，在肖特基接触下形成势垒。这抑制了肖特基接触处的电场强度，防止在普通肖特基整流器中出现的由反向偏置电压所引起的漏电流的大量增加。在设计 TMBS 整流器时，要观察氧化层中的电场以确保其处于硅器件的可靠工作范围之内。对于碳化硅器件来说，氧化层中的电场超过了引起破坏性失效的损坏强度。因此 TMBS 概念不适用于碳化硅器件的开发。

本章给出了 TMBS 整流器的分析模型，还通过二维数值分析方法分析了这些结构的工作机制。证明了 TMBS 概念能够提高硅器件的性能，但不适用碳化硅器件的开发[2]。硅结构可以首先通过使用氮化硅覆盖的表面来刻蚀沟槽。用氮化硅作为氧化层的掩膜，有选择地在沟槽表面形成氧化层。然后可以选择性地去除氮化硅，在沟槽中留下氧化层。在阳极沉积金属的同时，在沟槽之间的顶表面形成肖特基接触，及在沟槽内的 MOS 结构上形成金属。因此，在本章所描述的模拟中，肖特基接触和沟槽中金属使用相同的功函数。

5.1 沟槽 MOS 势垒控制肖特基（TMBS）整流器结构

TMBS 整流器结构如图 5.1 所示。它由包含 MOS 结构的沟槽区组成，在反向阻断状态下，形成势垒能够屏蔽肖特基接触（在位置 B 处）。势垒的大小取决于沟槽间距和沟槽深度。较小的间距和较大的沟槽深度有利于增加势垒的大小，从而导致肖特基接触处电场强度有更大的减小。肖特基接触处电场强度的减小使势垒降低效

应和场发射效应减弱，这有利于降低高反向偏压
下的漏电流。然而，在沟槽的尖角处会产生高电
场强度，导致氧化层中的局部高电场强度的产生，
从而降低了可靠性。此外，在肖特基接触的 B 位
置下产生的势垒也取决于氧化层厚度。

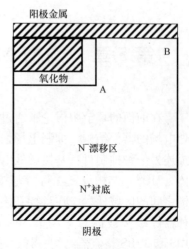

图 5.1　沟槽 MOS 势垒肖特基
（TMBS）整流器结构

　　沟槽间距的选择原则：在通态期间肖特基接
触下存在未耗尽区，能实现单极型传导，并具有
低通态压降。在导通电流传导期间，内置 MOS 结
构的沟槽间的空间很少耗尽。与 JBS 和 TSBS 整流
器相比，这有利于减小沟槽间漂移区的电阻。

　　TMBS 结构首先可以通过在半导体表面上沉积
的氮化硅层来制造。该氮化硅以一定的图案形式
开窗口，用来腐蚀沟槽。沟槽用氮化硅作为掩膜
层，采用反应等离子刻蚀工艺形成。然后通过热
氧化在沟槽底部和侧壁的硅表面上形成氧化层。在该工艺中，硅表面的氮化硅用来
作为掩膜，以防止上表面的硅被氧化。选择性地去除硅表面的氮化硅层，同时将氧
化层保留在沟槽的侧壁和底部。然后蒸发阳极金属来填充沟槽并覆盖上表面，形成
元胞结构。

　　当然，阳极金属层必须以一定的图案形式来终止于器件边缘。硅和碳化硅器件
都以如图 5.1 所示的相同器件结构生产。因此，可以为由这两种半导体制成的
TMBS 整流器创建一个基本模型。然而，在碳化硅器件下，氧化层中产生的高电场
强度阻碍了器件的发展。

　　与 JBS 整流器的情况一样，将假设击穿电压因终端而降低到大约为理想平行面
结的 80%。掺杂浓度的计算必须考虑到击穿电压的降低：

$$N_D = \left(\frac{5.34 \times 10^{13}}{BV_{PP}} \right)^{4/3} \tag{5.1}$$

式中，BV_{PP} 为平行平面的击穿电压。

　　TMBS 结构中肖特基接触处的最大耗尽层宽度为器件的击穿电压（BV）下的
耗尽层宽度，由式（5.2）给出：

$$t = W_D(BV) = \sqrt{\frac{2\varepsilon_S BV}{qN_D}} \tag{5.2}$$

　　然而，计算 MOS 沟槽下的耗尽层宽度时，必须考虑在深耗尽条件下运行时半
导体与氧化层所承担的电压[3]。

　　在反向阻断模式下 TMBS 整流器 MOS 沟槽区下的电场分布如图 5.2 所示。
施加到阴极的正电压由氧化层和半导体共同承担。由于在 MOS 结构附近存在

肖特基接触，所以不能在半导体氧化层界面形成反型层。然而，半导体工作在深耗尽模式时，耗尽层宽度由半导体氧化层界面处的电场强度决定（如图中 E_1 所示）。由于施加的反向偏置电压（V_R）由氧化层和半导体共同承担，则

$$V_R = V_{OX} + V_S = E_{OX} t_{OX} + \frac{1}{2} E_1 W_{D,MOS}$$

(5.3)

式中，V_{OX} 为氧化层承担的电压；V_S 是半导体承担的电压。

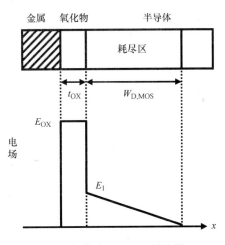

图 5.2　阻断模式下 TMBS 整流器 MOS 区下的电场分布

　　半导体氧化层界面处的电场强度（E_1）和氧化层的电场强度（E_{OX}）之间的关系通过高斯定律获得：

$$E_{OX} = \frac{\varepsilon_S}{\varepsilon_{OX}} E_1$$

(5.4)

此外，半导体中的电场强度（E_1）与耗尽层宽度之间的关系为

$$E_1 = \frac{q N_D}{\varepsilon_S} W_{D,MOS}$$

(5.5)

结合这些关系，有式（5.6）

$$V_R = \frac{q N_D}{C_{OX}} W_{D,MOS} + \frac{q N_D}{2\varepsilon_S} W_{D,MOS}^2$$

(5.6)

式中，C_{OX} 是沟槽氧化层的比电容（ε_{OX}/t_{OX}）。求解该二次方程可得沟槽氧化层下半导体中耗尽层的宽度：

$$W_{D,MOS} = \frac{\varepsilon_S}{C_{OX}} \left\{ \sqrt{1 + \frac{2 V_R C_{OX}^2}{q \varepsilon_S N_D}} - 1 \right\}$$

(5.7)

示例：对于掺杂浓度为 8×10^{15} cm^{-3} 的漂移区，MOS 沟槽区下的耗尽层宽度如图 5.3 所示。氧化层厚度从 250Å 变化到 1000Å。突变 P$^+$/N 结的耗尽层宽度也用虚线包括在该图中用于比较。从中可以看到，MOS 结构的耗尽层宽度小于 PN 结的耗尽层宽度，这是因为所施加的反向偏压的一部分由氧化层承担。然而，耗尽层宽度的差异仅为 10% 左右。

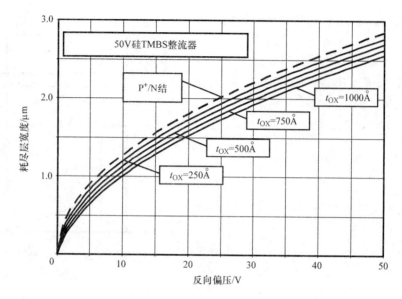

图 5.3   50V 硅 TMBS 整流器中 MOS 沟槽区下的耗尽层宽度[⊖]

5.2   正向导通模型

对 TMBS 整流器的通态压降的分析需要考虑由于沟槽的存在而引起主低势垒肖

特基接触的电流收缩，并且由于电流从肖特基扩展到 N⁺ 衬底，所以漂移区电阻有所增加。在前一章中为 JBS 整流器扩展电阻开发了几种模型。发现从 PN 结底部以 45°角扩展电流的 C 模型是最合适的。此外，该模型通过结假设为矩形形状而被应用于碳化硅 JBS 整流器。因为 MOS 结构的沟槽也是矩形形状，所以将该模型应用于硅和碳化硅 TMBS 整流器中的通态电流分析也是可行的。

如图 5.4 所示，TMBS 整流器正向导通模式下的电流分布用阴影区表示。由于沟槽占据一定的空间，所以

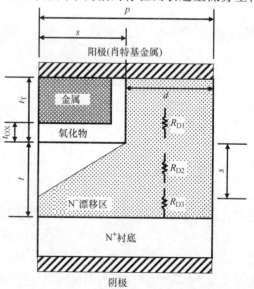

图 5.4   导通状态下 TMBS 整流器中的电流流动模式

⊖   原书中 t_{OX} 单位为 A，有误，应为 Å。——译者注

分析模型必须考虑到肖特基接触处电流密度的增加。因为在 MOS 界面处不会形成明显的耗尽层,所以流经肖特基接触的电流流过漂移区顶部沟槽(具有尺寸 $2d$)间的整个空间。与 JBS 结构相比,这为 TMBS 肖特基接触电流的传输提供了更大的区域。

主肖特基接触处的电流密度(J_{FS})与元胞(或阴极)电流密度(J_{FC})有关:

$$J_{FS} = \left(\frac{p}{d}\right)J_{FC} \tag{5.8}$$

式中,p 为元胞间距。尺寸 d 由元胞间距(p)和刻蚀沟槽的窗口($2s$)尺寸确定:

$$d = (p - s) \tag{5.9}$$

沟槽占据的空间(尺寸 s)取决于用于器件制造光刻的最小尺寸,这使肖特基接触处的电流密度提高两倍或更多倍。在计算肖特基触两端的压降时,必须考虑这一点:

$$V_{FS} = \phi_B + \frac{kT}{q}\ln\left(\frac{J_{FS}}{AT^2}\right) \tag{5.10}$$

因为在 MOS 界面不会形成明显的耗尽区,所以电流在流过肖特基接触后,会流过沟槽间的整个区域。在该模型中,假设电流会流过具有均匀宽度 d 的区域直到耗尽区的底部,然后以 45°的扩展角扩展到整个元胞间距(p)。电流路径在距沟槽底部 s 处重叠,然后电流在整个横截面均匀流动。

通过对图中所示的三段电阻相加来计算对电流的净电阻。第一段均匀宽度 d 的电阻由式(5.11)给出:

$$R_{D1} = \frac{\rho_D t_T}{dZ} \tag{5.11}$$

第二段电阻可以通过使用硅 JBS 整流器 C 模型相同的方法来导出:

$$R_{D2} = \frac{\rho_D}{Z}\ln\left(\frac{p}{d}\right) \tag{5.12}$$

具有均匀横截面宽度 p 的第三段电阻由式(5.13)给出:

$$R_{D3} = \frac{\rho_D(t - s)}{pZ} \tag{5.13}$$

漂移区的比电阻可以通过将元胞电阻($R_{D1} + R_{D2} + R_{D3}$)乘以元胞面积(pZ)来计算:

$$R_{sp,drift} = \frac{\rho_D p t_T}{d} + \rho_D p\ln\left(\frac{p}{d}\right) + \rho_D(t - s) \tag{5.14}$$

另外,重要的是还要包括厚的、高掺杂浓度 N⁺ 衬底的电阻。对于硅器件来说,衬底电阻的典型值为 $2 \times 10^{-5}\Omega \cdot cm^2$。对于 4H – SiC 来说,N⁺ 衬底所产生的比电阻典型值为 $4 \times 10^{-4}\Omega \cdot cm^2$。

包括衬底的贡献,TMBS 整流器在正向元胞电流密度 J_{FC} 下的通态压降由式(5.15)给出:

$$V_{\mathrm{F}} = \phi_{\mathrm{B}} + \frac{kT}{q}\ln\left(\frac{J_{\mathrm{FS}}}{AT^2}\right) + (R_{\mathrm{sp,drift}} + R_{\mathrm{sp,subs}})J_{\mathrm{FC}} \tag{5.15}$$

5.2.1 硅 TMBS 整流器: 示例

为了理解硅 TMBS 整流器的工作原理, 对一个击穿电压为 50V 的特定器件进行分析。如果终端将击穿电压限制到理想值的 80%, 则平行平面结的击穿电压为62.5V。漂移区的掺杂浓度为 $8 \times 10^{15}\,\mathrm{cm^{-3}}$, 承担该电压的耗尽区宽度为 $2.85\,\mu\mathrm{m}$。在例子中, 假定主肖特基接触的势垒高度为 0.6eV。这个值是金属铬这样的低势垒高度金属形成肖特基接触的典型值。

由于 TMBS 结构中的 MOS 界面没有明显的耗尽层, 所以可以使用比 JBS 和 TS-BS 整流器更小的元胞间距。对于元胞间距为 $0.5\,\mu\mathrm{m}$, 用 $0.5\,\mu\mathrm{m}$ 窗口 ($2s$) 形成沟槽的典型 TMBS 整流器结构, 尺寸 d 为 $0.25\,\mu\mathrm{m}$。因此, 与阴极 (或平均元胞) 电流密度相比, 肖特基接触区域所传输的电流密度增加了两倍。因为结的横向扩散和导通状态的耗尽层在硅 JBS 整流器中消耗了额外的空间, 所以这种结构 (TMBS) 电流密度的增加小于硅 JBS 整流器的 (电流密度) 增加。TMBS 整流器较小的元胞间距也降低了比扩展电阻。

通过使用上述 TMBS 整流器模型可以预测改变元胞间距 (p) 对通态特性的影响。对于沟槽深度为 $0.5\,\mu\mathrm{m}$ 时所得到的结果如图 5.5 所示。为了用于比较, 图中还包括具有相同漂移区参数的普通肖特基整流器的 $i - v$ 特性。只要间距大于 $0.75\,\mu\mathrm{m}$, 间距对通态压降的影响就很小。典型 TMBS 整流器在通态电流密度为

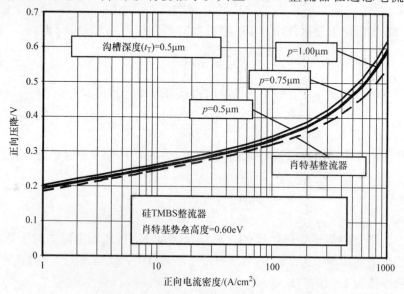

图 5.5 50V 硅 TMBS 整流器的正向特性

$100\mathrm{A/cm^2}$ 时的通态压降为 0.346V，而相同势垒高度的肖特基整流器（通态压降）为 0.322V。在比 JBS 整流器具有更小间距的硅 TMBS 结构中会获得较低的通态压降，其通态特性略有优越性。

在反向阻断模式下，屏蔽 TMBS 整流器中的肖特基接触，抑制在漂移区中所产生高电场强度的程度决于沟槽的深度。较深的沟槽深度改善了沟槽间区域的纵横比。正如前一章所讨论的那样，对于纵向结型场效应晶体管来说，纵横比越大，产生的屏蔽效果就越好，阻断增益就越大[4]。然而，模型中漂移区第一段电阻的阻值随着沟槽的深度增大而增加，导致出现较大的通态压降。图 5.6 对元胞间距固定为 $0.5\mu\mathrm{m}$ 的 TMBS 整流器进行了说明，图中显示了分析计算所得的各种沟槽深度下的正向 $i-v$ 特性。将沟槽深度从 $0.25\mu\mathrm{m}$ 增加到 $1\mu\mathrm{m}$，会使其在 $100\mathrm{A/cm^2}$ 的电流密度时的通态压降从 0.343V 增加到 0.352V。由于氧化层厚度改变时漂移区的比电阻不变，所以氧化层厚度对 TMBS 整流器的通态特性没有影响。

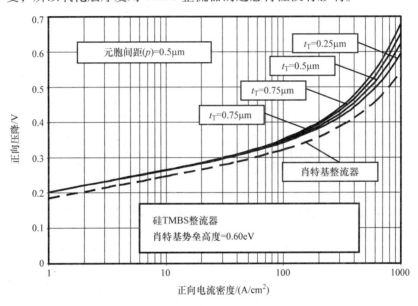

图 5.6　50V 硅 TMBS 整流器的正向特性

模拟示例

为了验证上述用于硅 TMBS 整流器的通态特性分析模型的正确性，这里给出了 50V 器件的二维数值模拟结果。所有器件的漂移区厚度均为 $3\mu\mathrm{m}$，掺杂浓度为 $8\times10^{15}\mathrm{cm^{-3}}$。对于所有 TMBS 整流器，肖特基接触使用 4.80eV 的功函数，相当于 0.60eV 的势垒高度。在所有情况下，刻蚀沟槽的窗口（图 5.4 中尺寸 s 的两倍）保持在 $0.5\mu\mathrm{m}$。

图 5.1E 为元胞间距 p 为 $0.5\mu m$，沟槽深度为 $0.5\mu m$ 的 TMBS 整流器的通态 $i-v$ 特性曲线。图中还用虚线表示出了使用相同 $3\mu m$ 漂移区厚度和 $8\times10^{15}cm^{-3}$ 掺杂浓度的普通肖特基整流器的 $i-v$ 特性。普通肖特基整流器的肖特基接触使用 $4.80eV$ 的功函数。从中可以看到，与分析模型预测的增量一致，TMBS 整流器的通态压降有少量的增加（$0.02V$）。

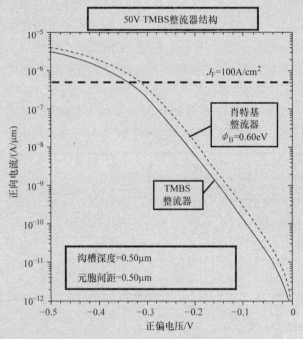

图 5.1E 50V 硅 TMBS 整流器的通态特性

上述元胞间距（p）为 $0.5\mu m$，沟槽深度为 $0.5\mu m$ 的 TMBS 整流器，在通态压降为 $0.4V$ 的电流流动线路如图 5.2E 所示。电流流动的模式与用于开发模型的（电流流动）模式一致，在沟槽间的区域，电流在横截面上呈近似均匀的分布，在 MOS 界面没有耗尽层，然后以大约 $45°$ 的角度扩展电流（见图 5.4）。在离表面 $0.75\mu m$ 以下，电流均匀分布。这证明了漂移区串联电阻三区模型的正确性。

将元胞间距为 $0.5\mu m$、$0.75\mu m$ 和 $1.00\mu m$ 的 50V TMBS 整流器的通态特性与元胞间距为 $0.5\mu m$ 的普通肖特基整流器（虚线）进行比较，如图 5.3E 所示。基于金属的功函数为 $4.8eV$，因此所有器件的势垒高度均为 $0.60eV$。在 TMBS 整流器中，沟槽宽度（$2s$）为 $0.5\mu m$，深度为 $0.5\mu m$。从图中可以看出，通态压降随着元胞间距的增加而降低。然而，在考虑结构面积的差异之后，发现在 $100A/cm^2$ 通态电流密度下，所有元胞间距大于 $0.5\mu m$ 的 TMBS 整流器的通态压降近似相等。这些结果与分析模型预测的结果一致（见图 5.5），证明其可以用于 TMBS 整流器

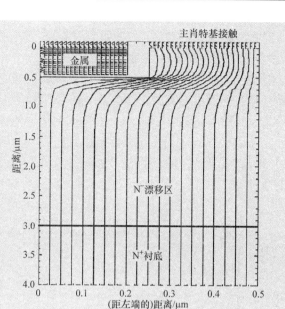

图 5.2E　50V 硅 TMBS 整流器的通态电流分布

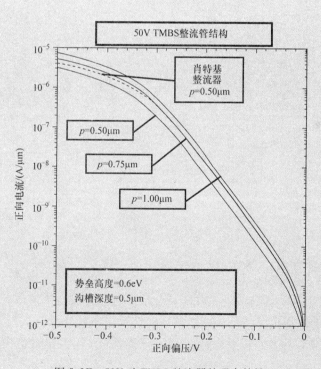

图 5.3E　50V 硅 TMBS 整流器的通态特性

的通态特性的分析。然而，当间距小于 0.5μm 时，通态压降增加到 0.34V，而其他 TMBS 整流器的通态压降为 0.33V。但是，如后面所示，为了抑制肖特基接触的电场强度，TMBS 整流器需要使用 0.5μm 的元胞间距。

在 TMBS 整流器中，沟槽深度的增加改善了对肖特基接触的屏蔽效果。但是，这也增加了从肖特基接触到阴极电流路径的电阻。在 TMBS 整流器中，沟槽深度从 0.25μm 增加到 1.0μm 的影响，可以用 0.5μm 元胞间距情况的数值模拟进行演示。将这些结构的通态 $i-v$ 特性与普通肖特基整流器进行比较，如图 5.4E 所示。当沟槽深度为 0.25μm 和 0.5μm 时，它们的 $i-v$ 特性几乎一致。当沟槽更深时，100A/cm² 电流密度下的通态压降稍有增加。这些结果与分析模型的预测非常吻合（见图 5.6）。

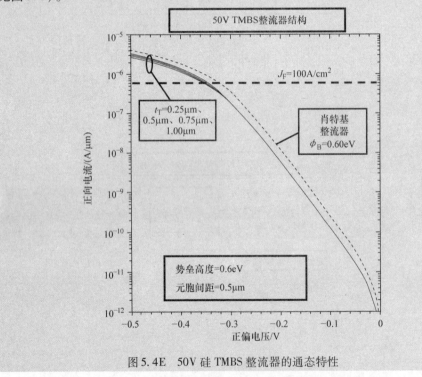

图 5.4E　50V 硅 TMBS 整流器的通态特性

5.2.2　碳化硅 TMBS 整流器：示例

如前所述，TMBS 整流器不适用于碳化硅器件的开发，因为氧化层中的电场强度超过其可靠的工作范围，使其可能在反向偏置工作状态下突然失效。尽管如此，为了完整性，本节给出了其通态特性的分析模型，并用二维数值模拟的结果进行验证。

因为元胞结构相同，所以碳化硅 TMBS 整流器可以使用与硅结构相同的通态模型。对于具有非常高击穿电压的碳化硅 TMBS 整流器来说，漂移区中的不均匀电流仅限于肖特基接触下 $2\mu m$ 以内，而在大部分漂移区上的电流是均匀的。因此如碳化硅 JBS 和 TSBS 整流器情况一样，漂移区电阻接近理想值。

TMBS 整流器在正向元胞电流密度 J_{FC} 下的通态压降（包括衬底贡献）由式（5.15）给出。4H - SiC 的理查德森常数为 $146AK^{-2}cm^{-2}$。例如，本节将分析阻断电压为 3000V 时的 4H - SiC TMBS 整流器。在考虑了边缘终端处的电压损失后，反向阻断能力可以通过使用掺杂浓度为 $8.5 \times 10^{15} cm^{-3}$ 且厚度为 $20\mu m$ 的漂移区获得。典型的 4H - SiC TMBS 整流器具有 $1\mu m$ 的元胞间距，$1\mu m$ 的沟槽宽度（$2s$）和 $1.0\mu m$ 的沟槽深度。

用势垒高度为 0.8eV 的肖特基接触分析模型计算出的 3kV TSBS 整流器的正向特性如图 5.7 所示，其中沟槽深度为参变量。从中可以看到，通态特性不会受沟槽深度的强烈影响。这是因为与漂移区 $20\mu m$ 的总厚度相比，沟槽深度相对较小。在这些高电压碳化硅 TSBS 整流器中，电流扩展发生在距顶部 $2\mu m$ 内，这使得在所有情况下来自其余漂移区的贡献几乎相等。所以沟槽深度的选择原则是，在反向阻断模式下能充分降低肖特基接触处的电场强度。

值得指出的是，由于 TMBS 整流器中沟槽的存在，主肖特基接触面积减少了一半。因此与正常的肖特基整流器相比，会造成肖特基接触处的电流密度增加，从图可以观察到 $i-v$ 特性向较大电压一侧的移动。与肖特基整流器特性（图中虚线所示）相比，TMBS 整流器在 $100A/cm^2$ 的正向电流密度下，通态压降增加很小（0.02V）。

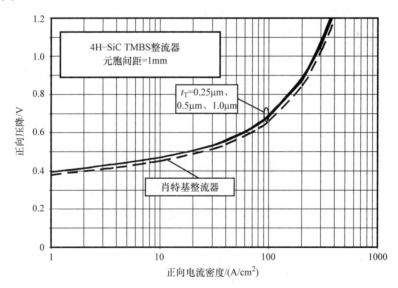

图 5.7　3kV 4H - SiC TMBS 整流器的正向特性

4H - SiC TMBS 整流器元胞间距的改变对通态特性的影响如图 5.8 所示。图中所示的情况是结构的沟槽深度保持在 1.00μm 不变。从中可以看到，将元胞间距从 1.00μm 增加到 1.25μm 只会导致通态压降小幅改善。相反，将元胞间距减小到 0.75μm 时，会导致通态压降有小幅增加。

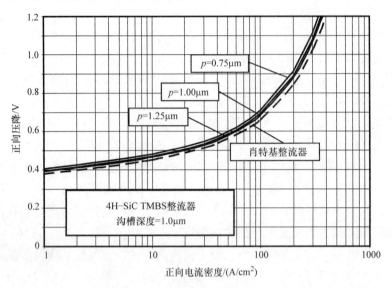

图 5.8　3kV 4H – SiC TMBS 整流器的正向特性

模拟示例

为了验证上述碳化硅 TMBS 整流器通态模型的正确性，在此描述了 3000V 结构的二维数值模拟结果。该结构漂移区厚度为 20μm，掺杂浓度为 8.5×10^{15} cm^{-3}。沟槽区深度为 1.00μm，刻蚀窗口（图 5.4 中的尺寸 $2s$）为 1.0μm。肖特基接触的功函数为 4.5eV。对于电子亲和力为 3.7eV 的 4H – SiC 来说，这相当于肖特基的势垒高度约为 0.8eV。典型器件结构在 MOS 区具有 500Å 的氧化层厚度。氧化层厚度对 TMBS 整流器的通态 $i-v$ 特性没有任何影响。

由数值模拟所得到的典型 3000V 4H – SiC TMBS 整流器正向 $i-v$ 特性如图 5.5E 所示，其中元胞间距为 1μm，沟槽深度为 1μm。300K 时，电流密度为 100A/cm^2 时的通态压降仅为 0.7V，这与用分析模型得到的数值相同，验证了模型的正确性。由于漂移区电阻是压降的主要成分，该 4H – SiC 整流器的通态压降具有理想的正温度系数。这是因为电子迁移率随温度增加而降低，漂移区电阻随温度增加而增加。因为在本章后面所讨论的反向阻断模式下氧化层中电场的问题，这里不包括不同结构参数的通态特性详细分析。

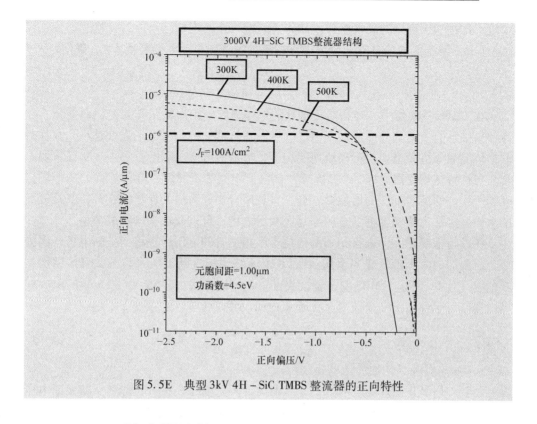

图 5.5E　典型 3kV 4H – SiC TMBS 整流器的正向特性

5.3　TMBS 整流器结构：反向漏电流模型

与肖特基整流器相比，由于金属 – 半导体界面的电场强度较小，TMBS 整流器中的反向漏电流减少。此外，肖特基接触面积是总元胞面积的一部分，从而导致其贡献较少的反向电流。在硅 TMBS 整流器的情况下，肖特基接触处电场强度的减小抑制了势垒降低效应。在碳化硅 TMBS 整流器中，减小的电场强度不仅减弱了势垒降低效应，还减弱了热电子场发射效应。然而，氧化层中产生的高电场强度阻碍了该结构的可靠运行。

5.3.1　硅 TMBS 整流器：反向漏电流模型

TMBS 整流器的漏电流模型必须考虑到肖特基接触较小的元胞面积，以及由于屏蔽效应引起的肖特基接触处产生较小电场强度的影响。硅 TMBS 整流器中肖特基接触的漏电流可以通过以下方式获得：

$$J_\mathrm{L} = \left(\frac{p-s}{p} \right) AT^2 \exp\left(-\frac{q\phi_\mathrm{b}}{kT} \right) \exp\left(\frac{q\beta \Delta_\mathrm{bTMBS}}{kT} \right) \qquad (5.16)$$

式中，β 为一个常数，用来说明越靠近沟槽势垒降低效应越小，如之前在 JBS 整流器中所讨论的。在前面关于肖特基整流器的章节中，已经证明了由于镜像势垒降低效应，肖特基接触处的高电场强度导致了有效势垒高度的减小。与肖特基整流器相比，TMBS 整流器的势垒降低是由主肖特基接触处减小的电场强度 E_{TMBS} 确定：

$$\Delta\phi_{bTMBS} = \sqrt{\frac{qE_{TMBS}}{4\pi\varepsilon_S}} \tag{5.17}$$

在 TMBS 整流器中，肖特基接触处的电场强度随距沟槽距离的变化而变化。在肖特基接触的中间部分形成最高电场强度，并且越靠近沟槽电场强度越小。在针对最差情况的分析模型中，很谨慎地使用了肖特基接触区中间的电场强度来计算漏电流。与肖特基整流器一样，（肖特基）接触区中间的金属－半导体界面处的电场强度随所施加的反向偏压的增加而增加，直到来自相邻沟槽的耗尽区在肖特基接触下产生势垒。在肖特基接触下方的漂移区耗尽之后，可以通过沟槽形成势垒。

在肖特基接触下，来自相邻沟槽耗尽区相交时的电压，被称为夹断电压。因为部分所施加的偏压由氧化层承担，所以 MOS 结构的夹断电压（V_P）与 PN 结的夹断电压（V_P）不同。TMBS 整流器的夹断电压可以像式（5.6）中一样，由 MOS 耗尽层宽度等于台面宽度来获得（图 5.4 中的尺寸 d）：

$$V_P = \frac{qN_D}{C_{OX}}d + \frac{qN_D}{2\varepsilon_S}d^2 \tag{5.18}$$

式中，C_{OX} 为栅极氧化层的比电容（ε_{OX}/t_{OX}）。

示例：以氧化层厚度为参数，50V 不同台面宽度的硅 TMBS 整流器的夹断电压如图 5.9 所示。为了比较，图中还包括了 JBS 整流器的夹断电压（见虚线）。当台面宽度小于 0.3μm 时，因为结的内建电势所产生的耗尽层，JBS 整流器的夹断电压变为负值。因为在零反向偏压下 MOS 区几乎没有耗尽层，所以这种情况不会发

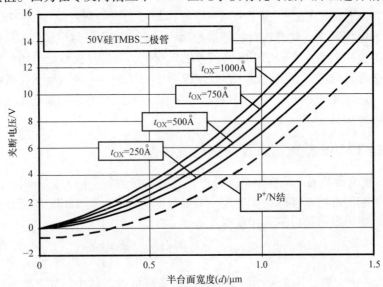

图 5.9　50V 硅 TMBS 整流器的夹断电压

生在 TMBS 整流器中。从图中可以看出，为了在小于击穿电压 10% 的反向偏置电压下在肖特基接触下产生势垒，JBS 整流器中使用约 2μm 的台面宽度。相比之下，TMBS 整流器要在小于 1.4μm 的台面宽度时才能获得约 5V 的夹断电压。

尽管在反向偏压超过夹断电压后开始形成势垒，但由于肖特基接触电势的侵入，电场强度在肖特基接触处继续上升。为了分析其对反向漏电流的影响，电场强度 E_{TMBS} 可以通过以下方式与反向偏置电压建立关系：

$$E_{TMBS} = \sqrt{\frac{2qN_D}{\varepsilon_S}\alpha V_R + V_C} \qquad (5.19)$$

式中，α 为用于说明在夹断后（势垒）在电场中积累的系数；V_C 为金属 – 半导体结的接触电势。

上述肖特基接触电场的分析与前一章开发的硅和碳化硅 JBS 整流器相同。因此，图 3.11 中所示的 α 为不同值时电场强度与反向偏压的关系曲线也适用于 TMBS 结构。因为 TMBS 结构中沟槽的矩形形状（含有氧化层层），所以硅 TMBS 整流器的 α 值不同于硅 JBS 整流器的 α 值。

肖特基接触处电场强度的减小对 TMBS 整流器中肖特基势垒降低的影响与图 3.12 中所示的情况相同。没有沟槽中金属的屏蔽，正常的硅肖特基整流器中会出现 0.07eV 的势垒降低。在 TMBS 整流器中，势垒降低下降到 0.05eV，α 值为 0.2。如图 3.13 所示，虽然这看起来可能很小，但它对反向漏电流却有很大影响。

模拟示例

为了验证上述硅 TMBS 整流器反向特性模型，在此描述了 50V 结构的二维数值模拟结果。该结构的漂移区掺杂浓度为 $8 \times 10^{15} cm^{-3}$，厚度为 3μm。典型硅 TMBS 整流器的沟槽深度为 0.5μm，沟槽刻蚀窗口（图 5.4 中的尺寸 2s）为 0.5μm。选择一个合适的肖特基金属功函数来获得 0.60eV 的势垒高度。沟槽中氧化层的厚度为 500Å。

图 5.6E 为典型 TMBS 整流器元胞电场分布的三维视图。肖特基接触位于图的右下方，沟槽区位于图的顶部。在 50V 的反向偏压下，在沟槽底部的氧化层中观察到了高电场强度（约 $2 \times 10^6 V/cm$）。该器件结构的可靠性是可以接受的。肖特基接触的中间电场强度大大降低（$1.4 \times 10^5 V/cm$），证明使用 MOS 沟槽结构能够抑制该电场强度。在沟槽尖角处的硅中会产生稍大一些的电场强度。这会降低元胞击穿电压。将沟槽底部圆滑化可减小这个电场强度。

在元胞间距为 0.5μm（图 5.6 中的 p）的典型 TMBS 整流器中，肖特基接触的中间处电场强度随反向偏置电压增加情况如图 5.7E 所示。与前面图 3.10E 所示的正常肖特基整流器的电场强度增长相比，显然 TMBS 整流器中肖特基接触处的电场强度受到了抑制。在该 TMBS 整流器中，峰值电场强度出现在约 0.6μm 的深度处。从电场分布情况来看，在高反向偏置电压下，电场也没有明显穿透到 N^+ 衬底。

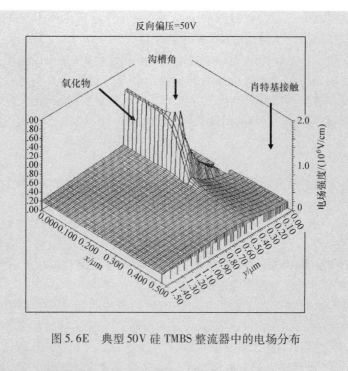

图 5.6E　典型 50V 硅 TMBS 整流器中的电场分布

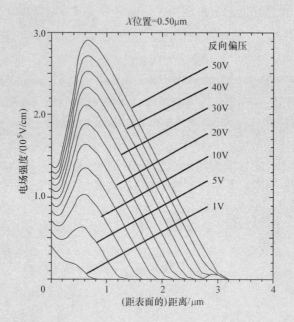

图 5.7E　典型 50V 硅 TMBS 整流器肖特基接触中间电场强度的增加

　　有必要对 TMBS 整流器内氧化层中所产生的电场强度进行观测，以确保其没有
达到损坏的强度。不同反向偏置电压下沟槽内的电场分布如图 5.8E 所示。氧化层

中的电场强度远大于硅中的电场强度，这与式（5.4）和图5.2一致，两者是为TMBS 整流器所开发的分析模型。在 50V 的反向偏压下，氧化层中的电场强度保持在低于 2×10^6 V/cm 的水平，从而保证了这种硅结构的可靠运行。这表明 TMBS 整流器适用于硅器件的开发。

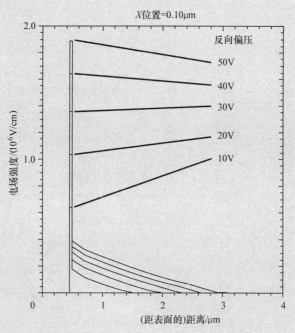

图 5.8E　50V 硅 TMBS 整流器中氧化层电场强度的增加

增加沟槽深度或减小 TMBS 整流器中氧化层的厚度可以对肖特基接触处产生更强的电场强度抑制。对于 TMBS 整流器，沟槽深度为 $0.75\mu m$ 时所获得的改进如图5.9E 所示，其中元胞间距为 $0.5\mu m$，氧化层厚度为 500Å。在 50V 的反向偏压下，肖特基接触中心处的电场减小到 0.7×10^5 V/cm，而对于沟槽深度为 $0.5\mu m$ 的典型 TMBS 整流器，电场强度仅减小到 1.4×10^5 V/cm。对于具有更深沟槽的半导体结构，峰值电场强度的位置也会转移到更深的深度，从而导致在 40V 以上的反向偏置电压下时，电场分布穿透到 N^+ 衬底。这些模拟旨在说明当漂移区总厚度保持不变时，沟槽深度改变所产生的影响。实际上，当沟槽深度增加时，应优先增加漂移区的总厚度来避免电场穿透到 N^+ 衬底。

在沟槽深度不变的情况下，可通过减小氧化层厚度来实现对肖特基接触处电场强度抑制的相似改进。如图 5.10E 所示，对于沟槽深度为 $0.5\mu m$，氧化层厚度为 200Å 的 TMBS 整流器结构，肖特基接触中心处电场强度降低到 0.8×10^5 V/cm，氧化层厚度为 500Å 的典型 TMBS 整流器结构电场强度为 1.4×10^5 V/cm。在这种情

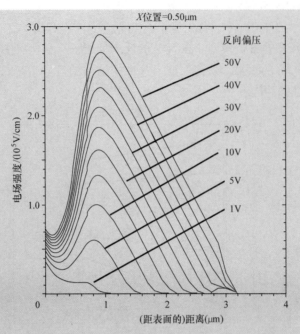

图 5.9E　在 50V 硅 TMBS 整流器中肖特基接触中间电场强度的增加

况下，观察到氧化层中的电场强度略微增加，但在 50V 的反向偏压下保持小于 $2 \times 10^6 \text{V/cm}$。在优化 TMBS 整流器时，改变氧化层厚度能提供另一个自由度。

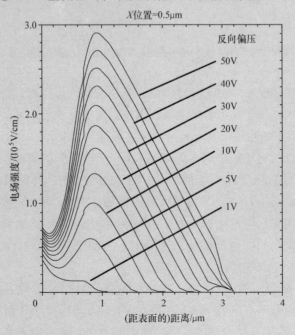

图 5.10E　50V 硅 TMBS 整流器中肖特基接触中间电场强度的增加

从数值模拟获得的元胞间距为 $0.50\mu m$ 的 50V 硅 TMBS 整流器的反向 $i-v$ 特性如图 5.11E 所示，图中还包括肖特基势垒高度相当于（TMBS）肖特基接触（0.60eV）的肖特基整流器特性。两种结构的横截面宽度（元胞间距）均为 $0.5\mu m$。从中可以看到 TMBS 整流器元胞击穿电压为 62V，大于普通肖特基整流器的 58V。在 TMBS 整流器中，小反向偏置电压下的漏电流比势垒高度为 0.60eV 的肖特基整流器（的漏电流）小一半。这与在 TMBS 整流器中肖特基接触面积减小一半一致。当反向电压增加到 50V 时，肖特基整流器的漏电流增加了 7 倍。相比较而言，当反向电压增加到 50V 时，该 TMBS 整流器的反向漏电流仅增加 2 倍。增加程度与分析模型的预测一致。

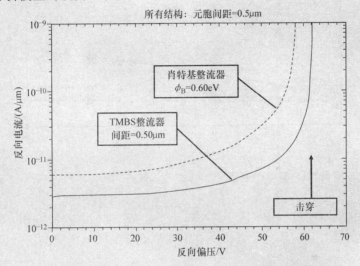

图 5.11E 典型硅 50V TMBS 整流器和肖特基整流器反向阻断特性的比较

系数 α 可以从二维数值模拟的结果中提取，它们决定了 TMBS 整流器分析模型中肖特基接触中间电场强度的增加速率。从数值模拟得到的肖特基接触中间电场强度的增加情况如图 5.12E 所示，对于沟槽深度从 $0.25\mu m$ 到 $1.00\mu m$ 的 TMBS 整流器结构，在图中用不同的符号表示。对于这些结构，元胞间距保持在 $0.5\mu m$ 不变，氧化层厚度保持在 500Å 不变。基于式（5.19）的计算结果由实线表示，其中的 α 值被调整到适应数值模拟的结果。0.64V 的肖特基接触电势（V_C）是基于 4.8eV 的金属功函数而使用的。

α 等于 1 的情况与预期相当，与肖特基整流器相吻合。TMBS 整流器的 α 值随着元胞间距的增加而减小[Θ]。对于沟槽深度为 $0.5\mu m$ 的典型 TMBS 整流器，α 的值为 0.133。当沟槽深度增加到 $1\mu m$ 时，α 值变得非常小（0.005），这表明 MOS 沟

Θ TMBS 整流器的 α 值应随着元胞间距的增加而增加，但原文是减小。——译者注

槽结构对电场有非常强烈的抑制作用。利用这些 α 值，该分析模型可以准确预测肖特基接触中间电场强度随着反向偏置电压增加的特性。因此，可用于计算 TMBS 整流器中的肖特基势垒降低和漏电流。

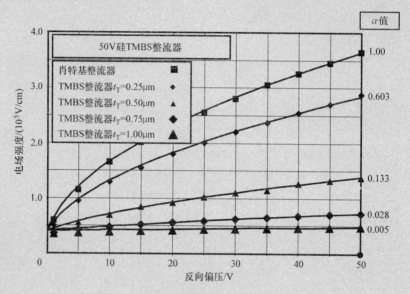

图 5.12E　硅 50V TMBS 整流器肖特基接触中间电场强度的增加

改变氧化层厚度是 TMBS 整流器实现调节电场强度抑制效果的另一自由度。图 5.13E 比较了具有不同氧化层厚度的 TMBS 整流器反向偏压随电场强度的增长情

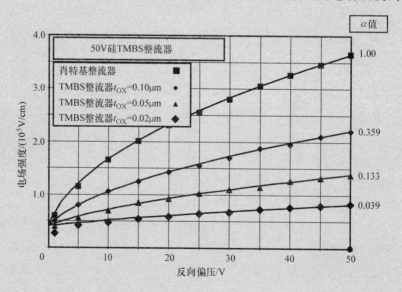

图 5.13E　硅 50V TMBS 整流器肖特基接触中间电场强度的增加

况。对于这些结构，元胞间距保持在 0.5μm，并且沟槽深度保持在固定的 0.5μm。式（5.19）的计算结果由实线表示，其中的 α 值被调整以适应数值模拟的结果。基于 4.8eV 的金属功函数，肖特基接触电势（V_C）为 0.64V。从中可以看出，当氧化层厚度从 1000Å 减小到 200Å 时，α 从 0.359 减小到 0.039。与 JBS 和 TSBS 整流器一样，由元胞间距（p）控制的台面宽度对电场强度的抑制有很大影响。图 5.14E 中比较了不同元胞间距（p）的 TMBS 整流器电场强度随反向偏压增加而增加的情况。这些结构的氧化层厚度保持在恒定的 500Å，沟槽深度保持在恒定的 0.5μm。式（5.19）的计算结果由实线表示，其中的 α 值被调整以适应数值模拟的结果。基于 4.8eV 的金属功函数，肖特基接触电势（V_C）为 0.64V。从中可以看出，当元胞间距从 0.5μm 增加到 1.0μm 时，α 值从 0.133 增加到 0.640。这种变化与纵横比的降低有关。

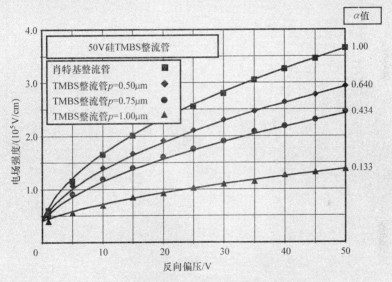

图 5.14E　硅 50V TMBS 整流器的肖特基接触中间电场强度的增加

如前面关于 JBS 和 TSBS 整流器所讨论的那样，位于肖特基接触下的电流传导区纵横比对（肖特基）接触处电场强度的抑制有很大的影响，对电场强度的影响由式（5.19）中的系数 α 给以量化。硅 JBS 和 TSBS 整流器的纵横比定义为沟槽深度除以沟槽间的间距：

$$AR = \frac{t_T}{2(p-s)} \tag{5.20}$$

对于硅 TMBS 整流器，从数值模拟获得的系数 α 随纵横比的变化如图 5.15E 所示。从中可以看到，与 JBS 和 TSBS 整流器不同，其 α 是零散的，不会成为一条在纵横比为 0 时趋近于 1 的线。而且，TMBS 整流器的 α 值强烈依赖于氧化层的厚度，这一点没有被考虑在式（5.20）定义的纵横比中。改进的硅 TMBS 整流器纵横比的定义应将结构中的氧化层考虑进去。由于氧化层和半导体之间不同的电场强度满足高斯定律，因此氧化层厚度可以等价为半导体的厚度，相当于氧化层厚度和半导体与氧化层介电常数比值的乘积。因此，尽管氧化层厚度很小，但其影响被放大了约 3 倍。

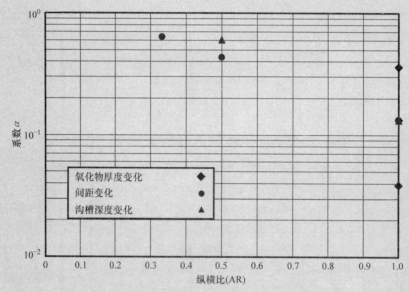

图 5.15E TMBS 整流器纵横比对 α 的影响

改进纵横比定义的方法之一是在计算沟槽间的间距时，将等效氧化层厚度加到台面宽度（d）上。这种方法定义的纵横比由式（5.21）给出：

$$AR2 = \frac{t_T}{2\left[d + (\varepsilon_S t_{OX}/\varepsilon_{OX})\right]} \tag{5.21}$$

对于具有不同沟槽深度、元胞间距和氧化层厚度的硅 TMBS 整流器，从数值模拟获得的系数 α 与纵横比之间的变化关系如图 5.16E 所示。从中可以看到，此时 α 值都落在一条非常适合所有数据点的线上。然而，对于零纵横比，该线不会渐近到 α 为 1 的那一点。

将氧化层厚度考虑在纵横比垂直尺寸中也可以解决这个问题（α 为 1）。耗尽层从沟槽垂直侧壁的 MOS 界面延伸，在肖特基金属之下形成势垒。MOS 结构仅延伸到沟槽中金属的底部而不是延伸到沟槽的整个深度。因此，当确定纵横比的垂直尺寸时，从沟槽深度中减去氧化层的等效厚度是比较合理的。用这种方法定义的纵横比由式（5.22）给出：

$$AR3 = \frac{\left[t_T - (\varepsilon_S t_{OX} / \varepsilon_{OX}) \right]}{2 \left[d + (\varepsilon_S t_{OX} / \varepsilon_{OX}) \right]} \tag{5.22}$$

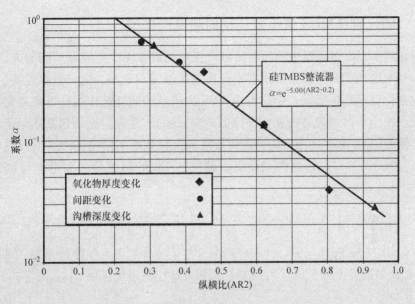

图 5.16E　TMBS 整流器纵横比对 α 的影响

图 5.17E 为数值模拟所得到的不同沟槽深度、元胞间距和氧化层厚度的硅 TMBS

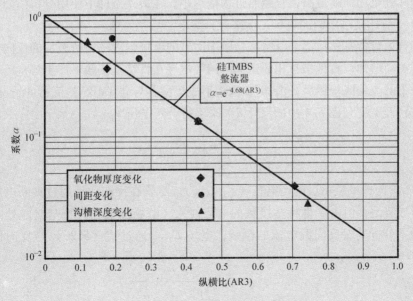

图 5.17E　纵横比对 TMBS 整流器 α 的影响

整流器的系数 α 随纵横比的变化关系。从中可以看到，此时 α 值落在一条直线上，对于纵横比为 0 的情况，该直线能渐近到 α 为 1 的点。因此，将式（5.22）所定义的纵横比用于 TMBS 整流器的分析模型更合理。

5.3.2 碳化硅 TMBS 整流器：反向漏电流模型

碳化硅 TMBS 整流器中的漏电流可以使用与硅 TMBS 整流器相同的方法计算。首先，要考虑到 TMBS 整流器元胞中肖特基接触面积更小，这一点很重要。第二，必须包括肖特基势垒降低，但是因为 MOS 沟槽结构的屏蔽作用使肖特基交界处的电场强度减小了（所以肖特基势垒降低效应减弱）。第三，必须包括热电子场发射电流，但是因为 MOS 沟槽区的屏蔽使肖特基接触处电场强度更小（所以热电子场发射电流减小了）。进行这些调整后，碳化硅 TMBS 整流器的漏电流可以通过式（5.23）计算得出：

$$J_{\mathrm{L}} = \left(\frac{p-s}{p}\right) A T^2 \exp\left(-\frac{q\phi_{\mathrm{b}}}{kT}\right) \exp\left(\frac{q\Delta\phi_{\mathrm{bTMBS}}}{kT}\right) \exp(C_{\mathrm{T}} E_{\mathrm{TMBS}}^2) \tag{5.23}$$

式中，C_{T} 为隧穿系数（4H – SiC 为 $8 \times 10^{-13}\,\mathrm{cm^2/V^2}$）。与肖特基整流器不同，TMBS 整流器的势垒降低由（肖特基）接触处减小的电场强度 E_{TMBS} 决定：

$$\Delta\phi_{\mathrm{bTMBS}} = \sqrt{\frac{qE_{\mathrm{TMBS}}}{4\pi\varepsilon_{\mathrm{S}}}} \tag{5.24}$$

对于 TMBS 整流器，肖特基接触处的电场强度随距沟槽的距离而变化。在肖特基接触的中间处电场强度最高，且越靠近沟槽越小。在最差条件下使用分析模型，谨慎用（肖特基）接触中间的电场强度来计算漏电流。

如普通肖特基整流器，肖特基接触中间处的电场强度随着所施加的反向偏置电压的增加而增加，直到来自相邻沟槽区的耗尽层在肖特基接触下产生势垒。在肖特基接触下的漂移区耗尽后，由 MOS 沟槽形成势垒。与硅 TMBS 整流器的情况一样，可以从台面宽度（图 5.4 中的尺寸 d）来求得夹断电压 V_{P}：

$$V_{\mathrm{P}} = \frac{qN_{\mathrm{D}}}{C_{\mathrm{OX}}} d + \frac{qN_{\mathrm{D}}}{2\varepsilon_{\mathrm{S}}} d^2 \tag{5.25}$$

式中，C_{OX} 为栅极氧化层的比电容（$\varepsilon_{\mathrm{OX}}/t_{\mathrm{OX}}$）。尽管在反向偏压超过夹断电压后才开始形成势垒，但由于肖特基接触的电势侵入，电场强度在肖特基接触处继续上升。为了分析其对反向漏电流的影响，电场 E_{TMBS} 通过式（5.26）与反向偏压相关联：

$$E_{\mathrm{TMBS}} = \sqrt{\frac{2qN_{\mathrm{D}}}{\varepsilon_{\mathrm{S}}}(\alpha V_{\mathrm{R}} + V_{\mathrm{C}})} \tag{5.26}$$

式中，α 为用于说明在夹断后（电势）在电场强度中累积的系数。

对于碳化硅 TMBS 整流器，半导体中产生的最大电场强度接近临界击穿电场强度，约为 $3 \times 10^7 \mathrm{V/cm}$。由于肖特基接触和 MOS 结构均为反向偏置，TMBS 整流器中的沟槽附近出现最大电场强度。通过在氧化层界面上应用高斯定律，可知氧化层中的电场强度比碳化硅中的电场强度大 3 倍。这种大电场强度不仅会导致氧化层长期使用后出现退化，而且当 TMBS 工作在反向偏置模式下，会使氧化层产生破坏性的击穿。因此，在此不对碳化硅 TMBS 整流器的反向偏置工作机理进行详细讨论。

模拟示例

为了证明碳化硅 TMBS 整流器氧化层中存在的高电场强度，我们在此描述了 3000V 结构的二维数值模拟结果。该结构漂移区厚度为 $20\mu\mathrm{m}$，掺杂浓度为 $8.5 \times 10^{15} \mathrm{cm}^{-3}$。沟槽区深度为 $0.5\mu\mathrm{m}$，刻蚀窗口（图 5.4 中的尺寸 $2s$）为 $1.0\mu\mathrm{m}$。该典型结构使用 1000Å 的氧化层厚度。在这些模型中，肖特基接触使用的功函数为 4.5eV，基于 4H - SiC 的 3.7eV 电子亲和能，相应的肖特基接触的势垒高度约为 0.8eV。

在 1500V 的反向偏压下，碳化硅 TMBS 整流器内电场分布的三维视图如图 5.18E 所示[⊖]。尽管所选择漂移区参数能承担 3000V 的击穿电压，但从图可以看到，当反向偏压仅为 1500V 时，氧化层中的电场强度已经达到了 $1 \times 10^7 \mathrm{V/cm}$。在更大的电压下氧化层将发生损坏，因此这迫使 TMBS 结构的反向阻断能力远低于具有相同漂移区参数的 JBS 和 TMBS[⊖] 整流器。然而，值得注意的是，在碳化硅 TMBS 结构中肖特基接触处电场强度确实得到了抑制。

碳化硅 TMBS 整流器中肖特基接触中心处的电场分布如图 5.19E 所示，其中元胞间距为 $1\mu\mathrm{m}$。从中可以看出，肖特基接触下表面电场强度与体内峰值电场强度相比显著降低。电场强度的峰值出现在约 $1\mu\mathrm{m}$ 的深处。在 1500V 的反向偏压下，肖特基接触处的电场强度仅为 $0.7 \times 10^6 \mathrm{V/cm}$，而最大体内电场接近 $2 \times 10^6 \mathrm{V/cm}$。

碳化硅 TMBS 整流器氧化层中电场强度的增长情况如图 5.20E 所示。该图中的电场分布为垂直通过沟槽方向的电场分布。从中可以观察到氧化层中的电场强度比半导体中的电场强度大得多，与预测一致。从该图中可以看出，如果反向偏压超过 1500V，则氧化层中的电场将超过其（$1 \times 10^7 \mathrm{V/cm}$）损坏强度。因此，碳化硅 TMBS 结构中氧化层内所产生的高电场强度将其工作限制在远低于普通肖特基整流器漂移区所能实现的击穿电压能力。这个问题使得 TMBS 整流器结构不适合碳

⊖　原书为图 5.19E，有误。——译者注

⊖　原书为 TSMS，有误。——译者注

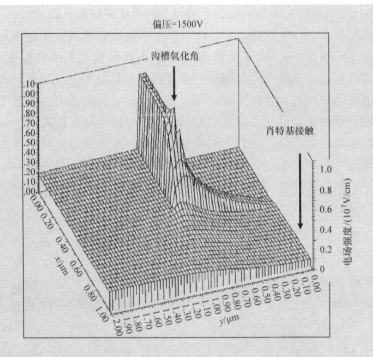

图 5.18E 4H – SiC TMBS 整流器中的电场分布

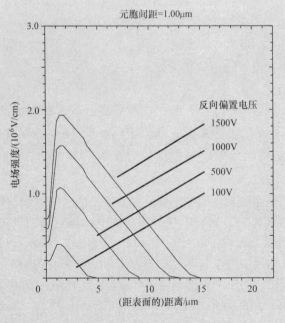

图 5.19E 4H – SiC TMBS 整流器中的电场强度随反向电压的变化

化硅。出于这个原因，本章将不会对碳化硅 TMBS 整流器反向阻断工作机理进行详细分析。

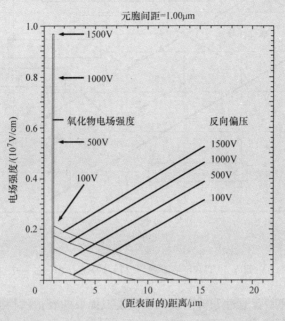

图 5. 20E   4H – SiC TMBS 整流器中的电场强度随反向电压的变化

5. 4   折中曲线

参考文献［3］证明了在优化肖特基整流器结构时，通过改变肖特基势垒高度，可以使特定占空比和工作温度下的功耗最小化。较小的势垒高度降低了通态压降，降低了导通功耗，而较大的势垒高度降低了漏电流，从而减少了反向阻断功耗。根据占空比和温度的不同，最佳功耗发生在最佳势垒高度。基于这些不依赖于半导体材料的考虑，在书中研究了通态压降和漏电流之间的基本折中曲线。但是，基本的折中曲线不包括串联电阻对通态压降的影响。更重要的是，它排除了肖特基势垒下降和前雪崩倍增对肖特基整流器漏电流增加的强烈影响。

当计算硅肖特基整流器压降包含漂移区的压降，肖特基势垒降低和前雪崩倍增的影响也被计入漏电流的计算中时，折中曲线大幅度变差，如图 5. 10 的与三角形数据点相对应的曲线所示。在该图中，通过改变肖特基势垒高度来生成硅肖特基整流器的折中曲线。对于 0. 45V 的通态压降，与基本折中曲线相比，肖特基整流器的漏电流增加了两个数量级。

在硅 TMBS 整流器中，肖特基接触电场强度的降低可以改善肖特基势垒降低效应。另外，由于肖特基接触的电场强度低得多，因此流经肖特基接触的电流前雪崩

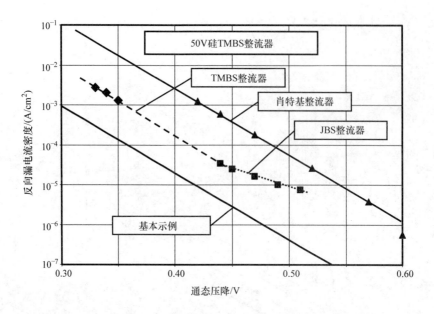

图 5.10　50V 硅 TMBS 整流器与肖特基整流器相比的折中曲线

倍增现象得到了抑制。通过分析模型和数值模拟提取的 α 值所得到的 TMBS 整流器的折中曲线如图 5.10 所示，用对应于方形数据点的虚线表示。在这些 TMBS 整流器中，间距是变化的，同时保持 0.5μm 的沟槽深度和 500Å 的氧化层厚度不变。与普通肖特基整流器相比，对于 0.35V 的通态压降，TMBS 整流器的漏电流减少一个数量级。值得指出的是，对于 TMBS 整流器的折中曲线外推表明，它在 0.45V 的通态压降下具有与 JBS 整流器相同的漏电流，这表明两种结构在减少漏电流方面同等有效。

5.5　总结

本章分析表明，MOS 结构的沟槽对肖特基接触半导体表面高电场强度的屏蔽可以显著改善肖特基整流器的漏电流特性。在硅器件情况下，（肖特基）接触电场强度的减少抑制了肖特基势垒降低和前击穿倍增现象。这使漏电流减少了一个数量级，但是由于肖特基接触面积的损失使通态压降略有增加。

对于碳化硅器件来说，由于半导体中的电场强度大得多，TMBS 整流器内的氧化层会产生非常高的电场强度。当反向偏压仅为常规肖特基整流器的一半时，氧化层中的电场强度就超过其损坏强度。基于此观测，可以得出结论，TMBS 整流器不适于碳化硅器件的开发。尝试将 TMBS 结构应用于碳化硅时[5]，即使漂移区掺杂浓度降至 $6 \times 10^{15}\,\mathrm{cm^{-3}}$，也会仅生产出 100V 的低击穿电压的器件。

参 考 文 献

[1] B.J. Baliga, "New Concepts in Power Rectifiers", pp. 471-481, in 'Physics of Semiconductor Devices', World Scientific Press, 1985.

[2] B.J. Baliga, 'Silicon Carbide Power Devices', World Scientific Publishing Company, 2005.

[3] B.J. Baliga, "Fundamentals of Power Semiconductor Devices", Springer Scientific, New York, 2008.

[4] B.J. Baliga, "Modern Power Devices", Chapter 4, John Wiley and Sons, 1987.

[5] V. Khemka, V. Ananthan, and T.P. Chow, "A 4H-SiC Trench MOS Barrier Schottky (TMBS) Rectifier", IEEE International Symposium on Power Semiconductor Devices, pp. 165-168, 1999.

第6章 P-i-N整流器

如前面的章节所述，当肖特基整流器在反向阻断模式所承担的电压超过200V时，其通态压降就会增大。在电动机控制等功率器件的应用中，整流器的阻断电压达到300~5000V。目前已经开发的硅P-i-N整流器可满足这类高压应用的要求。在P-i-N整流器中，反向阻断电压由PN结形成的耗尽区承担。N型漂移区主要用来承担反向阻断电压，而优化P型区可以获得良好的通态电流特性。穿通结构用较薄的漂移区就可以承担任何给定的反向阻断电压[1]。由于在该结构中，N型漂移区为低掺杂浓度，因此该漂移区被称为i区（意味着漂移区在性质上是本征的）。P-i-N整流器能够承担大电压，主要依靠漂移区少数载流子的大注入。这种效应大大降低了承担高压所必需的低掺杂浓度且厚度厚的漂移区的电阻。因此，通态电流与漂移区中的低掺杂浓度无关。穿通结构可以减小漂移区的厚度，有利于降低通态压降。

对于碳化硅整流器，实现很高击穿电压所需的掺杂浓度相对较高，而且厚度也比硅器件小得多。这就使4H-SiC肖特基整流器可以设计承担超过3000V的反向阻断电压，并具有低的通态压降。鉴于肖特基整流器具有开关速度快的特性，预计碳化硅肖特基整流器将在反向阻断电压高达3000V的应用场合取代硅P-i-N整流器[2]。然而，要使碳化硅肖特基整流器取代硅P-i-N整流器，还需要进一步降低碳化硅的工艺成本。因此硅P-i-N整流器将继续在应用中发挥重要作用。

6.1 一维结构

P-i-N整流器的通态电流由3种电流传输机制决定：①在非常低的注入水平下，电流传输由PN结空间电荷区的复合过程决定——称为复合电流；②在小注入下，电流传输主要由注入到漂移区中的少数载流子的扩散决定——称为扩散电流；③在大注入下，电流传输由漂移区中高浓度的电子和空穴决定，称为大注入电流。

这些电流传输机制在参考文献 [1] 中有详细的讨论。在导通状态下，P-i-N整流器中的电流由第3种电流传输机制决定，因为注入漂移区的载流子浓度远大于衬底掺杂浓度。这里只讨论第3种电流传输机制，以便与下一章讨论的MPS整流器进行比较。

6.1.1　大注入电流

为了使 P - i - N 整流器在反向阻断模式下能承担高电压，N 型漂移区必须是低掺杂。当整流器的正向偏压增加时，注入到漂移区的少数载流子浓度也增加，最终超过漂移区的掺杂浓度（N_D）。将这个现象称为大注入（见图6.1）。当注入到漂移区中的空穴浓度比掺杂浓度大得多时，电中性条件要求电子和空穴的浓度相等：

$$n(x) = p(x) \tag{6.1}$$

随着载流子浓度的增大，漂移区的电阻降低。这种现象称为漂移区的电导调制效应。漂移区的电导调制效应有利于高电流密度通过低掺杂漂移区时获得低的通态压降。

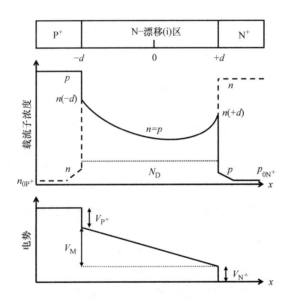

图6.1　P - i - N 整流器在大注入条件下的载流子和电势分布

漂移区载流子分布 $n(x)$ 可通过求解 N 型区连续性方程获得[3,4,5]：

$$\frac{\partial n}{\partial t} = -\frac{n}{\tau_{HL}} + D_n \frac{\partial^2 n}{\partial x^2} + \mu_n \frac{\partial}{\partial x}(nE) \tag{6.2}$$

$$\frac{\partial p}{\partial t} = -\frac{p}{\tau_{HL}} + D_p \frac{\partial^2 p}{\partial x^2} - \mu_p \frac{\partial}{\partial x}(pE) \tag{6.3}$$

式中，D_n 和 D_p 分别为电子和空穴的扩散系数；τ_{HL} 为漂移区大注入寿命。式（6.2）乘以（$\mu_p p$），式（6.3）乘以（$\mu_n n$）后联立方程得：

$$\frac{\partial n}{\partial t} = -\frac{n}{\tau_{HL}} + \left(\frac{\mu_p p D_n + \mu_n n D_p}{\mu_p p + \mu_n n} \right) \frac{\partial^2 n}{\partial x^2} \tag{6.4}$$

在推导式（6.4）时，已经假定当与扩散电流相比时，漂移电流可以被忽略。通过

爱因斯坦关系可得扩散系数与迁移率之间的关系:

$$D = \frac{kT}{q}\mu \tag{6.5}$$

根据式 (6.1),电子与空穴的浓度相等,则稳态条件式 (6.4) 可写成

$$\frac{\partial n}{\partial t} = 0 = -\frac{n}{\tau_{HL}} + D_a \frac{\partial^2 n}{\partial x^2} \tag{6.6}$$

式中,D_a 为双极扩散系数,D_a 可由电中性条件 [参见式 (6.1)] 给出:

$$D_a = \frac{p+n}{\frac{p}{D_n} + \frac{n}{D_p}} = \frac{2D_n D_p}{D_n + D_p} \tag{6.7}$$

由式 (6.6) 可得载流子浓度的通解

$$n(x) = A\cosh\left(\frac{x}{L_a}\right) + B\sinh\left(\frac{x}{L_a}\right) \tag{6.8}$$

常数 A 和 B 取决于 N 型漂移区的边界条件。公式中的 L_a 为双极扩散长度,由式 (6.9) 给出

$$L_a = \sqrt{D_a \tau_{HL}} \tag{6.9}$$

在 N$^-$ 漂移区和 N$^+$ 阴极区之间的结处 (在图 6.1 中位于 $x = +d$),总电流仅由电子输运产生:

$$J_T = J_n(+d) \tag{6.10}$$

$$J_p(+d) = 0 \tag{6.11}$$

同理,在 N$^-$ 漂移区和 P$^+$ 阳极区之间的结处 (在图 6.1 中位于 $x = -d$),总电流仅由空穴输运产生:

$$J_T = J_p(-d) \tag{6.12}$$

$$J_n(-d) = 0 \tag{6.13}$$

利用式 (6.11),由漂移和扩散形成的空穴电流可写为

$$J_p(+d) = q\mu_p p(+d) E(+d) - qD_p \left(\frac{dp}{dx}\right)_{x=+d} = 0 \tag{6.14}$$

联立式 (6.1) 和爱因斯坦关系可得

$$E(+d) = \frac{kT}{qn(+d)} \left(\frac{dn}{dx}\right)_{x=+d} \tag{6.15}$$

式 (6.10) 为此边界处由电子传输形成的总电流,可以写成

$$J_T = q\mu_n n(+d) E(+d) + qD_n \left(\frac{dn}{dx}\right)_{x=+d} \tag{6.16}$$

利用式 (6.15) 中的电场强度 $E(+d)$,可得

$$J_T = 2qD_n \left(\frac{dn}{dx}\right)_{x=+d} \tag{6.17}$$

同理

$$J_{\mathrm{T}} = 2qD_{\mathrm{p}} \left(\frac{\mathrm{d}n}{\mathrm{d}x} \right)_{x = -d} \tag{6.18}$$

在式中，利用上述边界条件可得常数 A 和 B 的值，由此可以得出

$$n(x) = p(x) = \frac{\tau_{\mathrm{HL}} J_{\mathrm{T}}}{2qL_{\mathrm{a}}} \left[\frac{\cosh(x/L_{\mathrm{a}})}{\sinh(d/L_{\mathrm{a}})} - \frac{\sinh(x/L_{\mathrm{a}})}{2\cosh(d/L_{\mathrm{a}})} \right] \tag{6.19}$$

式（6.19）描述了一种悬链线式的载流子分布，如图 6.1 所示。作为特定的例子，图 6.2 描述了漂移区厚度为 $200\mu\mathrm{m}$ 的二极管在三个大注入寿命值下的载流子分布，该载流子分布由式（6.19）计算所得。漂移区中电子和空穴的最大浓度分别出现在漂移区与 P $^{+}$ 和 N $^{+}$ 端区的边界处。漂移区中心处的载流子浓度降低的程度决定于双极扩散长度。扩散长度最小时所对应的浓度下降最大，并且随着寿命的减小平均载流子浓度也会减小。

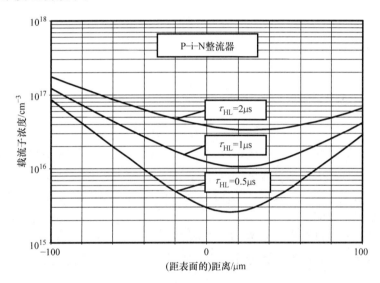

图 6.2　P－i－N 整流器在大注入条件下不同的大注入寿命值所对应的载流子分布

注入到漂移区中的平均载流子浓度随着载流子寿命的减少而减小，求解电荷控制方程可以证明。在稳态条件下，如果忽略端区域内的复合，则 P－i－N 整流器中的电流与漂移区内空穴和电子的持续复合有关。因此

$$J_{\mathrm{T}} = \int_{-d}^{+d} qR\mathrm{d}x \tag{6.20}$$

式中，R 为复合率，由式（6.21）给出：

$$R = \frac{n(x)}{\tau_{\mathrm{HL}}} \tag{6.21}$$

利用漂移区内的平均载流子浓度（n_{a}），联立上述方程可以得出

$$J_{\mathrm{T}} = \frac{2qn_{\mathrm{a}}d}{\tau_{\mathrm{HL}}} \tag{6.22}$$

漂移区的平均载流子浓度由式（6.23）给出：

$$n_a = \frac{J_T \tau_{HL}}{2qd} \tag{6.23}$$

从式（6.22）可以得出结论，漂移区中的平均载流子浓度将随着通态电流密度的增加而增加，并随着载流子寿命的减少而减小。图 6.2 中的载流子分布体现了这种特性。当通态电流密度为 $100 A/cm^2$，大注入寿命为 $1\mu s$，漂移区厚度（$2d$）为 $200\mu m$ 时，通过使用上述等式可得平均载流子浓度为 $3 \times 10^{16} cm^{-3}$，这与图 6.2 所示的载流子分布一致。

在电子和空穴都能够进行电流传输的情况下，可以由平均载流子浓度计算漂移区的比电阻

$$R_{i,SP} = \frac{2d}{q(\mu_n + \mu_p)n_a} \tag{6.24}$$

利用式（6.23）中的平均载流子浓度：

$$R_{i,SP} = \frac{4d^2}{(\mu_n + \mu_p)J_T \tau_{HL}} \tag{6.25}$$

可得漂移区（中间区域）的压降为

$$V_M = J_T R_{i,SP} = \frac{4d^2}{(\mu_n + \mu_p)\tau_{HL}} \tag{6.26}$$

从该式可知，漂移区的压降与流过漂移区的电流密度无关。这种特殊性是由于存在高浓度的少数载流子，与没有电导调制效应的漂移区的欧姆定律相反。大注入时的电导调制效应使得漂移区具有小的压降，这对于功率 P - i - N 整流器在通态时具有低压降是非常有益的。

通过对电场强度积分可以精确分析漂移区的压降。由式（6.19）中的载流子分布可以推导出漂移区的电场分布。流过漂移区的空穴流和电子流分别为

$$J_p = q\mu_p \left(pE - \frac{kT}{q}\frac{dp}{dx} \right) \tag{6.27}$$

$$J_n = q\mu_n \left(nE + \frac{kT}{q}\frac{dn}{dx} \right) \tag{6.28}$$

在漂移区任何位置处的总电流是恒定的并且由式（6.29）给出：

$$J_T = J_p + J_n \tag{6.29}$$

联立上述公式，得：

$$E(x) = \frac{J_T}{q(\mu_n + \mu_p)n} - \frac{kT}{2qn}\frac{dn}{dx} \tag{6.30}$$

这里，还利用了电中性条件 $n(x) = p(x)$。该表达式中的第一项考虑了由于电流流过漂移区而引起的欧姆压降。表达式中的第二项与由电子和空穴的迁移率的差异产生不对称的载流子浓度梯度有关。

对式（6.30）中的电场分布积分可以得出漂移（或中间）区的压降为[5,6,7]

$$\frac{V_{\mathrm{M}}}{kT/q} = \left\{ \frac{8b}{(b+1)^2} \frac{\sin(d/L_{\mathrm{a}})}{\sqrt{1 - B^2 \tanh^2(d/L_{\mathrm{a}})}} \cdot \arctan\left[\sqrt{1 - B^2 \tanh^2} \sin(d/L_{\mathrm{a}}) \right] \right\}$$

$$+ B\ln\left[\frac{1 + B \tanh^2(d/L_{\mathrm{a}})}{1 - B \tanh^2(d/L_{\mathrm{a}})} \right]$$

$$(6.31)$$

其中 $b = (\mu_{\mathrm{n}}/\mu_{\mathrm{p}})$，$B = (\mu_{\mathrm{n}} - \mu_{\mathrm{p}})/(\mu_{\mathrm{n}} + \mu_{\mathrm{p}})$。

利用图 6.3 中的两条渐近线可以近似得出上式。当 d/L_{a} 为 2 时，渐近线 *A* 由式（6.32）给出：

$$V_{\mathrm{M}} = \frac{2kT}{q}\left(\frac{d}{L_{\mathrm{a}}} \right)^2 \tag{6.32}$$

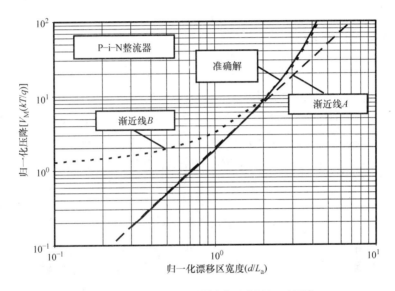

图 6.3　P-i-N 整流器漂移（中间）区压降

当 d/L_{a} 大于 2 时，渐近线 *B* 由式（6.33）给出：

$$V_{\mathrm{M}} = \frac{3\pi kT}{q}\mathrm{e}^{(d/L_{\mathrm{a}})} \tag{6.33}$$

如前面所分析的，并结合式（6.26）可以看出，漂移区压降中的所有这些项与通态电流密度均无关。漂移区两端的压降随着 d/L_{a} 的增加而迅速增加。当 d/L_{a} 为 0.1 时，中间区域的压降仅为 0.5mV。当 d/L_{a} 为 1 时，压降增加到约 50mV，当 d/L_{a} 增加到 3 时，压降变为 0.7V。因此，为了提高开关速度而降低载流子寿命时，中间区域压降增加，通态压降增大。

P-i-N 整流器中的通态压降包括 P⁺/N 结、中间区域和 N/N⁺ 结的压降。P⁺/N 结两端的压降取决于注入的少数载流子浓度：

$$p(-d) = p_{0N} e^{\frac{qV_{P^+}}{kT}} \tag{6.34}$$

式中，p_{0N} 为 N 型漂移区平衡少数载流子浓度；V_{P^+} 为 P^+/N 结两端的压降。平衡少数载流子浓度与漂移区中的掺杂水平 N_D 有关，可得

$$V_{P^+} = \frac{kT}{q} \ln \left[\frac{p(-d)N_D}{n_i^2} \right] \tag{6.35}$$

类似地，在阴极侧应用"结的定律"，可得

$$n(+d) = n_{0N} e^{\frac{qV_{N^+}}{kT}} \tag{6.36}$$

式中，n_{0N} 为 N 型漂移区平衡多数载流子浓度，V_{N^+} 是 N^+/N 结两端的压降。由于平衡多数载流子浓度等于漂移区的掺杂水平 N_D，可得

$$V_{N^+} = \frac{kT}{q} \ln \left[\frac{n(+d)}{N_D} \right] \tag{6.37}$$

因此，与两个端区有关的压降由式（6.38）给出：

$$V_{P^+} + V_{N^+} = \frac{kT}{q} \ln \left[\frac{n(+d)n(-d)}{n_i^2} \right] \tag{6.38}$$

在推导该表达式时，假设在大注入时满足电中性条件 $n(x) = p(x)$。

端区的压降与中间区域的压降联立可推导出 $P-i-N$ 整流器的通态电流密度（J_T）和总通态压降（V_{ON}）之间的关系[3,4,5]：

$$J_T = \frac{2qD_a n_i}{d} F\left(\frac{d}{L_a}\right) e^{\frac{qV_{ON}}{2kT}} \tag{6.39}$$

其中

$$F\left(\frac{d}{L_a}\right) = \frac{(d/L_a)\tanh(d/L_a)}{\sqrt{1 - 0.25\tanh^4(d/L_a)}} e^{-\frac{qV_M}{2kT}} \tag{6.40}$$

从式（6.39）可以明显看出在一定的通态电流密度下，如果函数 $F(d/L_a)$ 大，则通态压降较小。

$F(d/L_a)$ 随 (d/L_a) 的变化规律如图 6.4 所示。当 $d/L_a = 1$ 时，函数 $F(d/L_a)$ 具有最大值。因此，为了使通态压降最小，应该调整寿命，直到扩散长度等于漂移区宽度的一半。值得指出的是，当 (d/L_a) 的值超过 3 时，函数 $F(d/L_a)$ 迅速减小。也就是说，当扩散长度小于漂移区宽度的 1/6 时，通态压降迅速增加。

$P-i-N$ 整流器的通态压降可由式（6.39）求得，其中漂移区半宽度（d）取决于穿通击穿电压的能力

$$V_{ON} = \frac{2kT}{q} \ln \left[\frac{J_T d}{2qD_a n_i F(d/L_a)} \right] \tag{6.41}$$

在漂移区的宽度为 $200\mu m$，通态电流密度为 $100A/cm^2$ 的情况下，计算得到的硅 $P-i-N$ 整流器的通态压降大小如图 6.5 所示。与之前估算的一样，当 d/L_a 等于 1 时，通态压降为最小值；当 d/L_a 超过 3 以后，通态压降会迅速增加。

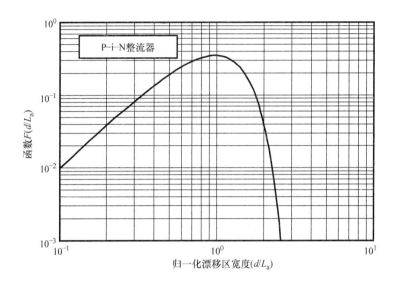

图 6.4 P‑i‑N 整流器的 $F(d/L_a)$ 函数

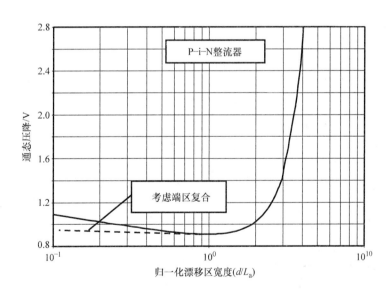

图 6.5 P‑i‑N 整流器通态压降

6.1.2 端区的反注入

上述漂移区的大注入条件适合典型电流密度在 $100 \sim 200 A/cm^2$ 范围下的通态压降的计算。在更大的通态电流密度下，必须考虑少数载流子注入到端区的情况[6,7]。因此，总电流不仅包括漂移区中的载流子的复合，而且还包括端区中的载

流子的复合。所以

$$J_T = J_{P^+} + J_M + J_{N^+} \tag{6.42}$$

因此，中间区域的电流密度（J_M）与前面部分中假设的总通态电流密度（J_M）不再相等，而是具有更小的值。这减小了任意给定总电流密度下漂移区的注入水平，导致中间区域的压降增加。

由于端区的掺杂浓度高，即使在非常高的通态电流密度下，这些区域中注入的少数载流子浓度也远低于多数载流子浓度。假设端区为均匀掺杂，利用小注入理论分析端区的电流。P^+区的电流由式（6.43）给出[1]：

$$J_{P^+} = \frac{q D_{nP^+} n_{0P^+}}{L_{nP^+} \tanh(W_{P^+}/L_{nP^+})} e^{\frac{q V_{P^+}}{kT}} = J_{SP^+} e^{\frac{q V_{P^+}}{kT}} \tag{6.43}$$

其中.W_{P^+}是P^+区的宽度，L_{nP^+}是P^+区中的少子扩散长度，D_{nP^+}是P^+区中的少子扩散系数，n_{0P^+}是P^+区中的少子浓度，V_{P^+}是P^+/N结压降。同理：

$$J_{N^+} = \frac{q D_{pN} P_{0N^+}}{L_{pN^+} \tanh(W_{N^+}/L_{pN^+})} e^{\frac{q V_{N^+}}{kT}} = J_{SN^+} e^{\frac{q V_{N^+}}{kT}} \tag{6.44}$$

式中，W_{N^+}为N^+区的宽度；L_{pN^+}为N^+区的少数载流子扩散长度；D_{pN^+}为N^+区中的少数载流子扩散系数；P_{0N}为N^+区中的平衡少数载流子浓度；V_{N^+}为N^+/N结压降；J_{SP^+}和J_{SN^+}分别为重掺杂P^+阳极区和N^+阴极区的饱和电流密度。它们是衡量端区性能的标准，这取决于其掺杂分布和工艺条件。对于硅器件，饱和电流密度的典型值在$1 \times 10^{-13} \sim 4 \times 10^{-13} \text{A/cm}^2$之间。

在准平衡条件下，P^+/N结两侧注入的载流子浓度之间的关系如式（6.45）：

$$P_{P^+}(-d) n_{P^+}(-d) = p(-d) n(-d) \tag{6.45}$$

小注入条件下，在P^+阳极区：

$$P_{P^+}(-d) = P_{0P^+} \tag{6.46}$$

$$n_{P^+}(-d) = n_{0P^+} e^{\frac{q V_{P^+}}{kT}} \tag{6.47}$$

将上述公式代入式（6.45）中：

$$p(-d) n(-d) = p_{0P^+} n_{0P^+} e^{\frac{q V_{P^+}}{kT}} = n_{ieP^+}^2 \cdot e^{\frac{q V_{P^+}}{kT}} \tag{6.48}$$

式中，n_{ieP^+}为P^+阳极区中的有效本征载流子浓度，包括带隙宽度变窄的影响[1]。根据电中性条件$p(-d) = n(-d)$，可得

$$e^{\frac{q V_{P^+}}{kT}} = \left[\frac{n(-d)}{n_{ieP^+}} \right]^2 \tag{6.49}$$

将上式代入（6.43）中，有

$$J_{P^+} = J_{SP^+} \left[\frac{n(-d)}{n_{ieP^+}} \right]^2 \tag{6.50}$$

对N^+阴极区进行类似的推导，有

$$J_{N^+} = J_{SN^+} \left[\frac{n(+d)}{n_{ieN^+}} \right]^2 \tag{6.51}$$

式中，n_{ieN^+} 为包括带隙宽度变窄影响的 N^+ 阴极区中的有效本征载流子浓度。从这些等式可以得出结论，如果端区复合占优势，则漂移区中的载流子浓度将随着电流密度的二次方根增加。在这种情况下，中间区域的压降不再与电流密度无关，将导致总通态压降增加。通过优化掺杂分布使饱和电流密度最小，以此来减小端区复合的影响。

6.1.3　正向导通特性

前文对 P-i-N 整流器电流的分析表明，整流器中的电流密度和压降之间的关系取决于注入水平。在电流非常小时，空间电荷区产生的电荷控制着电流，使电流的大小与（$qV_{\text{ON}}/2kT$）成正比。当电流受注入漂移区的少数载流子控制，且少数载流子浓度远低于漂移区的掺杂浓度时，小注入下的载流子扩散形成了电流，此时电流大小与（qV_{ON}/kT）成正比。随着正向电流密度的进一步增加，注入到漂移区中的载流子浓度超过衬底掺杂浓度，形成大注入。这时，电流再次变为与（$qV_{\text{ON}}/2kT$）成正比。在这种工作模式下，漂移区中注入的载流子浓度与电流密度成正比例增加，使漂移区的压降恒定不变。在更大的通态电流密度下，端区的复合减小了注入到漂移区中的载流子浓度。这使得通态压降迅速增加。上面的所有特性在图 6.6 中均有所体现，图 6.6 为 P-i-N 整流器在不同工作模式下的典型通态特性。

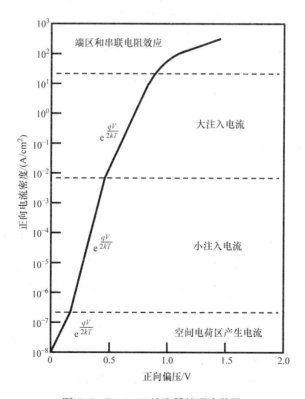

图 6.6　P-i-N 整流器的通态特性

模拟示例

为了进一步了解 P-i-N 整流器的工作原理，本节给出了耐压为 3000V 的器件结构的二维数值模拟结果。该器件漂移区的掺杂浓度为 $4.6 \times 10^{13} \mathrm{cm}^{-3}$，厚度为 $300\mu\mathrm{m}$。P^+ 和 N^+ 区表面浓度为 $1 \times 10^{19} \mathrm{cm}^{-3}$，结深约为 $5\mu\mathrm{m}$。模拟不同寿命（τ_{p0} 和 τ_{n0}）下的通态特性，在所有例子中，假定 $\tau_{p0} = \tau_{n0}$。在数值模拟过程中考虑带隙宽度变窄效应、俄歇复合和载流子散射的影响。

漂移区寿命（τ_{p0} 和 τ_{n0}）为 $10\mu\mathrm{s}$ 的通态特性模拟结果如图 6.1E 所示。特性曲线上明显地分成几个不同工作区域。当电流密度在 $10^{-7} \sim 10^{-3} \mathrm{A/cm}^2$ 范围内时，器件工作在小注入条件。此时，$i-v$ 特性曲线的斜率为（qV_{ON}/kT），和预期的一样，其中通态电流密度每增加十倍，正向压降增加 60mV。当电流密度在 $10^{-3} \sim 10 \mathrm{A/cm}^2$ 范围内时，器件处于大注入状态。此时，$i-v$ 特性曲线的斜率（$qV_{\mathrm{ON}}/2kT$）和预期一样，其中通态电流密度每增大十倍，正向压降增加 120mV。这验证了前文 P-i-N 整流器电流传导分析理论的正确性。

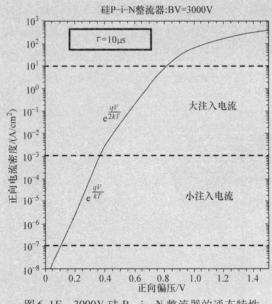

图 6.1E　3000V 硅 P-i-N 整流器的通态特性

当通态电流密度为 $100 \mathrm{A/cm}^2$，漂移区中载流子的寿命（τ_{p0} 和 τ_{n0}）为 $1\mu\mathrm{s}$ 时，P-i-N 整流器的载流子分布如图 6.2E 所示。空穴浓度用实线表示，电子浓度用虚线表示。从图中可以看出，由于注入的载流子浓度远远大于掺杂浓度，因此漂移区处于大注入状态。在整个漂移区中空穴和电子浓度相等，并且与本章前面部分中推导出的悬链线形状一样。利用式（6.23）计算出来的平均载流子浓度（$4 \times 10^{16} \mathrm{cm}^{-3}$）与从模拟得到的载流子浓度一致。

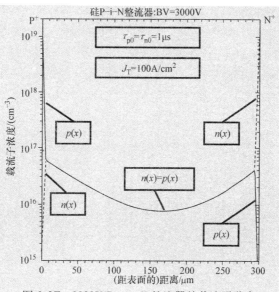

图 6.2E 3000V P-i-N 整流器的载流子分布

载流子寿命的变化对 3000V P-i-N 整流器结构的影响如图 6.3E 所示。从图可以看出，当寿命为 100μs 时通态压降最小。这与 (d/L_a) 约为 0.3 时的值一致。当载流子寿命降低到 10μs 时，由于 (d/L_a) 仍接近 1，所以通态压降仅略有增加。然而，当寿命降低到 1μs 时，由于 (d/L_a) 明显大于 1，因此通态压降大幅增加。模拟所得到的通态压降与分析模型所得到的结果接近，图 6.3E 中的方块符号表示分析模型所得的结果，模拟结果进一步证明了模型的正确性。此外，图中用三角符号表示漂移区厚度为 60μm 的 1000V P-i-N 整流器在不同载流子寿命下的通态压降模拟结果。

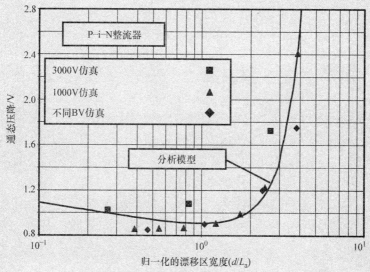

图 6.3E 硅 P-i-N 整流器的通态压降

在功率电路工作时，P-i-N 整流器的结温由于功耗而增加。因此，评估温度对正向导通 $i-v$ 特性的影响很重要。举一个例子，3000V P-i-N 整流器漂移区载流子寿命（τ_{p0} 和 τ_{n0}）为 10μs，其特性如图 6.4E 所示。在图中观察到正向电流密度为 100A/cm² 时通态压降随温度增加略微降低，其原因是结压降降低了。然而，这种特性有助于在器件电流密度过大的位置形成"热点"。然而，当电流密度超过 300A/cm² 后，通态压降为正温度系数，这表明在 P-i-N 二极管中，如果电流分布略有不均匀，器件仍能够稳定工作。

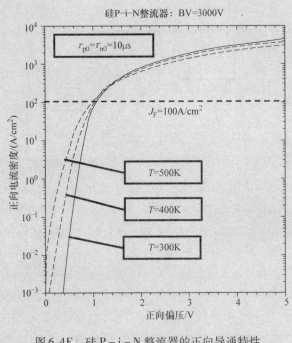

图 6.4E 硅 P-i-N 整流器的正向导通特性

6.2 碳化硅 P-i-N 整流器

由于碳化硅可以承受更大的电场强度，所以相同击穿电压下，碳化硅漂移区的宽度远小于相应硅器件的宽度。这意味着碳化硅 P-i-N 整流器中的存储电荷将比硅器件少得多，所以可以改善开关特性。然而，由于碳化硅带隙宽度较大，因此开关特性改善的同时，伴随着通态压降的显著增加。

碳化硅 P-i-N 整流器的物理性质与前文的描述相同。然而，碳化硅器件的参数不同于硅器件的参数。这对结压降具有强烈的影响。如前文所述，结压降由式（6.52）给出：

$$V_{P^+} + V_{N^+} = \frac{kT}{q}\ln\left[\frac{n(+d)n(-d)}{n_i^2}\right] \tag{6.52}$$

虽然注入的载流子浓度 $n(+d)$ 和 $n(-d)$ 可以假定为与硅 P－i－N 整流器中的载流子浓度相似，但由于碳化硅具有较大的带隙，所以在 300K 时，如果硅的本征载流子浓度为 $1.4 \times 10^{10} \mathrm{cm}^{-3}$，而 4H－SiC 的本征载流子浓度仅为 $6.7 \times 10^{-11} \mathrm{cm}^{-3}$。如果假定漂移区中的自由载流子浓度为 $1 \times 10^{17} \mathrm{cm}^{-3}$，与硅二极管的结压降为 0.82V 相比，4H－SiC 二极管的结压降为 3.24V。因此，4H－SiC P－i－N 整流器中的功耗是硅器件中的 4 倍。较大的通态功耗抵消了开关特性的改善。因此，最好研发耐压等级低于 5000V 的碳化硅肖特基二极管和耐压等级超过 10000V 的碳化硅 P－i－N 二极管。

模拟示例

以耐压 10kV 的 4H－SiC P－i－N 整流器为例来说明碳化硅 P－i－N 整流器内部存储电荷的减小。该器件漂移区的厚度为 $80 \mu m$，而硅器件需要 $1200 \mu m$。同时，漂移区的掺杂浓度相对较高，为 $2 \times 10^{15} \mathrm{cm}^{-3}$。如图 6.5E 所示，由于漂移区厚度较小，即使对于 100ns 非常短的寿命（τ_{p0} 和 τ_{n0}）值，也可以观察到漂移区具有良好的电导调制效应。然而，当典型的寿命（τ_{p0} 和 τ_{n0}）值为 10ns 时，4H－SiC 漂移区的电导调制效应较差。为了确保二极管具有良好的特性，需要具备延长 4H－SiC 少数载流子寿命的方法。图 6.5E 是正向偏压为 4V 时的载流子分布情况，如前面所讨论的一样，4H－SiC 的结压降较高。因此，开关特性的改善必然以较大的通态功耗为代价。

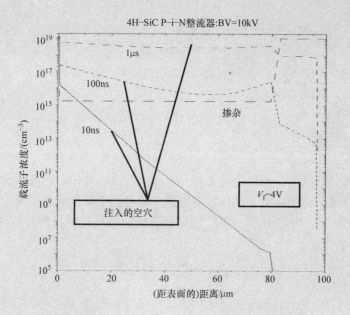

图 6.5E　10kV 4H－SiC P－i－N 整流器的电导调制效应

图 6.6E 为根据数值模拟得到的 10kV 4H－SiC P－i－N 整流器在不同的载流子寿命下的正向 i－v 特性。由图可知，当载流子寿命为 5ns 或 10ns 时，通态压降由

漂移区未发生电导调制效应部分的电阻确定。当载流子寿命延长到100ns时，漂移区的电导调制效应使得通态压降减小。如图6.5E所示，当载流子寿命为1μs时，漂移区发生强电导调制效应，当通态电流密度为100A/cm²时，通态压降约为3V。这个范围内的寿命最近在碳化硅器件中得以实现并有报道。

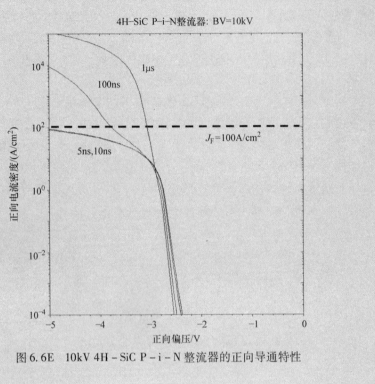

图6.6E 10kV 4H−SiC P−i−N整流器的正向导通特性

6.3 反向阻断

穿通结构的电场分布情况决定了P−i−N整流器的反向阻断电压，如其他参考文献所述。穿通结构能够减小漂移区的厚度，这有利于降低通态压降。由于在穿通结构中漂移区的掺杂浓度很小，所以相对低的反向偏压就可以使漂移区完全耗尽，耐压可表示为

$$V_{PT} = \frac{qN_D (2d)^2}{2\varepsilon_S} \tag{6.53}$$

假设P−i−N整流器的端区为重掺杂，当反向偏压超过这个电压时，耗尽区的大小不再与反向偏压有关。

反偏PN结的漏电流由空间电荷区的产生电流和扩散电流组成。空间电荷区产生的载流子形成空间电荷区产生电流，由式（6.54）给出：

$$J_{SC} = \frac{qW_D n_i}{\tau_{SC}} \tag{6.54}$$

式中，W_D 为耗尽区的宽度。漏电流的另一个组成部分与中性区中的电子—空穴对的产生有关。结附近产生的少数载流子扩散到耗尽区边界，在电场的作用下被扫到结的另一侧。在反向阻断条件下，漏电流中的扩散电流由式（6.55）给出：

$$J_{LN} = \frac{qD_p p_{0N}}{L_p} = \frac{qD_p n_i^2}{L_p N_D} \tag{6.55}$$

$$J_{LP} = \frac{qD_n n_{0P}}{L_n} = \frac{qD_n n_i^2}{L_n N_A} \tag{6.56}$$

由于 P-i-N 整流器漂移区的掺杂浓度低，相对小的反向偏压就可以使整个漂移区耗尽。因此，可以假定空间电荷区的产生电流在整个漂移区的宽度（$2d$）内产生，而扩散电流在 P^+ 区和 N^+ 区中产生。于是，P-i-N 整流器的总漏电流由式（6.57）给出：

$$J_{LT} = \frac{qD_n n_i^2}{L_n N_{AP^+}} + \frac{q(2d)n_i}{\tau_{SC}} + \frac{qD_p n_i^2}{L_p N_{DN^+}} \tag{6.57}$$

端区的重掺杂效应对本征载流子浓度和扩散长度的影响会增大漏电流。然而，在反向阻断条件下，P-i-N 整流器中的漏电流主要由空间电荷区的产生电流决定。端区的扩散电流仅在高温下才与空间电荷区的产生电流相当。

以漂移区的宽度（$2d$）为 $100\mu m$ 和空间电荷产生寿命为 $10\mu s$ 的 P-i-N 整流器为例。假设 P^+ 和 N^+ 区的掺杂浓度为 $1 \times 10^{19} cm^{-3}$，少数载流子寿命为 1ns，利用式（6.57）计算 $300 \sim 500K$ 之间漏电流的组成部分，如图 6.7 所示。显然，在该温度范围内空间电荷的产生电流为漏电流的主导成分。因此空间电荷区的产生电流决定了硅 P-i-N 整流器中的总漏电流密度的大小。

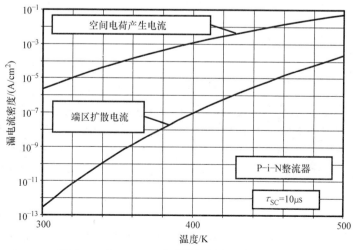

图 6.7 硅 P-i-N 整流器的漏电流各组成部分

模拟示例

为了验证上面的 P-i-N 整流器漏电流模型的正确性，在此给出 3000V 硅 P-i-N 整流器的数值模拟结果，其正向特性已在前面章节中讨论过。1000V 的反向偏压就可以使该器件的漂移区完全耗尽。提取出了 300~500K 温度范围内的漏电流。漂移区载流子寿命（τ_{p0} 和 τ_{n0}）为 $10\mu s$。端区采用高斯掺杂，表面浓度为 $1 \times 10^{19}\,cm^{-3}$，结深约为 $10\mu m$。将模拟得到的漏电流密度与使用模型计算的漏电流密度进行比较，如图 6.7E 所示。计算值与模拟得到的值一致，证明分析模型可以用来分析 P-i-N 整流器的漏电流。

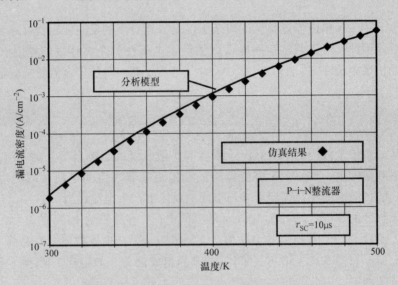

图 6.7E 3kV 硅 P-i-N 整流器的漏电流

6.4 开关特性

在各种功率的应用中，功率整流器控制着电路中的电流方向。当阳极偏压为正时，整流器工作在导通状态，而当阳极的偏压为负值时，整流器工作在阻断状态。在每个工作周期内，为了减小功耗，二极管必须在这些状态之间快速转换。与导通时产生的功耗相比，二极管从导通状态切换到反向阻断状态时产生的功耗更大。功率整流器导通时在漂移区内的存储电荷在承担高压之前必须将其抽取掉。这一过程在短时间内完成将产生很大的反向电流，此现象称为反向恢复。

导通时漂移区的自由载流子浓度很高，使得高压硅 P-i-N 整流器的通态压降很小。为了将二极管从导通状态转换到反向阻断状态，漂移区需要抽取这些自由载流子，使耗尽区能够承担大电压。P-i-N 整流器从导通状态向阻断状态转换的过程称为反向恢复过程。

在电力电子电路中，功率整流器所用的负载通常为电感性负载。在这种情况下，电流以恒定的斜率（*a*）减小，直到二极管能够承担电压，如图 6.8 所示。因此，由于存储电荷的存在，使得电路中会出现一个较大的反向峰值电流（J_{PR}），随后电流逐渐减小到零。t_1 时刻以前，功率整流器工作在正向偏置状态且具有低的通态压降。随后整流器工作在反向偏置状态，二极管两端的电压迅速增加到电源电压。流过整流器的反向电流在 t_2 时刻达到最大值（J_{PR}），此时反向电压等于反向偏置电源电压（V_S）。

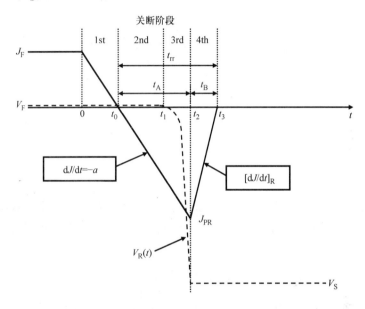

图 6.8　反向恢复过程中 P－i－N 整流器的阳极电流与电压波形

高压和大电流同时存在使功率整流器产生很大的瞬时功耗。反向恢复峰值电流流过功率开关，增加了晶体管的功耗。在典型的电动机控制 PWM 电路中 IGBT 作为功率开关使用，如果反向恢复峰值电流大就会引起闩锁效应，而闩锁效应会破坏晶体管和整流器。因此，需要减小反向恢复峰值电流以及反向恢复瞬态过程的持续时间。这个持续时间称为反向恢复时间（t_{rr}）。

如图 6.9 所示，假设漂移区的自由载流子浓度为线性分布，在恒定的电流变化率下建立一个分析模型来分析 P－i－N 整流器在关断时的反向恢复过程[1]。如图所示，由通态电流所形成的悬链式载流子分布可由漂移区中间的平均值和一个线性变化部分构成。线性变化部分：载流子浓度从 $x=0$ 处的 $n(-d)$ 线性变化到 $x=b$ 处的平均载流子浓度 n_a。通过式（6.19）和式（6.23）可以得到这些载流子浓度：

$$n(-d) = \frac{\tau_{HL}J_F}{2qL_a}\left[\frac{\cosh(-d/L_a)}{\sinh(d/L_a)} - \frac{\sinh(-d/L_a)}{2\cosh(d/L_a)}\right] \tag{6.58}$$

$$n_a = \frac{J_F \tau_{HL}}{2qd} \tag{6.59}$$

式中，J_F 为正向（或通态）电流密度。

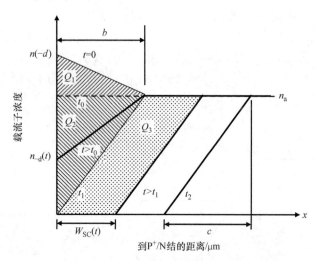

图 6.9   P－i－N 整流器在反向恢复过程中的载流子分布

在整流器关断的瞬态过程中，任意时刻流过整流器的电流由 P^+/N 结边界处载流子的扩散速率决定，如前面章节对整流器通态过程的分析，电流由式（6.60）给出：

$$J_F = 2qD_a \left(\frac{dn}{dx} \right)_{x=-d} \tag{6.60}$$

在关断过程的第一个阶段，P－i－N 整流器中的电流密度由通态电流密度（J_F）变到 t_0 时刻的零。图 6.9 中的距离 "b" 可以通过联立第一阶段抽取的电荷 Q_1 与电流得到。在第一阶段结束时，由于电流为零，在 t_0 时刻载流子分布变得平坦，如图 6.9 中的虚线所示。第一阶段漂移区内存储电荷的变化量可以由图中的交叉阴影区面积得到，图中用 Q_1 表示：

$$Q_1 = \frac{qb}{2} \left[n(-d) - n_a \right] \tag{6.61}$$

这个电荷与关断瞬态过程中 $t=0$ 到 $t=t_0$ 时刻的电流有关：

$$Q_1 = \int_0^{t_0} J(t)\,dt = \int_0^{t_0} (J_F - at)\,dt = J_F t_0 - \frac{at_0}{2} \tag{6.62}$$

电流变为零的时刻 t_0 由式（6.63）给出：

$$t_0 = \frac{J_F}{a} \tag{6.63}$$

联立上述关系式得

$$b = \frac{J_F^2}{qa[n(-d) - n_a]} \tag{6.64}$$

式（6.58）中的载流子浓度 $n(-d)$ 可以写成

$$n(-d) = \frac{J_F \tau_{HL}}{2qL_a} K \tag{6.65}$$

其中

$$K = \left[\frac{\cosh(-d/L_a)}{\sinh(d/L_a)} - \frac{\sinh(-d/L_a)}{2\cosh(d/L_a)} \right] \tag{6.66}$$

将式（6.65），式（6.59）代入式（6.64）中得

$$b = \frac{2dL_a J_F}{a\tau_{HL}(Kd - L_a)} \tag{6.67}$$

因此，距离 b 可以利用器件参数（d 和 τ_{HL}），通态电流密度和斜率 a 来计算。

关断过程的第二阶段是从电流过零的 t_0 时刻开始到 P^+/N 结可以开始承担电压的 t_1 时刻结束。如图 6.9 所示，在 t_1 时刻的载流子分布，从结处（位于 $x=0$）的零浓度延伸到距结的距离为 "b" 的平均浓度 n_a。在 t_1 时刻之后，距离 P^+/N 结一定距离处的载流子浓度为 0，P^+/N 结形成耗尽层。t_1 时刻可以通过分析从 $t = t_0$ 到 $t = t_1$ 时间内所抽取的电荷得到。在图 6.9 中，在该时间间隔内抽取的电荷由标记为 Q_2 的交叉阴影区域表示。该区域的面积由式（6.68）给出：

$$Q_2 = \frac{1}{2} q n_a b \tag{6.68}$$

这个电荷与关断瞬变过程从 $t = t_0$ 到 $t = t_1$ 时间内的电流有关：

$$Q_2 = \int_{t_0}^{t_1} J(t)\,\mathrm{d}t = \int_{t_0}^{t_1} (at)\,\mathrm{d}t = \frac{a}{2}(t_1^2 - t_0^2) \tag{6.69}$$

利用式（6.63）中的 t_0 得

$$Q_2 = \frac{a}{2}\left(t_1^2 - \frac{J_F^2}{a^2} \right) \tag{6.70}$$

联立式（6.68）和式（6.70）得

$$t_1 = \sqrt{ \frac{q n_a b}{a} + \frac{J_F^2}{a^2} } \tag{6.71}$$

利用求平均载流子浓度 n_a 的式（6.59）和求距离 b 的式（6.67），得

$$t_1 = \frac{J_F}{a} \sqrt{ \frac{L_a}{(Kd - L_a)} + 1 } \tag{6.72}$$

由式（6.72）可知，当斜率增加时，第二阶段将提前结束。这使得整流器开始承担反向偏置电压的时刻提前。在 $t=0$ 到 $t=t_1$ 的整个时间内，因为在结 $[p(-d,t)]$ 处漂移区中的少数载流子浓度高于平衡少数载流子浓度（p_{0N}），所以 P–i–N 整流器的 P^+/N 结保持正向偏置。假设漂移区在大注入的条件下，如图 6.9 所示，少数载流子浓度 $[p(-d,t)]$ 等于多数载流子浓度 $[n(-d,t)]$。根据式（6.60），任

意时刻的电流密度均由式（6.73）给出：

$$J(t) = 2qD_a\left(\frac{dn}{dx}\right)_{x=-d} = 2qD_a\frac{[n(-d,t) - n_a]}{b} \tag{6.73}$$

因此，漂移区结处的载流子浓度与电流密度之间的关系为

$$p(-d,t) = n(-d,t) = n_a + \frac{J(t)b}{2qD_a} = n_a + \frac{(J_F - at)b}{2qD_a} \tag{6.74}$$

关断瞬态过程中 t_1 时刻之前无论电流密度为正值还是负值该表达式都适用。在该时间间隔内结的正向偏压可以由 Boltzmann 关系得到

$$V_F(t) = \frac{kT}{q}\ln\left[\frac{p(-d)}{P_{0N}}\right] = \frac{kT}{q}\ln\left[\frac{(J_F - at)b}{2qD_a p_{0N}} + \frac{n_a}{p_{0N}}\right] \tag{6.75}$$

该表达式描述了关断瞬态过程中 P^+/N 结开始承担反向偏压以前 $P-i-N$ 整流器两端的电压的变化。

在关断瞬态的第三阶段，$P-i-N$ 整流器所承担的电压不断增加。于是在 P^+/N 结处形成空间电荷区 $W_{SC}(t)$，空间电荷区随着时间的变化不断向外扩展，如图6.9所示。空间电荷区的扩展是由于不断抽取漂移区中的存储电荷来实现的，导致反向电流在 t_1 时刻之后继续增加。假设抽取存储电荷时的电流近似恒定，可以利用分析模型来分析 $P-i-N$ 整流器两端反向偏压的增加。在假设条件下，载流子分布曲线的斜率保持不变，如图6.9所示。

在图6.9中，在 t_1 时刻 P^+/N 结反偏，t 时刻抽取的存储电荷用标记为 Q_3 的阴影区域表示。这个平行四边形区域的面积由式（6.76）给出：

$$Q_3 = qn_a W_{SC}(t) \tag{6.76}$$

这个电荷与关断瞬态过程中从 t_1 时刻到 t 时刻的电流有关：

$$Q_3 = \int_{t_1}^t J(t)\,dt = \int_{t_1}^t (J_F - at)\,dt = J_F(t - t_1) - \frac{a}{2}(t^2 - t_1^2) \tag{6.77}$$

联立上述有关 Q_3 的关系式可得空间电荷区的增长与时间的函数为

$$W_{SC}(t) = \frac{a}{2qn_a}(t^2 - t_1^2) - \frac{J_F}{qn_a}(t - t_1) \tag{6.78}$$

空间电荷区所承担的电压可通过解泊松方程得

$$\frac{d^2V}{dx^2} = -\frac{dE}{dx} = -\frac{Q(x)}{\varepsilon_S} \tag{6.79}$$

式中，$Q(x)$ 为空间电荷区的电荷。在阻断状态下，耗尽区的电荷由电离的施主电荷组成，与阻断状态不同，在关断过程中，较大的反向电流使漂移区产生额外的电荷。额外电荷的产生源于在清除电荷时有空穴通过空间电荷区。由于空间电荷区的电场强度大，可假定这些空穴漂移速度为饱和漂移速度（$v_{sat,p}$）。于是，空间电荷区内的空穴浓度与电流密度（J_R）之间的关系为

$$p(t) = \frac{J_R(t)}{qv_{sat,p}} = \frac{(at - J_F)}{qv_{sat,p}} \tag{6.80}$$

空间电荷区所承担的电压由式（6.81）给出：

$$V_R(t) = \frac{q[N_D + p(t)]}{2\varepsilon_S} W_{SC}(t)^2 \tag{6.81}$$

结合空间电荷宽度的扩展公式（6.78），上式表明 t_1 时刻之后 P－i－N 整流器承担的电压迅速增加。当 P－i－N 整流器上的反向偏压等于电源电压（V_S）时，第三阶段结束。联立式（6.81）和式（6.78）可得时间 t_2（与相应的 J_{PR}）。

在第四阶段的关断过程，反向电流以恒定速率迅速减小，如图 6.8 所示。而 P－i－N 整流器承担的电压恒等于电源电压。在第三阶段结束之后漂移区内存储的电荷如图 6.10 所示，用标记为 Q_4 的阴影区域表示。在关断过程的第三阶段（$t = t_2$）结束时刻，有反向恢复峰值电流 J_{PR} 流过该结构。该电流与自由载流子分布存在以下关系：

$$J_{PR} = 2qD_a \frac{dn}{dx} = 2qD_a \frac{n_a}{h} \tag{6.82}$$

式中，h 的意义如图 6.10 所示。利用上述公式得

$$h = \frac{2qD_a n_a}{J_{PR}} \tag{6.83}$$

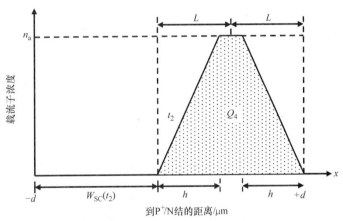

图 6.10　第三阶段结束后 P－i－N 整流器内的存储电荷

t_2 时刻漂移区内的存储电荷由式（6.84）给出：

$$Q_4 = qn_a[2d - W_{SC}(t_2) - h] \tag{6.84}$$

在关断过程的第四阶段必须抽取这些电荷。在第四阶段，从 t_2 到 t_3 的时间段 t_B 内，电流以近似恒定的速率 $[dJ/dt]_R$ 减小到零，如图 6.8 所示。在时间间隔内所抽取的电荷为

$$Q_R = \frac{1}{2} J_{PR} t_B \tag{6.85}$$

由于这个时间段与少数载流子寿命大小相当，所以在该段时间的复合可以忽略，则

式 (6.85) 中的电荷等于第三阶段结束时漂移区中的剩余电荷。所以反向电流减小所持续的时间 t_B 由式 (6.86) 给出：

$$t_B = (t_3 - t_2) = \frac{2qn_a}{J_{PR}}[2d - W_{SC}(t_2) - h] \tag{6.86}$$

反向电流变化斜率由反向恢复峰值电流除以该时间间隔获得，

$$\left[\frac{dJ}{dt}\right]_R = \frac{J_{PR}}{t_B} = \frac{J_{PR}^2}{2qn_a[2d - W_{SC}(t_2) - h]} \tag{6.87}$$

较小的反向 $[di/dt]$ 可减少电路中寄生电感所产生的电压。寄生电感所产生的电压使电路中所有器件所承担的电压增加，这就必须提高器件的击穿电压。而且所有半导体器件功耗增加会对系统性能产生不利的影响。

通过分析特定 P-i-N 整流器结构的反向恢复特性来说明分析模型的有效性。以 1000V 耐压的 P-i-N 整流器为例，漂移区域厚度为 $60\mu m$，掺杂浓度为 $5 \times 10^{13} cm^{-3}$。利用分析模型来分析不同斜率下该结构的反向恢复过程。在所有情况下，假设反向恢复开始前的通态电流密度为 $100A/cm^2$。

大注入寿命为 $0.5\mu s$，利用分析算法计算得到的电压波形如图 6.11 所示。当通态电流密度为 $100A/cm^2$，在该寿命值下漂移区中的平均自由载流子浓度为 $5.2 \times 10^{16} cm^{-3}$。随着电流斜率从 $4 \times 10^9 A/(cm^2 \cdot s)$ 减小到 $2 \times 10^9 A/(cm^2 \cdot s)$ 再减小到 $1 \times 10^9 A/(cm^2 \cdot s)$，利用分析模型 [参见式 (6.71)] 计算得到的 PN 结开始反偏所需的时间 t_1 从 51ns 增加到 80ns 再增大到 134ns。在 t_1 时刻之前，整流器两端的电压略有正偏，其值可由式 (6.75) 计算得到。t_1 之后，电压快速增加，3 种情况所对应的电压分别在 145ns、230ns 和 370ns 时达到 300V。电压波形中的这一点意味着第三阶段的结束。

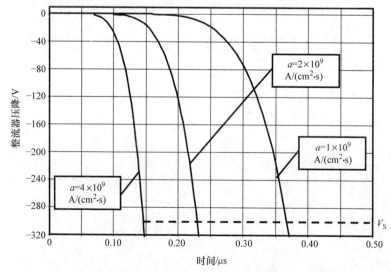

图 6.11 1000V P-i-N 整流器在不同斜率下利用分析模型计算反向恢复过程中的电压波形

　　反向恢复峰值电流出现在第三阶段结束时。在上述 3 种电流下降斜率下，利用分析模型估算的反向恢复峰值电流密度分别为 $480A/cm^2$、$360A/cm^2$ 和 $270A/cm^2$，3 种电流下降斜率下利用分析模型得到的电流波形如图 6.12 所示。在第三阶段之后，反向电流以恒定速率减小到零。反向电流减小到零所需的时间（t_B）随着斜率的减小而变小。当斜率从 $4 \times 10^9 A/(cm^2 \cdot s)$ 减小到 $2 \times 10^9 A/(cm^2 \cdot s)$ 再减小到 $1 \times 10^9 A/(cm^2 \cdot s)$ 时，通过分析模型估算的 t_B 的值从 70ns 降低到 60ns 再减小到 28ns。联立反向恢复峰值电流和时间 t_B 可求得反向 $[dJ/dt]$ 的范围为 $6 \sim 9.5 \times 10^9$ $A/(cm^2 \cdot s)$。

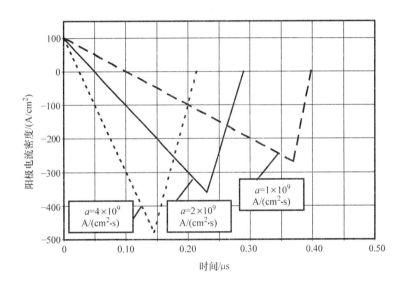

图 6.12　1000V P - i - N 整流器在不同斜率下利用分析模型计算得到的
反向恢复过程中的电流波形

　　分析模型也可以用来分析少数载流子寿命对反向恢复过程的影响。还是以 1000V P - i - N 整流器为例，电流以斜率 $2 \times 10^9 A/(cm^2 \cdot s)$ 从通态电流密度 $100A/cm^2$ 处开始关断。当漂移区中的寿命值为 $0.25\mu s$、$0.5\mu s$ 和 $1\mu s$ 时，利用分析模型估算的反向恢复过程中的电压波形如图 6.13 所示。模型预计，第一阶段结束时间 t_1 不变，在第二阶段当寿命减小时，电压上升变快。

　　在 3 种不同的寿命值下，反向恢复过程中的电流如图 6.14 所示。当寿命值从 $1\mu s$ 减少到 $0.5\mu s$ 再减小到 $0.25\mu s$ 时，分析模型估算的反向恢复峰值电流密度分别从 $480A/cm^2$ 减小到 $360A/cm^2$ 再减小到 $270A/cm^2$，如图 6.14 所示。

　　随着寿命的减少，其中第四阶段反向电流减小到零所需的时间（t_B）也变小。利用分析模型估算 t_B 的值分别为 $0.25\mu s$、$0.5\mu s$ 和 $1\mu s$ 时，对应的寿命值分别为 38ns、60ns 和 84ns。利用反向恢复峰值电流和时间 t_B 求得反向 $[dJ/dt]$，其变化

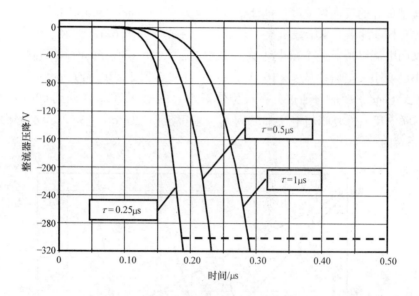

图 6.13　1000V P－i－N 整流器在不同载流子寿命值下利用分析模型计算得到的
反向恢复过程中的电压波形

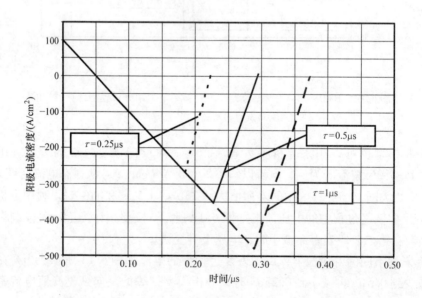

图 6.14　1000V P－i－N 整流器在不同载流子寿命值下利用分析模型计算得到的反向恢复
过程中的电流波形

范围为 $5.7 \sim 7 \times 10^9 \mathrm{A}/(\mathrm{cm}^2 \cdot \mathrm{s})$。

　　分析模型还能够分析反向恢复电压的变化对反向恢复过程的影响。依然以 $1000\mathrm{V}$ P - i - N 整流器为例，电流以 $2 \times 10^9 \mathrm{A}/(\mathrm{cm}^2 \cdot \mathrm{s})$ 的下降斜率在 $100\mathrm{A}/\mathrm{cm}^2$ 通态电流密度下开始切换。分析模型估算的电压波形如图 6.15 所示，其中虚线表示反向恢复瞬态过程中，反向偏压达到 $90\mathrm{V}$、$300\mathrm{V}$ 和 $600\mathrm{V}$ 的点。随着反向电压增加，需要更长的时间来形成承担电压所需的更宽的空间电荷区。如图 6.16 所示，反向恢复峰值电流会随着反向电压的增大而增大。反向偏压越大，空间电荷区越宽，抽取的存储电荷也越多，如图所示，这将使得 t_B 更小，反向 $[\mathrm{d}J/\mathrm{d}t]$ 更大。

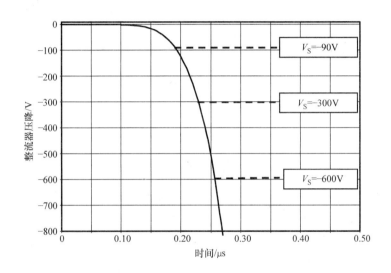

图 6.15　$1000\mathrm{V}$ P - i - N 整流器在不同电源电压下利用分析模型计算得到
反向恢复过程中的电压波形

　　如图 6.16 所示，当电压从 $90\mathrm{V}$ 增加到 $300\mathrm{V}$ 再增加到 $600\mathrm{V}$ 时，由分析模型估算的反向恢复峰值电流密度从 $280\mathrm{A}/\mathrm{cm}^2$ 增加到 $360\mathrm{A}/\mathrm{cm}^2$，再到 $420\mathrm{A}/\mathrm{cm}^2$。随着反向电压的增加，在第四阶段反向电流减小到零所需的时间（t_B）也减小。当反向电压分别为 $90\mathrm{V}$，$300\mathrm{V}$ 和 $600\mathrm{V}$ 时，由分析模型估算的 t_B 的值分别为 $153\mathrm{ns}$、$60\mathrm{ns}$ 和 $1\mathrm{ns}$。当反向电压为 $600\mathrm{V}$ 时，对应的 t_B 值表明几乎所有的存储电荷都被扩展的空间电荷区抽取。当反向电压从 $90\mathrm{V}$ 增加到 $300\mathrm{V}$ 再增加到 $600\mathrm{V}$ 时，利用反向恢复峰值电流和时间 t_B 求得反向 $[\mathrm{d}J/\mathrm{d}t]$ 增加很快，从 $1.8 \times 10^9 \mathrm{A}/(\mathrm{cm}^2 \cdot \mathrm{s})$ 增加到 $6 \times 10^9 \mathrm{A}/(\mathrm{cm}^2 \cdot \mathrm{s})$ 再增大到 $420 \times 10^9 \mathrm{A}/(\mathrm{cm}^2 \cdot \mathrm{s})$。

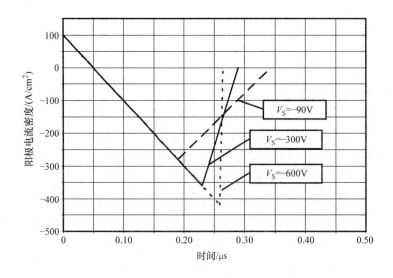

图 6.16　1000V P-i-N 整流器在不同电源电压下利用分析模型计算得到
反向恢复过程中的电流波形

模拟示例

　　为了验证上述 P-i-N 整流器反向恢复瞬态模型，在此展示 1000V 硅 P-i-N 整流器的数值模拟结果。该结构漂移区的厚度为 $60\mu m$，掺杂浓度为 $5\times10^{13}cm^{-3}$。阴极电流以不同的负斜率从通态电流密度为 $100A/cm^2$ 处开始变化。此外，还将分析少数载流子寿命和反向电源电压改变的影响，并与分析模型的计算结果进行对比。

　　首先考虑负斜率从 $1\times10^9 A/(cm^2\cdot s)$ 变化到 $2\times10^9 A/(cm^2\cdot s)$ 再变到 $4\times10^9 A/(cm^2\cdot s)$ 的情况。在上述情况的数值模拟中载流子寿命（τ_{p0} 和 τ_{n0}）均为 $1\mu s$。在通态电流密度为 $100A/cm^2$ 的稳态条件下，漂移区中的平均载流子浓度约为 $5\times10^{16}cm^{-3}$，如图 6.8E 所示。该值是在大注入寿命为 $0.5\mu s$ 的情况下利用式（6.59）得到的，表明端区的复合电流在该结构中是非常重要的。载流子浓度梯度在 $t=40ns$ 时为零，相当于分析模型中 $t=t_0$ 时刻（参见图 6.8）。当 $t=80ns$ 时载流子分布曲线的斜率变为正。此时，结处的载流子浓度远高于平衡值，表示 P^+/N 结仍然为正偏。在 $t=140ns$ 时，结处的载流子浓度接近于零，对应于分析模型中 $t=t_1$ 时刻（参见图 6.8）。利用分析模型得到的 t_1 的值大约为 $120ns$，与模拟结果非常一致。

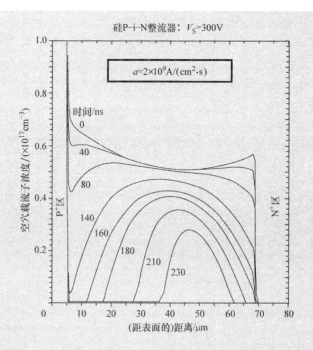

图 6.8E　1000V 硅 P – i – N 整流器在反向恢复瞬态过程中第一阶段到第三阶段的载流子分布

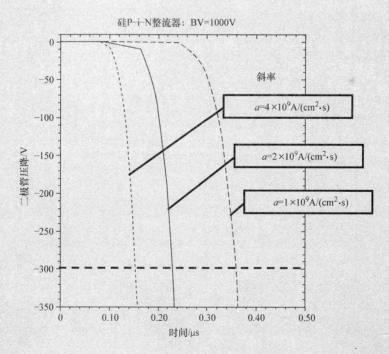

图 6.9E　1000V 硅 P – i – N 整流器在不同斜率下反向恢复过程中的电压波形

在图 6.8E 中还给出了 160ns、180ns、210ns 和 230ns 时的载流子分布。可以观察到，在该时间内耗尽区开始从 P^+/N 结向外扩展。当反向偏压为 300V 时，由分析模型估算出的耗尽层宽度为 $38\mu m$，与模拟结果非常吻合。利用分析模型估算出在 $t_2 = 230ns$ 时第三阶段结束，与模拟结果一致。因此，利用模型估算的反向恢复峰值电流也与模拟结果一致。

借助数值模拟得到的二极管电压和电流波形分别如图 6.9E 和图 6.10E 所示。这些波形与分析模型估算的结果相同（参见图 6.11 和图 6.12）。利用该模型得到的反向峰值电流与模拟结果一致。然而由数值模拟可知，第四阶段的电流瞬时值以恒定的斜率变化，之后电流的下降速率更加陡峭。用模拟得到该斜率在 $7 \sim 9 \times 10^9$ A/($cm^2 \cdot s$) 范围内，与分析模型估算的一致。

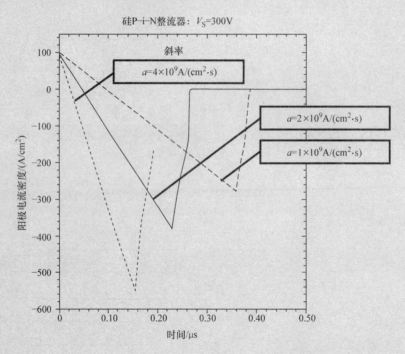

图 6.10E 1000V 硅 P-i-N 整流器在不同斜率下反向恢复瞬态过程中的电流波形

在关断过程的第四阶段，随着扩展的空间电荷区不断抽取漂移区中剩余的载流子，电流逐渐降到零。如式（6.80）所描述的，随着空间电荷区中空穴浓度的降低反向电流逐渐减小。虽然二极管上的反向偏压保持不变，但是空间电荷区的扩展会使该区域内的净电荷减小。由于 P-i-N 整流器被设计成穿通结构，所以空间电荷区最终扩展到整个漂移区，抽取所有的存储电荷。图 6.11E 为数值模拟得到的存储电荷的抽取过程。

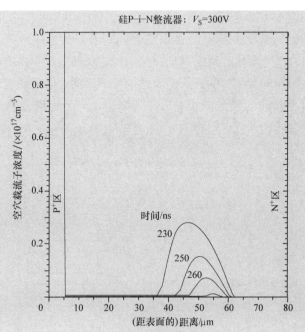

图 6.11E　1000V 硅 P－i－N 整流器在反向恢复瞬态过程第四阶段的载流子分布

　　通过观察寿命变化对反向恢复过程的影响也可以说明分析模型的有效性。为了说明这一点，当斜率以 $2 \times 10^9 \mathrm{A}/(\mathrm{cm}^2 \cdot \mathrm{s})$ 进行反向恢复时，使寿命增加原来的 2 倍或减少为原来的 1/2。利用数值模拟得到的二极管电压和电流波形如图 6.12E 和图 6.13E 所示。

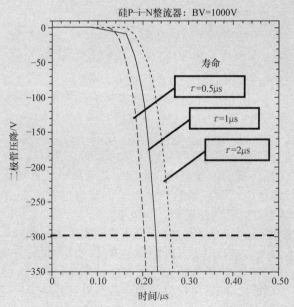

图 6.12E　1000V 硅 P－i－N 整流器在不同的载流子寿命值下反向恢复瞬态过程中的电压波形

图 6.12E 和图 6.13E 所示的波形与利用分析模型得到的波形相同（见图 6.13 和 6.14）。尽管电压增加到 300V 所需要的时间随着寿命的减小而减小，但是第二阶段结束的时间 t_1 没有变化。与模型估算的一样，反向恢复峰值电流随着载流子寿命的减少而减小。如模型预测的，第四阶段的持续时间也随着载流子寿命的增加而增加，使得反向 $[di/dt]$ 略微减小。可以得出结论，分析模型可以准确描述载流子寿命的变化对反向恢复过程的影响。

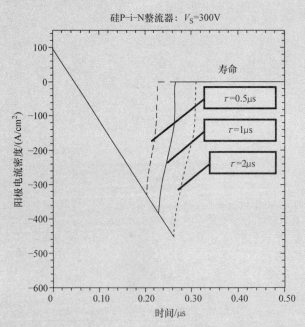

图 6.13E 1000V 硅 P - i - N 整流器在不同的载流子寿命值下反向恢复瞬态过程中的电流波形

为了进一步证明分析模型的有效性，选择不同的反偏电源电压对 1000V P - i - N 整流器进行数值模拟。斜率为 $2 \times 10^9 A/(cm^2 \cdot s)$，载流子寿命为 $1\mu s$ 时的电压波形如图 6.14E 所示。达到反向偏压所需的时间与分析模型估算的一致（见图 6.15）。因此，由分析模型估算的反向恢复峰值电流也与用数值模拟得到的反向恢复峰值电流一致，波形如图 6.15E 所示。

利用数值模拟得到的电流波形与分析模型估算的结果相同（见图 6.16）。当反向电压增大到 600V 时，反向恢复过程的第四阶段反向电流突然减小，与分析模型得到的结果一致。使用该模型得到的反向峰值电流也与在模拟中观察到的结果一致。反向恢复电流的突然下降使得反向 $[di/dt]$ 很大，大的 $[di/dt]$ 使得与二极管串联的寄生电感产生很大的电压尖峰，给功率电路带来问题。

上面的模拟结果表明本节中的分析模型是有效的，为理解载流子分布以及瞬态过程提供了另外一种方法。由于分析模型估算的结果与模拟结果吻合，所以可以得出结论，该模型能够解释反向恢复过程的四个阶段并且能够说明反向恢复电流与斜率及载流子寿命和反向电源电压之间的关系。

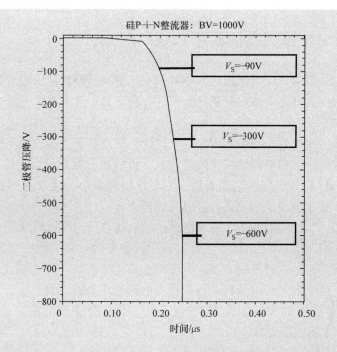

图 6.14E　1000V 硅 P－i－N 整流器在不同的电源电压下反向恢复过程中的电压波形

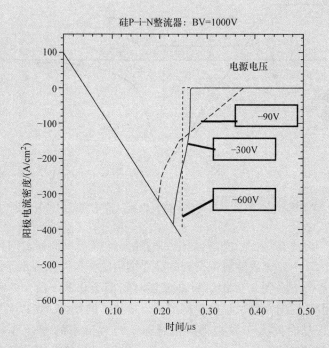

图 6.15E　1000V 硅 P－i－N 整流器在不同的电源电压下反向恢复过程中的电流波形

6.5 P-i-N整流器的折中曲线

在前面的章节中,证明了通过减小P-i-N整流器漂移区中的少数载流子寿命可以减小反向恢复峰值电流和关断时间。这有利于减小开关瞬态过程中的功耗。然而,当少数载流子寿命减小时,P-i-N整流器中的通态压降增加,使得通态电流下的功耗增加。在电力系统的应用中,希望减小整流器产生的总功耗使功率转换效率最大。而且减小了功率器件内产生的热量,可保持较低的结温,防止"热失控"(thermal runaway)和可靠性问题发生。为了使功耗最小,通常利用折中曲线实现功率P-i-N整流器通态和开关功耗之间的折中。

功率P-i-N整流器的折中曲线是通过描绘通态压降与反向恢复时间之间的关系曲线而得到的。图6.17显示了包括第四阶段的非线性部分的关断波形。关断时间 (t_{rr}) 定义为在电流过零后,反向电流减小到反向恢复峰值电流 (J_{PR}) 的10%所需的时间。这个时间可以从自动测试设备的测量中提取。此外,图6.17中的t_A和t_B也是需要提取的参数。较大的 $[t_B/t_A]$ 比值能够减小功率电路中较大的 $[di/dt]$ 所产生的电压尖峰。

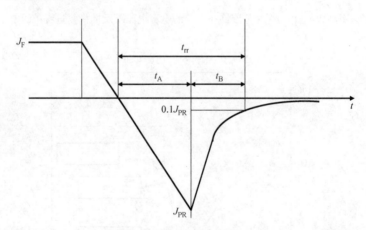

图6.17 P-i-N整流器典型反向恢复电流波形中的反向恢复关断时间

图6.18中用实线表示由分析模型得到的通态压降与反向恢复时间之间的折中曲线。作为对比,由二维数值模拟得到的穿通结构的模拟结果也示于图中。由图可知,当载流子寿命下降到0.05μs,反向恢复时间小于0.1μs前,两种方式得到的结果很吻合。由于反向恢复过程中忽略了自由载流子的复合,所以利用分析模型计算得到的反向恢复时间大于模拟得到的结果。当载流子的复合寿命降低到小于0.05μs时,该假设不成立。

另一种常用的表示功率整流器功耗折中关系的方法是描绘通态压降与反向恢复

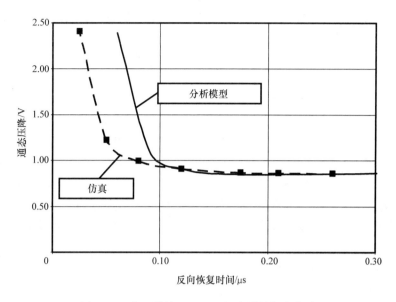

图 6.18　穿通结构 P－i－N 整流器的折中曲线

电荷（Q_{rr}）之间的关系曲线。反向恢复电荷可以通过对关断电流波形积分得到。
利用分析模型和模拟得到的穿通结构的折中曲线如图 6.19 所示。

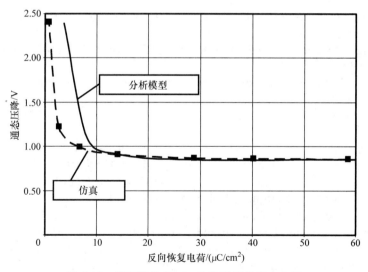

图 6.19　穿通结构 P－i－N 整流器的折中曲线

6.6　总结

本章分析了 P－i－N 整流器的工作原理。推导了导通状态与阻断状态，以及反向恢复瞬态的表达式。在一般通态电流下，注入漂移区的少数载流子浓度就超过高击穿电压所需的相对低的掺杂浓度。漂移区中的大注入产生了电导调制效应，导致通态压降减小。如果漂移区中的复合电流为主要电流成分，那么漂移区两端的压降与通态电流密度无关。这使得硅 P - i - N 整流器工作时的通态压降仅为 1V，这对于电力电子的应用非常有吸引力。

适当选择漂移区的掺杂浓度和厚度可使得 P - i - N 整流器在反向阻断状态中承担高电压。穿通结构有利于减小漂移区的厚度。较窄的漂移区使通态时的存储电荷更少，可以快速关断。

P - i - N 整流器从通态到反向阻断状态的转换过程中会产生很大的反向电流。这个反向电流使得整流器产生大的功耗，并且使功率转换电路中的功率开关的功耗增加。降低漂移区中的载流子的复合寿命可以减小反向恢复电流和反向恢复关断时间。由于降低寿命将使得通态压降增大，所以通常需要折中分析来减小总功耗。

与硅器件相比，由于碳化硅具有较高的临界击穿电场强度，所以碳化硅 P - i - N整流器漂移区的厚度更薄。这有利于减小反向恢复电流，提高开关速度。然而，较大的带隙宽度使得碳化硅的通态压降比硅整流器大四倍。因此，只有当阻断电压超过 10000V 时碳化硅 P - i - N 整流器才适用。

参 考 文 献

[1] B.J. Baliga, "Fundamentals of Power Semiconductor Devices", Springer Scientific, New York, 2008.

[2] B.J. Baliga, "Silicon Carbide Power Devices", World Scientific Publishing Company, 2005.

[3] S.K. Ghandhi, "Semiconductor Power Devices", pp. 112-128, John Wiley and Sons, 1977.

[4] R.N. Hall, "Power Rectifiers and Transistors", Proceedings of the IRE, Vol. 40, pp. 1512-1518, 1952.

[5] H. Benda and E. Spenke, "Reverse Recovery Processes in Silicon Power Rectifiers", Proceedings of the IEEE, Vol. 55, pp. 1331-1354, 1967.

[6] N.R. Howard and G.W. Johnson, "PIN Silicon Diodes at High Forward Current Densities", Solid State Electronics, Vol. 8, pp. 275-284, 1965.

[7] A. Herlet, "The Forward Characteristics of Silicon Power Rectifiers at High Current Densities", Solid State Electronics, Vol. 11, pp. 717-742, 1968.

[8] Q. Zhang, et al, "12-kV p-Channel IGBTs with Low On-Resistance in 4H-SiC", IEEE Electron Device Letters, Vol. EDL-29, pp. 1027-1029, 2008.

第7章　MPS 整流器

功率器件的大部分应用领域（例如电机控制），要求整流器的阻断电压范围在 300~5000V 之间。硅 P-i-N 整流器之所以能被设计承担高电压，是因为该结构能够在轻掺杂漂移区中注入大量的少数载流子，使其在传导通态电流时具有低通态压降[1]。存储在漂移区内的少数载流子，必须在 P-i-N 整流器承担反向偏置电压之前被排除。如第 6 章中所述那样，在从导通状态切换到反向阻断状态期间，P-i-N整流器呈现出非常大的瞬变反向恢复电流以排除所存储的电荷。反向恢复瞬态会在整流器和控制开关的晶体管的中产生较大的开关功耗。

通过降低漂移区的寿命，可以降低 P-i-N 整流器反向恢复瞬变的功耗。这种降低开关功耗的传统方法伴随着通态压降的增加。因此，必须在通态压降和关断时间或反向恢复电荷之间生成折中曲线，以优化总功耗。研究发现折中曲线取决于控制寿命的方法[2]。理论上已经证明，折中曲线与寿命控制工艺所产生的深能级的属性有关[3]。

在 20 世纪 80 年代，提出了一种在通态和反向恢复功率之间进行折中的另一种方法，通过将 P-i-N 整流器和肖特基整流器物理机制的混合，创建如图 7.1 所示的 MPS 整流器结构[4]。在这种结构中，漂移区的设计采用与 P-i-N 整流器相同的标准，以承担所需的反向阻断电压。器件结构包含金属接触下面的 PN 结部分和剩余部分的肖特基接触。使用相同的金属层可很方便地在 P+ 区上形成欧姆接触和 N- 漂移区上形成肖特基接触。

当 MPS 整流器结构第一次被提出时，有批评者认为该结构将呈现 P-i-N 整流器和肖特基整流器两者的最差特性，因为它被简单地看作是 P-i-N 整流器和肖特基整流器的并联连接，如图 7.2 所示。在这种情况下，因为肖特基整流器有较大的漏电流，所以这种复合整流器也具有大的漏电流，进而导致其反向阻断特性变差。在通态工作期间，由于肖特基整流器中存在未调制的漂移区大电阻，所以大部分电流流过 P-i-N 整流器。因为在计算平均通态电流密度时必

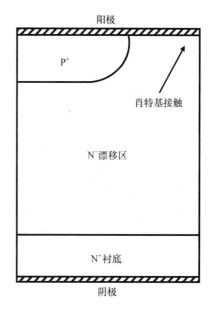

图 7.1　MPS 整流器结构

须考虑肖特基整流器的面积,所以复合二极管的通态压降将大于 P-i-N 整流器的通态压降。在复合二极管通态工作期间,在 P-i-N 整流器中会产生大量的存储电荷。存储的电荷将产生大的反向恢复电流,类似于在 P-i-N 整流器中所观察到的电流,导致其具有较大的开关功耗。因此,并联连接的 P-i-N 整流器和肖特基整流器的复合二极管将表现出这两种结构的最差特性。以上结论是基于 P-i-N 整流器和肖特基整流器在 MPS 整流器结构内各自独立工作状态,但这个前提是错误的。

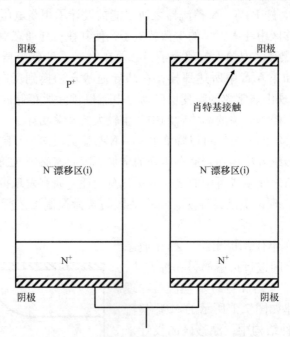

图 7.2 P-i-N 整流器和肖特基整流器的并联

7.1 器件物理

如图 7.1 所示,P-i-N 整流器和肖特基整流器在 MPS 整流器结构中紧密相连,这使两个器件工作机制混合在一起。MPS 整流器结构中的 PN 结之间的间距的设计要能够在相对小的反向偏置电压下被夹断。在 PN 结之间的间距耗尽之后,在肖特基金属之下形成势垒,屏蔽该肖特基接触使其不受阴极反向偏压的影响。与普通的肖特基整流器相比,通过合理地选择 PN 结之间的间距,MPS 整流器中的肖特基接触处的电场强度可以大大减小。这可以抑制肖特基势垒下降,减少硅器件中的漏电流,使其远低于肖特基整流器的漏电流。由于热场发射电流的抑制,碳化硅器件可以实现更大的漏电流减少。因此,可以在 MPS 整流器结构中实现良好的反向阻断特性。

　　预计 MPS 整流器中的通态电流既可以通过 PN 结，也可以通过肖特基接触。当施加低通态偏置电压时，由于从 PN 结注入到漂移区中的空穴需要更大的电势，所以通过肖特基接触传输电流。然而，该电流受到未调制漂移区的大电阻的限制，为了获得高反向阻断电压能力，该漂移区掺杂浓度低，厚度厚。随着正向偏置电压的增加，PN 结开始向漂移区注入大量的空穴。与 P – i – N 整流器的情况一样，漂移区工作在高电平注入条件下。漂移区的电阻因为电导调制效应而降低，所以有大电流通过 MPS 整流器结构中的肖特基接触。这使得在通态电流下的通态压降比 P – i – N 整流器小。

　　在 MPS 整流器中，肖特基接触的载流子浓度较低，因为它不能向漂移区注入大量少数载流子。因此从关断过程排除电荷这个角度来说，其载流子分布优于 P – i – N 整流器。MPS 整流器具有较小的反向恢复峰值电流和电荷，可降低开关功耗。此外，还可以通过改变 MPS 整流器结构中的 PN 结和肖特基接触的相对面积来进行通态压降和反向恢复功耗之间的折中。通过使用 P – i – N 整流器所使用的寿命控制技术，可以实现折中曲线的进一步改进。

7.1.1　低正向偏压条件

　　MPS 整流器中的 N 漂移区必须轻掺杂，以便能在反向阻断模式下承担高电压。在低的正向偏置电压下，PN 结上的电压只能在 N 型漂移区内产生低空穴注入。在低的正向偏置电压下，漂移区没有电导调制效应。因此漂移区的电阻由掺杂浓度决定。MPS 整流器的电流输运产生于肖特基接触处的热发射，之后流过漂移区。在初始阶段，MPS 整流器中用于承担高反向偏置电压的高电阻漂移区限制了电流传输。在低正向偏置电压下，MPS 整流器的特性与肖特基整流器相似。

　　以金属 – 半导体（肖特基）接触和漂移区电阻的串联为模型分析 MPS 整流器的正向导电 $i–v$ 特性。因为 PN 结占据了一部分上表面区域，因此与阴极电流密度相比，肖特基接触处的电流密度更大，在分析模型中，要首先考虑到这一点的影响。PN 结之间的区域的电流收缩，以及电流从该区域通过扩展进入漂移区使串联电阻增大。这个电阻可以像以前对 JBS 整流器分析的那样进行建模。与 JBS 整流器不同的是，对于 MPS 整流器，因为漂移区被设计承担高电压，所以 PN 结的结深只是漂移区厚度的一小部分。MPS 整流器中的漂移区电阻非常接近漂移区的一维电阻。为了尽可能减小此电阻，有必要对漂移区采用非穿通设计[⊖]。

　　由于漂移区的厚度相对于 MPS 整流器结构中的 P⁺ 扩散的结深和窗口的宽度而言很大，所以漂移区中的电流在到达 N⁺ 衬底之前就重叠了。这种情况（模型 C）的电流流动模式如图 3.5 中的阴影区域所示。在 MPS 整流器结构中，漂移区的厚度（图 3.5 中的 t）远大于 JBS 整流器的厚度。

　　⊖　应该是穿通设计。——译者注

由于 P^+ 区和 PN 结耗尽层的存在，因此模型 C 中肖特基接触处的电流密度 (J_{FS}) 变大了。这增加了肖特基接触两端的压降。肖特基接触的电流仅在顶表面处的漂移区的未耗尽部分（具有尺寸 d）流动。因此，肖特基接触的电流密度 (J_{FS}) 与元胞（或阴极）电流密度 (J_{FC}) 有关：

$$J_{FS} = \left(\frac{p}{d}\right)J_{FC} \tag{7.1}$$

式中，p 为元胞间距。尺寸 d 由元胞间距 (p)、P^+ 离子注入窗口的尺寸 ($2s$)、P^+ 区的结深以及通态耗尽宽度 ($W_{D,ON}$) 确定：

$$d = p - s - x_J - W_{D,ON} \tag{7.2}$$

在推导该方程时，假定横向扩散长度等于结深。P^+ 区的尺寸（尺寸 s）最小化取决于用于器件制造的光刻技术，以及在扩散过程中所产生的结深 (x_J)，因此肖特基接触处的电流密度可能提高两倍甚至更多。在计算肖特基接触压降时必须考虑这些因素：

$$V_{FS} = \phi_B + \frac{kT}{q}\ln\left(\frac{J_{FS}}{AT^2}\right) \tag{7.3}$$

在电流流过肖特基接触之后，流过结之间的漂移区的未耗尽部分。在模型 C 中，假定电流流过具有均匀宽度 d 的区域，直到达耗尽区的底部，然后以 45° 扩展角扩展到整个元胞间距 (p)。电流路径在距耗尽区的底部 ($s + x_J + W_{D,ON}$) 处重叠，然后电流均匀地流过横截面积。

电流的净电阻可通过如图 3.5 所示三段的电阻相加来计算。均匀宽度为 d 的第一段的电阻由式（7.4）给出：

$$R_{D1} = \frac{\rho_D(x_J + W_{D,ON})}{dZ} \tag{7.4}$$

第二段的电阻可以通过使用用于 JBS 整流器的相同方法导出：

$$R_{D2} = \frac{\rho_D}{Z}\ln\left(\frac{p}{d}\right) \tag{7.5}$$

具有宽度为 p 的均匀横截面的第三段的电阻由式（7.6）给出：

$$R_{D3} = \frac{\rho_D(t - s - x_J - 2W_{D,ON})}{pZ} \tag{7.6}$$

通过将元胞电阻 ($R_{D1} + R_{D2} + R_{D3}$) 与元胞区域 (pZ) 相乘计算漂移区的比电阻：

$$R_{sp,drift} = \frac{\rho_D p(x_J + W_{D,ON})}{d} + \rho_D p\ln\left(\frac{p}{d}\right) + \rho_D(t - s - x_J - 2W_{D,ON}) \tag{7.7}$$

包括衬底的电阻成分，在元胞的正向电流密度 J_{FC} 下，低正向偏压下的 MPS 整流器的通态压降，由式（7.8）给出：

$$V_F = \phi_B + \frac{kT}{q}\ln\left(\frac{J_{FS}}{AT^2}\right) + (R_{sp,drift} + R_{sp,subs})J_{FC} \tag{7.8}$$

当使用该公式计算通态压降时，对于硅器件，是从 PN 结的内建电势中减去大约 0.5V 的通态压降来进行耗尽层宽度估算的，结果是令人满意的。在较大的通态偏压下，有必要在漂移区中包括大注入的影响。此外，还要说明的是，结处的掺杂为线性渐变的，这使得结在 P 侧的耗尽层宽度是总耗尽层宽度的一半。所以：

$$W_{\mathrm{D,ON}} = 0.5 \sqrt{\frac{2\varepsilon_{\mathrm{S}}(V_{\mathrm{bi}} - 0.5)}{qN_{\mathrm{D}}}} \tag{7.9}$$

式中，V_{bi} 为 PN 结的内建电势。由于 MPS 整流器的通态压降接近 PN 结处的内建电势，因此可以忽略正向偏压状态下器件的耗尽层宽度。

7.1.2　大注入状态

当 MPS 整流器的正向偏压增加时，通过 PN 结注入到漂移区的少数载流子浓度也增加，直到其最终超过漂移区中的衬底掺杂浓度（N_{D}），形成大注入。当漂移区中注入的空穴浓度变得比衬底掺杂浓度大得多时，电中性要求电子和空穴的浓度相等：

$$n(x) = p(x) \tag{7.10}$$

高浓度自由载流子降低了漂移区的电阻，导致漂移区电导调制效应的形成。如 P - i - N 整流器，漂移区的电导调制效应有利于高电流密度通过低掺杂的漂移区，而具有低的通态压降。

由于存在肖特基接触，MPS 整流器漂移区内的载流子分布不同于 P - i - N 整流器。载流子分布 $p(x)$ 可以通过求解 N⁻ 区中的空穴的连续性方程来获得：

$$\frac{\mathrm{d}^2 p}{\mathrm{d}x^2} - \frac{p}{L_{\mathrm{a}}^2} = 0 \tag{7.11}$$

式中，L_{a} 为双极扩散长度，由式（7.12）给出：

$$L_{\mathrm{a}} = \sqrt{D_{\mathrm{a}}\tau_{\mathrm{HL}}} \tag{7.12}$$

由方程式（7.12）求得的载流子浓度的通解由式（7.13）给出：

$$p(x) = A\cosh\left(\frac{x}{L_{\mathrm{a}}}\right) + B\sinh\left(\frac{x}{L_{\mathrm{a}}}\right) \tag{7.13}$$

其中常数 A 和 B 由 N⁻ 漂移区的边界条件确定。对于 MPS 整流器，应该沿图 7.3 所标记 "$A - A$" 虚线所示的路径求解载流子分布，"$A - A$" 虚线设置通过肖特基接触。在 N⁻ 漂移区和 N⁺ 阴极区（图 7.3 中位于 $x = +d$）之间的界面处，总电流仅由电子传输：

$$J_{\mathrm{FC}} = J_{\mathrm{n}}(+d) \tag{7.14}$$

$$J_{\mathrm{p}}(+d) = 0 \tag{7.15}$$

由这些方程可得

$$J_{\mathrm{FC}} = 2qD_{\mathrm{n}}\left(\frac{\mathrm{d}p}{\mathrm{d}x}\right)_{x=+d} \tag{7.16}$$

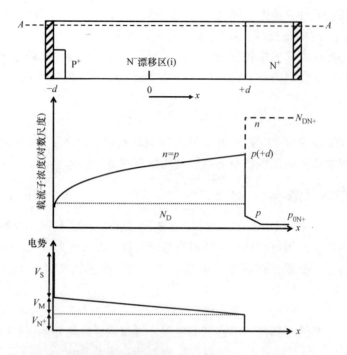

图 7.3 在大注入条件下 MPS 整流器的载流子和电势分布

第二个边界条件发生在 N⁻ 漂移区和肖特基接触之间的结（位于图 7.3 中的 $x = -d$ 处）。这里，由于可忽略肖特基接触处的注入，所以空穴浓度变为零：

$$p(-d) = 0 \tag{7.17}$$

利用上述边界条件可求得方程式（7.13）中的常数 A 和 B：

$$A = -\frac{L_a J_{FC}}{2qD_n}\left[\frac{\sinh(-d/L_a)}{\cosh(-d/L_a)\cosh(d/L_a) - \sinh(-d/L_a)\sinh(d/L_a)}\right] \tag{7.18}$$

$$B = -\frac{L_a J_{FC}}{2qD_n}\left[\frac{\cosh(-d/L_a)}{\cosh(-d/L_a)\cosh(d/L_a) - \sinh(-d/L_a)\sinh(d/L_a)}\right] \tag{7.19}$$

将这些常数代入方程式（7.13），并简化表达式，则有

$$p(x) = n(x) = \frac{L_a J_{FC}}{2qD_n}\frac{\sinh[(x+d)/L_a]}{\cosh(2d/L_a)} \tag{7.20}$$

由该方程所描述的载流子分布示于图 7.3 中。它在漂移区和 N⁺ 衬底之间的界面处具有最大值，其大小为

$$p(+d) = n(+d) = \frac{L_a J_{FC}}{2qD_n}\frac{\sinh(2d/L_a)}{\cosh(2d/L_a)} = \frac{L_a J_{FC}}{2qD_n}\tanh\left(\frac{2d}{L_a}\right) \tag{7.21}$$

并且在 x 负方向上，朝向肖特基接触的方向单调减小。在肖特基接触处的浓度等于零，以满足用于推导该表达式的边界条件。

具体示例：击穿电压为 500V 的硅 MPS 整流器，漂移区厚度为 70μm。在 100A/cm² 的通态电流密度下，用式（7.20）计算其载流子分布，如图 7.4 所示，其中的大注入寿命为三个值。漂移区中的电子和空穴的最大浓度出现在其与 N⁺ 端的边界处。当寿命减少时，该边界处的载流子浓度降低。对于 100μs 的高寿命，其值为 $6.2 \times 10^{16}\, \mathrm{cm^{-3}}$；对于 10μs 的中等寿命，其值为 $5.8 \times 10^{16}\, \mathrm{cm^{-3}}$；以及对于 1μs 的低寿命，其值为 $3.7 \times 10^{16}\, \mathrm{cm^{-3}}$。

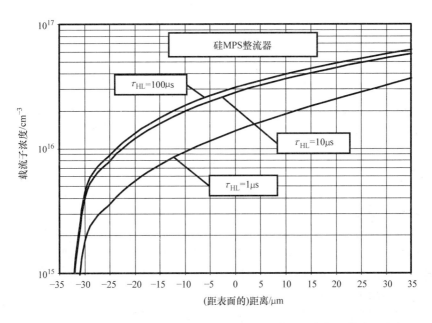

图 7.4　不同大注入寿命情况下硅 MPS 整流器在大注入条件下载流子分布

当漂移区中的寿命较大时，可以忽略漂移区中的复合。这相当于式（7.11）中双极扩散长度（L_a）具有非常大的值的情况，于是有以下表达式：

$$\frac{\mathrm{d}^2 p}{\mathrm{d}x^2} = 0 \tag{7.22}$$

方程式（7.22）给出载流子浓度的解由式（7.23）给出，是线性载流子分布：

$$p(x) = Cx + D \tag{7.23}$$

其中常数 C 和 D 由 N⁻ 漂移区的边界条件确定。在 N⁻ 漂移区和 N⁺ 阴极区（在图 7.3 中位于 $x = +d$）之间的结处，总电流仅由电子传输：

$$J_{FC} = J_n(+d) \tag{7.24}$$

$$J_p(+d) = 0 \tag{7.25}$$

利用这些表达式可得

$$J_{FC} = 2qD_n \left(\frac{\mathrm{d}p}{\mathrm{d}x} \right)_{x = +d} \tag{7.26}$$

第二个边界条件发生在 N$^-$ 漂移区和肖特基接触之间的结（位于图 7.3 中的 $x = -d$ 处）。这里，由于肖特基接触的注入可忽略，所以空穴浓度变为零：

$$p(-d) = 0 \tag{7.27}$$

利用上述边界条件可求得方程式（7.23）中的常数 C 和 D：

$$C = \frac{J_{FC}}{2qD_n} \tag{7.28}$$

$$D = \frac{J_{FC}d}{2qD_n} \tag{7.29}$$

将这些常数代入方程式（7.23），并简化，有

$$p(x) = n(x) = \frac{J_{FC}}{2qD_n}(x + d) \tag{7.30}$$

其中 x 取值范围是漂移区的 $-d$ 到 $+d$。由该等式描述的载流子分布在漂移区和 N$^+$ 衬底之间的界面处具有最大值，其大小为

$$p(+d) = n(+d) = \frac{J_{FC}d}{qD_n} \tag{7.31}$$

并且当在 x 负方向上，沿肖特基接触方向单调减小。在肖特基接触处的浓度等于零，以满足用于推导表达式的边界条件。

具体示例：击穿电压为 500V 的硅 MPS 整流器，漂移区厚度为 70μm，用式（7.31）计算该器件的载流子分布如图 7.5 中的虚线所示。值得指出的是，在该图中使用线性标度表示载流子浓度，而图 7.4 是使用对数标度的。漂移区中电子和空穴的最大浓度出现在其与 N$^+$ 区的边界处，其值为 6.3×10^{16} cm^{-3}。考虑漂移区复合，由方程式（7.20）计算出的载流子浓度曲线在图 7.5 中也用实线给出。跟预测一致，当寿命值大时，使用两个模型所给出的载流子分布一致，并且漂移区存在大（载流子）寿命值时，由复合所推导出的式（7.21）的计算值和没有复合推导出的式（7.31）的计算值也是一致的。即使寿命值小，尽管漂移区与 N$^+$ 衬底的界面处的浓度值变小，但是可以观察到载流子分布几乎也是线性的。

7.1.3 通态压降

沿图 7.3 中所标记的穿过肖特基接触的 "$A - A$" 路径对压降进行求和，可以求得 MPS 整流器的通态压降。该路径的总压降由肖特基接触（V_{FS}）$^\ominus$ 上的压降、漂移区的压降（中间区域电压 V_M）和漂移区与 N$^+$ 衬底（V_{N^+}）的界面处的压降组成：

$$V_{ON} = V_{FS} + V_M + V_{N^+} \tag{7.32}$$

肖特基接触上的压降由式（7.33）给出：

$$V_{FS} = \phi_{BN} + \frac{kT}{q}\ln\left(\frac{J_{FS}}{AT^2}\right) \tag{7.33}$$

$\ominus$ 图 7.3 中为 V_S，V_{FS} 与 V_S 是一个值，原书有误。——译者注

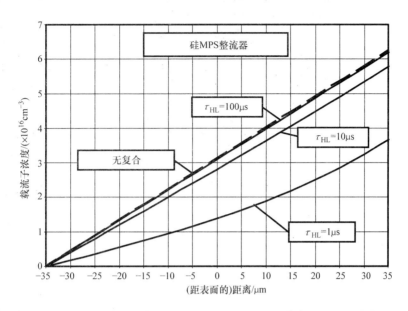

图 7.5　不同大注入寿命时硅 MPS 整流器在大注入条件下载流子分布

其中肖特基接触处的电流密度（J_{FS}）与元胞或阴极电流密度（J_{FC}）之间的关系如式（7.1）所示。对于 JBS 整流器，通常利用低势垒高度以便减小通态压降，尽管伴随着反向漏电流的增加。而对于 MPS 整流器，优先地利用大的势垒高度以减小反向漏电流，因为势垒对总通态压降的影响很小。如果肖特基接触占据一半的元胞面积，在 $100 A/cm^2$ 的通态阴极电流密度下，式（7.33）中的势垒高度为 0.9eV，所得的硅 MPS 整流器中肖特基两端的压降为 0.62V，小于 P-i-N 整流器中的 PN 结上的压降。

　　漂移（中间）区的压降的分析可通过对电场强度的积分来求得。在漂移区中流动的空穴和电子电流由式（7.34）给出：

$$J_{p} = q\mu_{p}\left(pE - \frac{kT}{q}\frac{\mathrm{d}p}{\mathrm{d}x}\right) \tag{7.34}$$

$$J_{n} = q\mu_{n}\left(nE + \frac{kT}{q}\frac{\mathrm{d}n}{\mathrm{d}x}\right) \tag{7.35}$$

在漂移区中的任何位置，总电流是恒定的，并且由式（7.36）给出：

$$J_{FC} = J_{p} + J_{n} \tag{7.36}$$

联立这些关系式，可得

$$E(x) = \frac{J_{FC}}{q(\mu_{n} + \mu_{p})n} - \frac{kT}{2qn}\frac{\mathrm{d}n}{\mathrm{d}x} \tag{7.37}$$

推导该表达式时，利用了电中性条件 $n(x) = p(x)$。

　　对于 MPS 整流器，在前面的章节中已经给出载流子分布为线性分布。假设漂

移区中没有复合，载流子分布来用由式（7.30）给出。将该载流子分布代入式（7.37），得到

$$E(x) = \frac{2D_n}{(\mu_n + \mu_p)(x + d)} - \frac{kT}{2q(x + d)} \tag{7.38}$$

漂移（中间）区的压降可以通过对漂移区的电场强度积分求得：

$$V_M = \left[\frac{2D_n}{(\mu_n + \mu_p)} - \frac{kT}{2q} \right] \ln\left(\frac{2d}{x_J} \right) \tag{7.39}$$

在该表达式中，为了避免不确定的结果，积分刚好终止于肖特基接触下方 PN 结的结深处。值得指出的是，如 P-i-N 整流器，由于注入载流子的电导调制效应，中间区的压降与电流密度无关。对于具有 70μm 的漂移区厚度（2d）和 1μm 的 PN 结结深的 MPS 整流器，室温下中间区的压降为 0.091V。对于掺杂浓度为 $3.8 \times 10^{14} cm^{-3}$ 和厚度为 70μm 的没有电导调制效应的漂移区，其压降为 8.47V，该压降（0.091V）远小于 8.47V。这证明了 MPS 整流器结构优于肖特基整流器。

漂移区和 N⁺ 衬底之间的界面上的压降可以由 $x = +d$ 处的载流子浓度确定：

$$V_{N^+} = \frac{kT}{q} \ln\left[\frac{n(+d)}{N_D} \right] \tag{7.40}$$

该界面处的漂移区载流子浓度由式（7.31）给出，假设漂移区没有复合。由式（7.40）可得

$$V_{N^+} = \frac{kT}{q} \ln\left(\frac{J_{FC}d}{qD_n N_D} \right) \tag{7.41}$$

对于硅 MPS 整流器，漂移区掺杂浓度为 $3.8 \times 10^{14} cm^{-3}$ 时，在 $100A/cm^2$ 的通态阴极电流密度下，漂移区和 N⁺ 衬底界面上的压降为 0.132V。在 $100A/cm^2$ 的通态电流密度下，70μm 漂移区宽度的硅 MPS 整流器，通过对肖特基接触上的压降、漂移区压降和 N⁻/N⁺ 界面压降相加，得到通态压降为 0.86V。

式（7.20）是在漂移区存在复合的条件下推导出来的，该表达式所描述的漂移区载流子浓度是变化的，如果将这种变化考虑进来，可以对减少寿命对 MPS 压降的影响进行建模。为了简化分析，假设漂移区中的载流子浓度为线性分布。在这些假设下，基于式（7.21），载流子分布由式（7.42）给出：

$$p(x) = n(x) = \frac{J_{FC} L_a \tanh(2d/L_a)}{4qD_n d}(x + d) \tag{7.42}$$

将载流子分布代入式（7.37）中，求得电场强度：

$$E(x) = \frac{4D_n d}{(\mu_n + \mu_p) L_a \tanh(2d/L_a)(x + d)} - \frac{kT}{2q(x + d)} \tag{7.43}$$

漂移（中间）区的压降可对整个漂移区的电场强度积分求得：

$$V_M = \left\{ \frac{4D_n}{(\mu_n + \mu_p)} \left[\frac{(d/L_a)}{\tanh(2d/L_a)} - \frac{kT}{2q} \right] \right\} \ln\left(\frac{2d}{x_J} \right) \tag{7.44}$$

根据该表达式，寿命通过双极扩散长度强烈影响着漂移（中间）区上的压降。与前面 P-i-N 整流器所推导出的等式类似，该表达式也用（d/L_a）比值给出。不同漂移区厚度的硅 MPS 整流器的中间区压降和（d/L_a）比值的函数关系如图 7.6 所示。从该图可以观察到，对于漂移区厚度的所有情况，当（d/L_a）比值变得大于 0.5 时，漂移区的压降开始快速增加。对于漂移区厚为 $70\mu m$ 的 MPS 整流器来说，该情况相当于大注入寿命为 $10\mu s$。

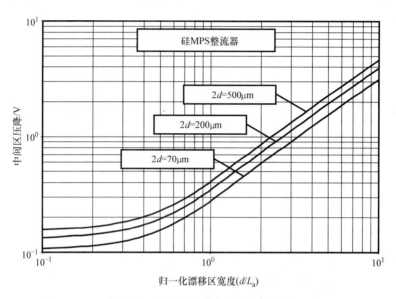

图 7.6　MPS 整流器中间区域的压降

漂移区和 N^+ 衬底之间界面上的压降也是 MPS 整流器的寿命的函数，因为在该界面处的载流子浓度取决于寿命。将式（7.21）代入式（7.40），得到

$$V_{N^+} = \frac{kT}{q}\left[\frac{J_{FC}L_a\tanh(2d/L_a)}{2qD_nN_D}\right] \tag{7.45}$$

示例，漂移区掺杂浓度为 $3.8 \times 10^{14}\,cm^{-3}$，在 $100A/cm^2$ 的通态阴极电流密度下，硅 MPS 整流器的漂移区和 N^+ 衬底之间界面上的压降如图 7.7 所示。该压降随着 L_a 值的增加而增加，因为界面处的载流子浓度随着寿命的增加而增加（见图 7.5）。

利用上述三个分量可计算 MPS 整流器的通态压降。将式（7.44）和式（7.45）代入式（7.32）可得

$$V_{ON} = \phi_{BN} + \frac{kT}{q}\ln\left(\frac{J_{FC}p}{AT^2d}\right)$$

$$+ \left\{\frac{4D_n}{(\mu_n + \mu_p)}\left[\frac{(d/L_a)}{\tanh(2d/L_a)}\right] - \frac{kT}{2q}\ln\left(\frac{2d}{x_J}\right)\right.$$

$$+ \frac{kT}{q}\ln\left[\frac{J_{FC}L_a\tanh(2d/L_a)}{2qD_nN_D}\right] \tag{7.46}$$

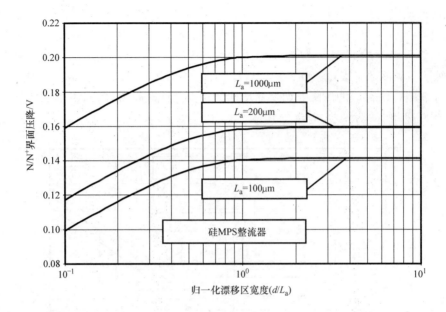

图 7.7　硅 MPS 整流器 N/N$^+$ 界面压降

　　MPS 整流器的通态压降是漂移区寿命的函数，因为中间区和 N/N$^+$ 界面压降随寿命而变化。以反向阻断电压为 500V 的 MPS 整流器为例进行分析，该结构漂移区掺杂浓度为 $3.8 \times 10^{14} \mathrm{cm}^{-3}$，厚度为 $70\mu m$。分析模型所预测的漂移区大注入寿命和通态压降之间的关系如图 7.8 所示。从中可以观察到，当寿命降低到低于 $1\mu s$ 时，通态压降开始增加。通态压降的三个分量也在图中示出。肖特基接触处的压降

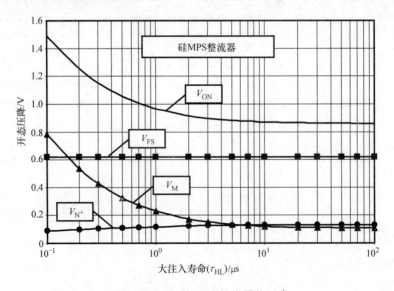

图 7.8　500V 硅 MPS 整流器的压降

与寿命无关。当寿命高于 $1\mu s$ 时，N/N$^+$ 界面处的压降略有增加。当寿命低于 $1\mu s$ 时，压降最显著的增加发生在中间区（漂移区）。

7.1.4　正向导通特性

前面对 MPS 整流器的电流分析表明，通态电流密度和整流器两端的通态压降之间的关系取决于注入水平。在低电流水平下，MPS 中电流由肖特基接触的电流控制，PN 结为小注入，特性类似于肖特基整流器的特性。在该工作模式下，MPS 整流器的通态压降小于 P－i－N 整流器的通态压降。

在较大的正向电流密度下，漂移区中注入的载流子浓度超过衬底的掺杂浓度，形成大注入效应。在这种工作模式下，漂移区中注入的载流子浓度与电流密度成比例地增加，导致漂移区上的压降恒定。从式（7.46），可以导出通态电流密度的表达式：

$$J_{FC} = \sqrt{\frac{2qAT^2D_nN_D}{p}\frac{(d/L_a)}{\tanh(2d/L_a)}}\,e^{-\frac{q(\phi_{BN}+V_M)}{2kT}}\,e^{\frac{qV_{ON}}{2kT}} \tag{7.47}$$

观察到电流密度与 $e^{(qV_{ON}/2kT)}$ 成正比$^{\ominus}$。这类似于在大注入条件下 P－i－N 整流器所观察到的情形。

对于漂移区寿命为 $10\mu s$ 的情况，硅 MPS 整流器的通态特性由图 7.9 给出。为了比较，漂移区寿命为 $10\mu s$ 的硅 P－i－N 整流器的通态特性也在图中用虚线给出。

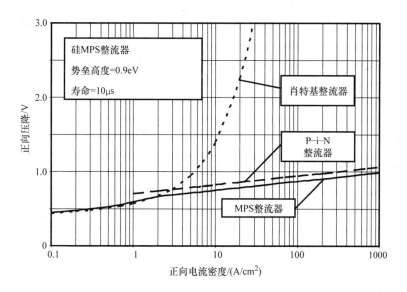

图 7.9　硅 MPS 整流器漂移区寿命为 $10\mu s$ 时的正向通态特性

$\ominus$　原书为与 $(qV_{ON}/2kT)$ 成比例，有误。——译者注

此外，对于没有漂移区电导调制效应的肖特基整流器的通态特性也包括在所讨论的图中。从中可以观察到，在低于 0.65V 的正向偏置电压下，MPS 整流器的特性类似于肖特基整流器，由于肖特基接触处的电流密度更大，所以通态压降更大。当正向偏压超过 0.65V 时，MPS 整流器的通态特性类似于 P-i-N 整流器的通态特性，但通态压降小于 P-i-N 整流器的通态压降。这表明在 MPS 整流器中可获得较小的通态压降，同时还可以在漂移区中获得较小的存储电荷。

降低漂移区寿命对硅 MPS 整流器通态特性的影响如图 7.10 所示。当漂移区中的寿命减少到 1μs 时，MPS 整流器的通态压降增加。相反，P-i-N 整流器的通态压降略有下降，因为 (d/L_a) 比值增加到更接近于 1。尽管在这些条件下 MPS 整流器的通态压降较大，但其关断功耗远小于 P-i-N 整流器的关断功耗，如本章后面所示。

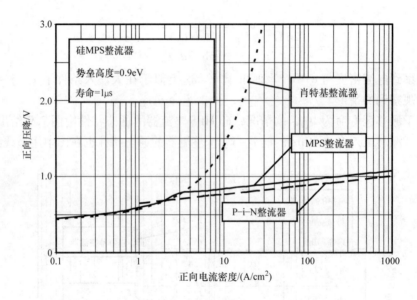

图 7.10 硅 MPS 整流器漂移区寿命为 1μs 时的正向通态特性

硅 MPS 整流器的通态压降也由肖特基金属的势垒高度决定。通过降低势垒高度可以实现 MPS 整流器的通态压降的降低，如图 7.11 所示，可以比较两个势垒高度的器件的特性。分析模型预测通态压降的减小量等于势垒高度的减小量。这与肖特基整流器中所呈现的特性相似。

7.1.5　N⁺ 端区的反注入

对于 P-i-N 整流器，在端区（P⁺ 和 N⁺ 区）中的复合已经表现出对通态特性的强烈影响，特别是当漂移区中的寿命很大时。在端区中存在复合时，漂移区中的载流子浓度不再和通态电流密度成比例地增加。中间区中的压降不再恒定，而是

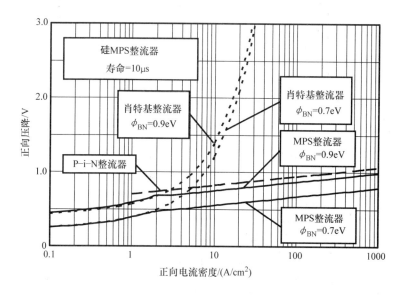

图 7.11　硅 MPS 整流器在不同势垒高度下的正向通态特性

随着电流密度增加而增加。这导致通态压降的显著增加。在 MPS 整流器中可以预期发生类似的现象。在本节推导出了考虑端区（MPS 整流器为 N^+ 区）复合的分析模型。

　　由于 MPS 整流器的端区复合的存在，总电流不仅必须包括漂移（中间）区中的载流子的复合电流，而且还必须包括端区中的载流子的复合电流，因此有

$$J_{FC} = J_M + J_{N^+} \tag{7.48}$$

因此，与中间区（J_M）相关的电流密度不再等于如在前面部分中假设的总（阴极）通态电流密度（J_{FC}），而是一个较小的值。对应于任何给定总电流密度，这减小了漂移区中的注入水平，导致中间区压降的增加。由于 N^+ 端区中的高掺杂浓度，因此即使在非常高的通态电流密度下工作，该区域中注入的少数载流子浓度也远低于多数载流子浓度。因此，在假设 N^+ 区中为均匀掺杂的情况下，可以使用小注入理论来分析对应于端区的电流。在小注入条件下：

$$J_{N^+} = \frac{qD_{pN^+}p_{0N^+}}{L_{pN^+}\tanh(W_{N^+}/L_{pN^+})}e^{\frac{qV_{N^+}}{kT}} = J_{SN^+}e^{\frac{qV_{N^+}}{kT}} \tag{7.49}$$

式中，W_{N^+} 为 N^+ 区的宽度；L_{pN^+} 为 N^+ 区的少数载流子扩散长度；D_{pN^+} 为 N^+ 区中的少数载流子扩散系数；p_{0N^+} 为 N^+ 区中的少数载流子浓度；V_{N^+} 为 N^+/N 的接触压降。当 N^+ 区的宽度（W_{N^+}）相对于空穴的扩散长度（L_{pN^+}）较大时，tanh 项变为 1。在该等式中，J_{SN^+} 被称为重掺杂 N^+ 阴极区的饱和电流密度。

　　N^+/N 结两侧的注入载流子浓度在准平衡条件下的关系为

$$p_{N^+}(+d)n_{N^+}(+d) = p(+d)n(+d) \tag{7.50}$$

在 N$^+$ 阴极区内的小注入条件下：

$$n_{N^+}(+d) = n_{0N^+} \tag{7.51}$$

和

$$p_{N^+}(+d) = p_{0N^+} e^{\frac{qV_{N^+}}{kT}} \tag{7.52}$$

将上述关系式带入式（7.50）可得

$$p(+d)n(+d) = p_{0N^+} n_{0N^+} e^{\frac{qV_{N^+}}{kT}} = n_{ieN^+}^2 e^{\frac{qV_{N^+}}{kT}} \tag{7.53}$$

式中，n_{ieN^+} 为包括带隙变窄的影响的 N$^+$ 阴极区中的有效本征载流子浓度。由于漂移区为大注入，因此 $p(+d) = n(+d)$，于是有

$$e^{\frac{qV_{N^+}}{kT}} = \left[\frac{n(+d)}{n_{ieN^+}}\right]^2 \tag{7.54}$$

将式（7.54）代入式（7.49）中得

$$J_{N^+} = J_{SN^+} \left[\frac{n(+d)}{n_{ieN^+}}\right]^2 \tag{7.55}$$

当漂移区中的寿命较大时，可以忽略漂移区中的复合，总电流密度等于由式（7.55）给出的 N$^+$ 端区复合电流。漂移区和 N$^+$ 区之间的界面处的载流子浓度由式（7.56）给出：

$$n(+d) = n_{ieN^+} \sqrt{\frac{J_{FC}}{J_{SN^+}}} \tag{7.56}$$

从该等式可以得出结论，如果端区复合占优，则漂移区中的载流子浓度将随着总电流密度的二次方根增加而增加。在这种情况下，中间区的压降不再与电流密度无关，因此总通态压降增加。

如果忽略漂移区中的复合，载流子浓度分布可通过求解式（7.22）给出：

$$p(x) = n(x) = \frac{n(+d)}{2d}(x+d) \tag{7.57}$$

其中 x 的范围为漂移区的 $-d \sim +d$。中间区的压降可通过首先求解电场强度来进行计算。将式（7.57）代入早先对电场强度导出的式（7.37）中得到

$$E(x) = \frac{2dJ_{FC}}{q(\mu_n + \mu_p)n(+d)(x+d)} - \frac{kT}{2q(x+d)} \tag{7.58}$$

漂移（中间）区压降可以通过对漂移区的电场强度积分求得：

$$V_M = \left[\frac{2J_{FC}d}{q(\mu_n + \mu_p)n(+d)} - \frac{kT}{2q}\right]\ln\left(\frac{2d}{x_J}\right) \tag{7.59}$$

将式（7.56）给出的漂移区和 N$^+$ 衬底界面处的载流子浓度代入，则式（7.59）变为

$$V_M = \left[\frac{2d\sqrt{J_{FC}J_{SN^+}}}{q(\mu_n + \mu_p)n_{ieN^+}} - \frac{kT}{2q}\right]\ln\left(\frac{2d}{x_J}\right) \tag{7.60}$$

该表达式表示，当端区复合占优时，中间区的压降不再与电流密度无关。用式

（7.49）替代 N⁺ 端区中与掺杂浓度有关的少数载流子浓度，可以从等式中消除 N⁺ 区的有效的本征浓度，于是有

$$V_{\rm M} = \left[\frac{2d}{(\mu_{\rm n} + \mu_{\rm p})} \sqrt{\frac{D_{\rm pN^+} J_{\rm FC}}{q L_{\rm pN^+} N_{\rm DN^+} \tanh(W_{\rm N^+}/L_{\rm pN^+})}} - \frac{kT}{2q} \right] \ln\left(\frac{2d}{x_{\rm J}} \right) \quad (7.61)$$

当端区的复合变成主导时，漂移区和 N⁺ 衬底之间的界面上的压降也被改变。该压降可以由 x = +d 处的载流子浓度确定：

$$V_{\rm N^+} = \frac{kT}{q} \ln\left[\frac{n(+d)}{N_{\rm D}} \right] \quad (7.62)$$

由于在漂移区中，该界面处的载流子浓度现在由式（7.56）给出，所以有

$$V_{\rm N^+} = \frac{kT}{q} \ln\left[\frac{n_{\rm ieN^+}}{N_{\rm D}} \sqrt{\frac{J_{\rm FC}}{J_{\rm SN^+}}} \right] = \frac{kT}{2q} \ln\left[\frac{J_{\rm FC} L_{\rm pN^+} \tanh(W_{\rm N^+}/L_{\rm pN^+})}{q N_{\rm DN^+} D_{\rm pN^+}} \right] \quad (7.63)$$

在端区存在复合时，可以通过利用通态压降的三个分量来计算 MPS 整流器的通态压降。将式（7.33）、式（7.61）和式（7.63）代入式（7.32）可得

$$V_{\rm ON} = \phi_{\rm BN} + \frac{kT}{q} \ln\left(\frac{J_{\rm FC} p}{A T^2 d} \right)$$

$$+ \left\{ \frac{2d}{(\mu_{\rm n} + \mu_{\rm p})} \sqrt{\frac{D_{\rm pN^+} J_{\rm FC}}{q L_{\rm pN^+} N_{\rm DN^+} \tanh(W_{\rm N^+}/L_{\rm pN^+})}} - \frac{kT}{2q} \right\} \ln\left(\frac{2d}{x_{\rm J}} \right)$$

$$+ \frac{kT}{2q} \ln\left[\frac{J_{\rm FC} L_{\rm pN^+} \tanh(W_{\rm N^+}/L_{\rm pN^+})}{q N_{\rm DN^+} D_{\rm pN^+}} \right] \quad (7.64)$$

因为中间区压降随电流密度增加而增加，因此与没有端区复合的分析模型相比，通态压降以更快的速率增加。

对于漂移区寿命为 10μs 的情况，通过使用具有端复合的上述分析模型所获得的硅 MPS 整流器的通态特性，如图 7.12 所示。为了比较，漂移区寿命为 10μs 的 P-i-N 整流器的通态特性也在图中用虚线给出。此外，对于没有漂移区电导调制效应的肖特基整流器的通态特性也包括在所讨论的图中。为了比较端区有复合和没有复合两个模型，在该图中还显示了没有端区复合所求得的特性。从中可以观察到，在低于 0.55V 的正向偏置电压下，MPS 整流器的特性类似于肖特基整流器，由于肖特基接触处的电流密度增加，而使通态压降略有增加。当正向电流密度超过 100A/cm² 时，有端区复合的 MPS 整流器的通态压降大于没有端区复合的情况。值得指出的是，有端区复合的特性的斜率不如没有端区复合的那么陡。同样重要的是，注意图中所示的 P-i-N 整流器的特性不包括端区复合的影响。当在 P-i-N 整流器中考虑端区复合时，其通态压降也比图中所示的有更快地增加。

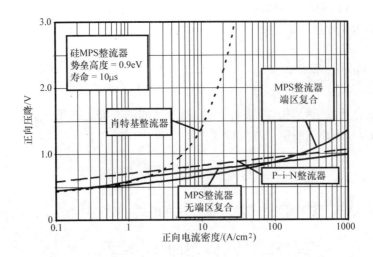

图 7.12　考虑端区复合后的硅 MPS 整流器的正向通态特性

模拟示例

　　为了进一步了解 MPS 整流器的工作机制，本节给出了 500V 反向阻断电压结构的二维数值模拟的结果。该结构的漂移区掺杂浓度为 $3.8 \times 10^{14} \, cm^{-3}$，厚度为 $70 \mu m$。P^+ 和 N^+ 区的表面浓度为 $1 \times 10^{19} \, cm^{-3}$，结深约 $1 \mu m$。在所有情况下，假定 $\tau_{p0} = \tau_{n0}$。在数值模拟过程中考虑带隙变窄、俄歇复合和载流子 – 载流子散射的影响。求解不同寿命（τ_{p0} 和 τ_{n0}）下的通态特性。通过分析肖特基势垒高度的变化对通态特性的影响，以验证分析模型的有效性。

　　图 7.1E 示出了元胞间距为 $3 \mu m$ 的基本硅 MPS 器件结构的上部分的掺杂浓度三维视图。P^+ 区位于左上方。它是在元胞内由 $1 \mu m$ 深的扩散结构成的，扩散窗口为 $0.5 \mu m$ 宽。由于 P^+ 区的横向扩散，肖特基接触宽度为 $1.5 \mu m$。因此，在模拟中，硅基 MPS 整流器的 P^+ 区和肖特基接触区的面积相等。

　　对于漂移区中的寿命（τ_{p0} 和 τ_{n0}）为 $10 \mu s$ 的情况，数值模拟所获得的硅基 MPS 整流器的通态特性如图 7.2E 所示。从特性的形状可明显看出器件存在几种不同的工作区。为了将这些特性与 MPS 整流器结构内存在的肖特基和 P – i – N 整流器的特性相关联，在图中还显示出了流经 P^+ 区和肖特基区的电流。从中可以观察到，通过肖特基区的电流在整个特性中都占主导地位，这证明了在肖特基接触处建立分析模型的正确性。使用数值模拟获得的在 $100 A/cm^2$ 的电流密度下的通态压降为 0.87V。与分析模型预测的 0.86V 的值是非常一致的，验证了分析模型的正确性。

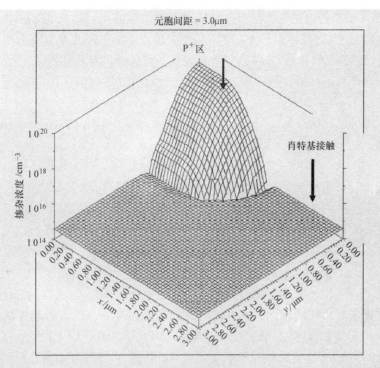

图 7.1E　硅基 MPS 整流器结构中的掺杂分布

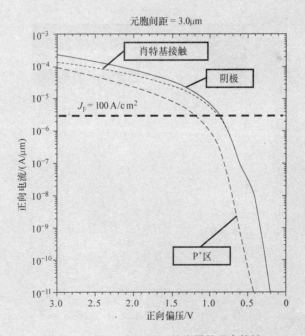

图 7.2E　500V 硅基 MPS 整流器的通态特性

　　硅 MPS 整流器内的电流分布也可以通过考察通态下的电流线来加以确认。正向偏置电压为 1V 时的电流分布如图 7.3E 所示。从中可以观察到，大部分电流流经肖特基区。这验证了 MPS 整流器概念的基本前提——当来自 PN 结的足够大的注入在漂移区产生电导调制效应后，电流以通过肖特基接触的电流为主。在图 7.3E 中，也描绘了 PN 结的耗尽区。从中可以观察到，由于结为正向偏置，PN 结的耗尽层宽度是可忽略的。这证明了在分析模型中用于电流传导的肖特基面积的假设是正确的。

　　将硅 MPS 整流器的特性与相同漂移区参数制造的 P-i-N 和肖特基整流器的特性进行比较是有意义的。寿命为 10μs 情况下的比较在图 7.4E 中提供。P$^+$ 区的宽度为整个元胞的宽度（3μm），表面浓度和结深与 MPS 整流器相同的 P-i-N 整流器特性，通过数学模拟获得，并示于图中。对于肖特基整流器的情况，在整个 3μm 宽元胞中没有 PN 结，并且与 MPS 整流器的情况一样，肖特基接触的势垒高度为 0.9eV。从中可以观察到，在低于 100A/cm^2 的通态电流密度下，MPS 整流器呈现出比 P-i-N 整流器更低的通态压降。这证明了 MPS 整流器具有比 P-i-N 整流器更好通态特性的预测。MPS 整流器的通态压降类似于肖特基整流器在通态压降低于 0.5V 时的压降。从中可以观察到，MPS 整流器的 $i-v$ 特性的斜率不如在交叉点处的 P-i-N 整流器的斜率陡峭。该特性被 MPS 整流器的分析模型准确地预测到了，因为漂移区寿命大的原因，模型考虑到了 N$^+$ 端区（见图 7.12）复合。

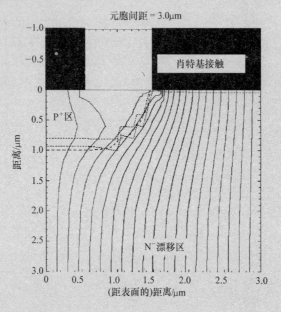

图 7.3E　500V 硅基 MPS 整流器内的电流分布

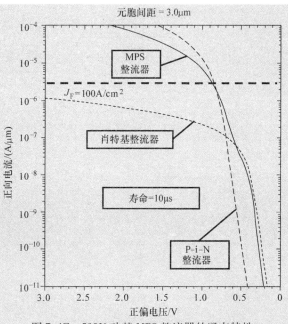

图 7.4E　500V 硅基 MPS 整流器的通态特性

在 100A/cm^2 的通态电流密度下，漂移区中寿命（τ_{p0} 和 τ_{n0}）为 10μs 的硅 MPS 整流器内的载流子分布如图 7.5E 所示。图中，在肖特基接触处（$x = 3\mu m$）的空穴浓度用实线表示，在 PN 结（$x = 0\mu m$）处的用虚线表示。从中可以看出，在漂移区内为大注入，因为注入的载流子浓度远远大于衬底掺杂浓度，除了临近肖特基接触处。从模拟获得的空穴浓度分布与图 7.3 中所示的在肖特基接触处的分布类似。尽管从 PN 结注入空穴，但从图中可以观察到，结下方的空穴分布与肖特基接触处的空穴分布非常相似。这证明利用一维模型推导 MPS 整流器结构中的载流子分布是合理的。由于大注入条件，在整个漂移区中的空穴和电子浓度相等。从该图中，也可以在 N$^+$ 衬底区中观察到显著的空穴注入。因此，分析 MPS 整流器中的电流时，应包括端区复合。

当硅 MPS 整流器的寿命减小时，漂移区中的注入的载流子浓度就会随着减小。这种现象示于图 7.6E 中，这是三个寿命值下，数值模拟所获得的空穴浓度分布。漂移区和 N$^+$ 衬底之间的界面处的最大空穴浓度随着寿命减小而减少，因此漂移区的电导调制效应降低。这一特性用漂移区存在复合的分析模型进行了很好的分析（见图 7.4）。在图 7.7E 中观察到 P-i-N 整流器也具有类似的特性，即漂移区的寿命越小，电导调制效应越小。相同寿命下的 MPS 和 P-i-N 整流器的空穴浓度分布可以用这些图来进行比较。例如，寿命为 1μs 时，可以看出 MPS 整流器中存储的电荷约为 P-i-N 整流器中存储的电荷的一半。这使其关断特性更好，同时降低了 MPS 整流器的开关功耗。

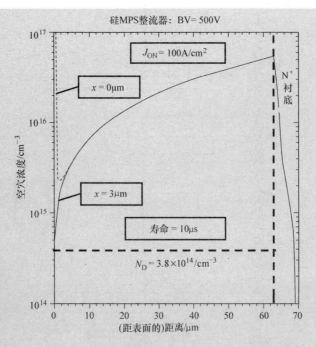

图 7.5E   硅 MPS 整流器内的载流子分布

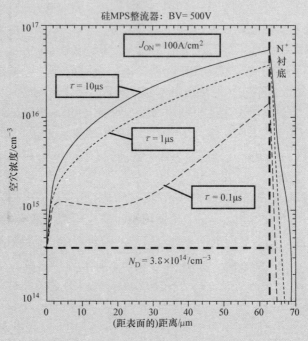

图 7.6E   硅 MPS 整流器内的载流子分布

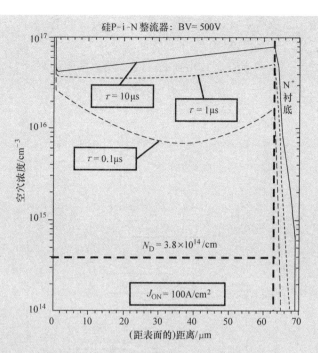

图 7.7E　硅 P‑i‑N 整流器内的载流子分布

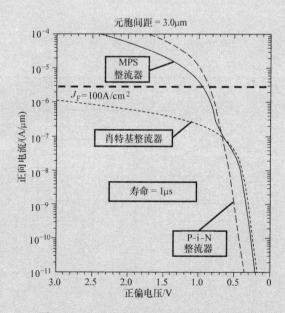

图 7.8E　500V 硅 MPS 整流器的通态特性

在 MPS 整流器中，漂移区中的寿命越小，载流子浓度越低，导致中间区的压降增加。这可以在图 7.8E 中观察到，由数值模拟所获得的，寿命为 1μs 的 MPS 整流器的通态特性示于图中。该图还提供了具有相同寿命的 P-i-N 整流器的特性用于比较。从中可以观察到，在 $10 \sim 100 \mathrm{A/cm^2}$ 的电流密度范围内，两个器件的特性的斜率是相似的。这表明当寿命减小到 $1\mu s$ 时，漂移区中的复合占优，其斜率与分析模型所预测的相同。

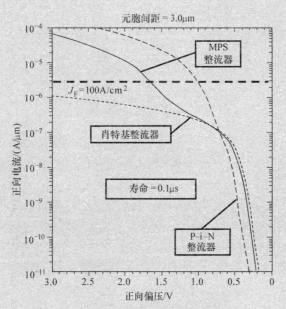

图 7.9E 500V 硅 MPS 整流器的通态特性

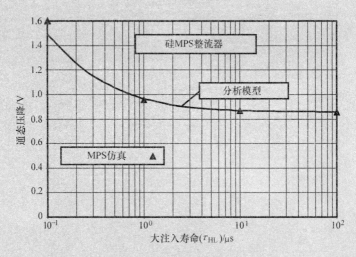

图 7.10E 硅 MPS 整流器的通态压降

寿命缩小到 $0.1\mu s$ 对硅 MPS 整流器通态特性的影响如图 7.9E 所示。具有相同寿命的 P-i-N 整流器的数值模拟所获得的特性也包括在图中。从中可以观察到，

MPS 整流器的通态压降已经增加到 1.64V。增加的原因是漂移区的电导调制效应变差，如图 7.6E 所示。由于 MPS 整流器中存储的电荷比 P－i－N 整流器少得多，所以不需要将 MPS 整流器中的寿命减少到与 P－i－N 整流器相同的程度，以实现低关断开关功耗。在模拟中观察到降低 MPS 整流器寿命，其通态压降会增加，这与漂移区中存在复合的分析模型的预测非常一致。在图 7.10E 中能观察到，用漂移区中存在复合的分析模型所得到的通态压降，和从数值求解所获得的值之间的比较。

　　当肖特基接触的势垒高度减小时，分析模型预测硅 MPS 整流器的通态压降将减小（见图 7.11）。为了验证这一点，对肖特基金属接触为各种功函数的 MPS 整流器结构进行数值模拟。为了进行比较，也对肖特基金属接触为各种功函数的肖特基整流器的特性进行数值模拟。图 7.11E 对这些结构的特性进行了比较。如分析模型预测的那样，当通态电流密度低于 3A/cm^2 时，随着肖特基接触的势垒高度的减小，MPS 整流器的通态特性向较低电压移动。在这些电流水平下，MPS 整流器与肖特基整流器的工作机理一致。当电流密度增加超过 10A/cm^2 时，MPS 整流器的特性遵循最大势垒高度情况（0.9eV）的分析模型。然而，当势垒高度减小时，观察到特性的回跳（snap－back），并且回跳之后，MPS 整流器的通态压降仍然大于 P－i－N 整流器的通态压降。这种特性与势垒高度小于 0.8eV 时，不能在 PN 结上产生足够大的电压形成空穴注入有关。如本章前面所述，应当在 MPS 整流器中采用大势垒高度的肖特基接触以减少漏电流。使用大势垒高度还能防止硅 MPS 整流器的通态特性的回跳。

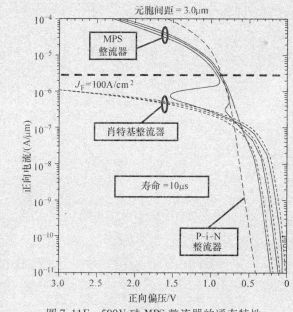

图 7.11E　500V 硅 MPS 整流器的通态特性

通过扩大 P^+ 区所占据的相对面积，可以抑制肖特基接触势垒高度低时 MPS 整流器特性的回跳。10μm 的元胞间距和 1.5μm 的肖特基接触宽度（与基准器件相同）的硅 MPS 整流器结构的数值模拟结果（见图 7.12E）证明了这一点。在通态压降低到 0.6V 以下时，器件像肖特基整流器一样工作，当势垒高度降低时，压降变小。然而，在较高的正向偏置电压下，MPS 整流器的特性变得与势垒高度无关。P^+ 区面积更大的 MPS 整流器没有观察到特性的回跳。

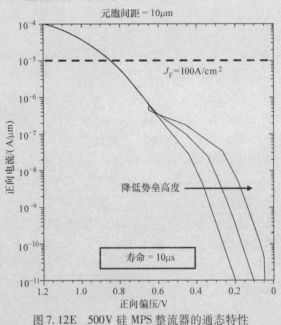

图 7.12E 500V 硅 MPS 整流器的通态特性

较大元胞间距（10μm）的硅 MPS 整流器内的载流子分布如图 7.13E 所示。肖特基接触处（$x = 10μm$）为实线所示的曲线，类似于基准 MPS 整流器结构（见图 7.5E）的曲线。然而，P^+ 区（$x = 0μm$）中间的空穴浓度大于基准 MPS 整流器结构的空穴浓度（见图 7.5E）。在 P^+ 区中间增强的空穴注入抑制了回跳效应。通过 P^+ 区的电流也大得多，数值模拟所获得的电流曲线如图 7.14E 所示。随着 P^+ 区的增大，大约一半的电流流过 P^+ 区，而基准结构仅有 10%（见图 7.3E）。

本节开发的分析模型表明，如果漂移区中的复合可以忽略的话，则漂移区中的载流子分布是线性的（见式 [7.30]）。基准 MPS 整流器结构的数值模拟的结果验证这个结论是正确的。纵轴为线性刻度，该结构 3 个寿命值的情况的空穴浓度分布如图 7.15E 所示。从中可以观察到，当寿命较长（10μs）时，分布曲线在形状上接近线性。尽管当寿命减少时，在漂移区和 N^+ 衬底之间的界面处空穴浓度降低了，但是分布曲线仍然可以用直线近似。因此，当计算漂移区中的存储电荷、漂移区两端的压降以及研究建立 MPS 整流器的关断开关模型时，都可以将载流子分布近似为线性。

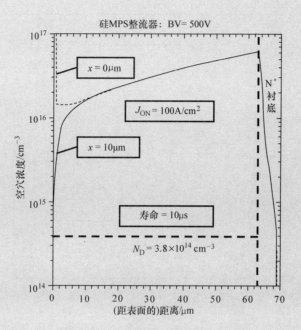

图 7.13E　10μm 元胞间距的 MPS 整流器内的载流子分布

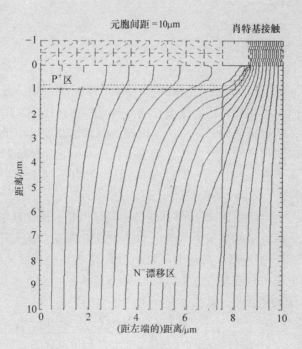

图 7.14E　硅 MPS 整流器内的电流分布

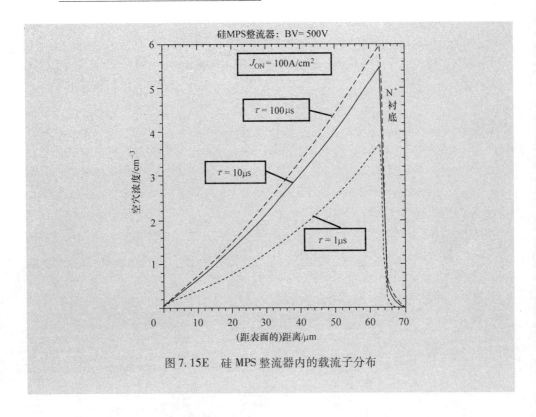

图 7.15E　硅 MPS 整流器内的载流子分布

7.2　碳化硅 MPS 整流器

　　第 6 章已经证明了，对于反向阻断电压高于 5000V 的应用，碳化硅 P－i－N 整流器才是优选，因为碳化硅肖特基整流器具有较大的通态压降。由于碳化硅能承担很大的电场强度，所以碳化硅 P－i－N 整流器的漂移区宽度远小于具有相同击穿电压的相应硅器件的漂移区的宽度。这意味着碳化硅 P－i－N 整流器中存储的电荷远少于硅器件，改善了开关特性。在减小通态压降的同时，MPS 结构可以使开关性能进一步改善。

　　碳化硅 MPS 整流器的工作机理与硅器件相同。但是，碳化硅的宽带隙使 PN 结的内建电势较大，因此必须克服更大的电动势才能在漂移区形成实质性的少数载流子注入。对于硅 MPS 整流器，如前文所述，当肖特基势垒高度减小时，注入将受到抑制。这种现象也可以预期发生在碳化硅 MPS 整流器。

　　在漂移区中存在复合时，载流子分布由式（7.65）给出：

$$p(x) = n(x) = \frac{L_a J_{FC}}{2qD_n} \frac{\sinh[(x+d)/L_a]}{\cosh(2d/L_a)} \qquad (7.65)$$

由式（7.65）描述的载流子分布如图 7.3 所示。它在漂移区和 N⁺ 衬底之间的界面处具有最大值，其大小为

$$p(+d) = n(+d) = \frac{L_a J_{FC}}{2q D_n} \frac{\sinh(2d/L_a)}{\cosh(2d/L_a)} = \frac{L_a J_{FC}}{2q D_n} \tanh\left(\frac{2d}{L_a}\right) \tag{7.66}$$

并且在 x 负方向上，即指向肖特基接触方向，是单调递减。在肖特基接触处的浓度为零，以满足用于推导表达式的边界条件。

以 10kV 碳化硅 MPS 整流器的情况作为具体示例，通过使用式 (7.65)，在 $100 A/cm^2$ 的通态电流密度下所计算的载流子分布如图 7.13 所示，该器件的漂移区厚度为 $80\mu m$，掺杂浓度为 $2 \times 10^{15} cm^{-3}$，大注入寿命为 3 个不同的值。漂移区中电子和空穴浓度的最大值出现在漂移区与 N^+ 端区域的边界处。当寿命降低时，在该边界处的载流子浓度降低。对于 $100\mu s$ 的高寿命，该值达到 $8.2 \times 10^{16} cm^{-3}$。对于 $10\mu s$ 的中等寿命，该值为 $6.3 \times 10^{16} cm^{-3}$，而对于 $1\mu s$ 的低寿命，该值为 $2.6 \times 10^{16} cm^{-3}$。当寿命降低到 $1\mu s$ 时，分析模型预测整个漂移区没有电导调制效应。如前文对于硅 MPS 整流器所讨论的，在碳化硅 MPS 整流器中对于较高寿命情况的载流子分布，也可以假定为线性近似。

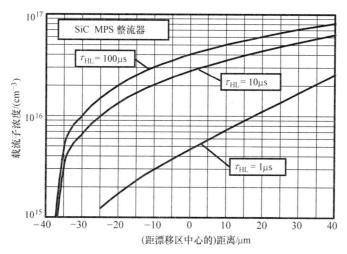

图 7.13　具有不同大注入寿命的 10kV SiC MPS 整流器在大注入条件下的载流子分布

在低通态电流密度下，碳化硅 MPS 整流器的通态特性与肖特基整流器的通态特性类似，只是（MPS 中）肖特基接触处的电流密度更大。在较大的电流水平下，漂移区为大注入，碳化硅 MPS 整流器的通态压降可通过肖特基接触，沿着如图 7.3 中标记为 "$A-A$" 的路径，将各个压降相加来获得。沿着该路径的总压降由肖特基接触上的压降（V_{FS}）、漂移区两端的压降（中间区域电压 V_M）和与 N^+ 衬底（V_{N^+}）的界面处的压降组成：

$$V_{ON} = V_{FS} + V_M + V_{N^+} \tag{7.67}$$

肖特基接触处的压降由式 (7.68) 给出：

$$V_{FS} = \phi_{BN} + \frac{kT}{q}\ln\left(\frac{J_{FS}}{AT^2}\right) \tag{7.68}$$

其中肖特基接触处的电流密度（J_{FS}）与元胞或阴极电流密度之间的关系由式 (7.1) 确定。存在复合的漂移区（中间）压降由式（7.69）给出：

$$V_M = \left\{\frac{4D_n}{(\mu_n + \mu_p)}\left[\frac{(d/L_a)}{\tanh(2d/L_a)}\right] - \frac{kT}{2q}\right\}\ln\left(\frac{2d}{x_J}\right) \tag{7.69}$$

漂移区和 N$^+$ 衬底之间的界面上的压降由式（7.70）给出：

$$V_{N^+} = \frac{kT}{q}\ln\left[\frac{J_{FC}L_a\tanh(2d/L_a)}{2qD_nN_D}\right] \tag{7.70}$$

MPS 整流器的通态压降可利用上述 3 个成分来进行计算。由这些方程可得

$$V_{ON} = \phi_{BN} + \frac{kT}{q}\ln\left(\frac{J_{FC}p}{AT^2d}\right)$$

$$+ \left\{\frac{4D_n}{(\mu_n + \mu_p)}\left[\frac{(d/L_a)}{\tanh(2d/L_a)}\right] - \frac{kT}{2q}\right\}\ln\left(\frac{2d}{x_J}\right)$$

$$+ \frac{kT}{q}\ln\left[\frac{J_{FC}L_a\tanh(2d/L_a)}{2qD_nN_D}\right] \tag{7.71}$$

MPS 整流器的通态压降是漂移区寿命的函数，因为中间区和 N/N$^+$ 界面的压降随寿命而变化。

示例，漂移区掺杂浓度为 $2 \times 10^{15}\,cm^{-3}$，厚度为 $80\mu m$ 的碳化硅 MPS 整流器，该结构能够在反向阻断模式下承担 10000V 电压。图 7.14 给出了该结构由分析模型预测的通态压降与漂移区中大注入寿命之间的变化关系。从中可以观察到，当寿命降低到低于 $10\mu s$ 时，通态压降开始增加。这是由于碳化硅中空穴的扩散长度相对低。通态压降的 3 个分量也在图中示出。肖特基接触的压降与寿命无关。由于在分析模型中使用 2.95eV 的大肖特基势垒高度，因此肖特基接触压降对通态压降的贡献远远大于硅器件。当寿命高于 $1\mu s$ 时，N/N$^+$ 界面处的压降略有增加，但是对总通态压降的贡献很小。当寿命降低到 $10\mu s$ 以下时，压降最显著的增加发生在中间区域。因此，为了使碳化硅 MPS 整流器中具有低通态压降，有必要使寿命值接近 $10\mu s$。随着材料质量的改善，在碳化硅功率器件的漂移区中所测量的寿命已经从小于 100ns 改进到 $3\mu s$。漂移区寿命为 $10\mu s$ 的 10kV 碳化硅 MPS 整流器的通态压降略低于 3V。

在小于 $10A/cm^2$ 的较小的电流密度下，碳化硅 MPS 整流器的通态压降类似于肖特基整流器，如图 7.15 所示。在较大的正向电流浓度下，漂移区中注入的载流子浓度超过衬底掺杂浓度，形成大注入。在该工作模式中，由 N$^+$ 端区中没有复合的分析模型可知，漂移区中注入的载流子浓度与电流密度成比例地增加，导致漂移区压降恒定。根据式（7.71），可以推导出通态电流密度的表达式：

$$J_{FC} = \sqrt{\frac{2qAT^2D_nN_D}{p}\frac{d/L_a}{\tanh(2d/L_a)}e^{-\frac{q(\phi_{BN}+V_M)}{2kT}}}e^{\frac{qV_{ON}}{2kT}} \qquad (7.72)$$

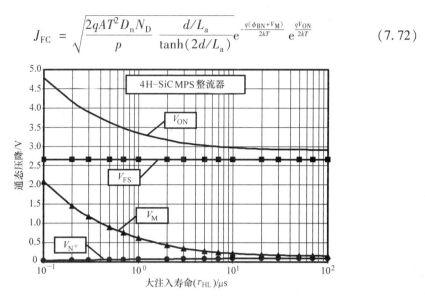

图 7.14　10kV 碳化硅 MPS 整流器的压降

从中观察到电流和（$qV_{ON}/2kT$）[注]成指数关系，类似于在大注入条件下在 P-i-N 整流器所观察到的，如图 7.15 所示。从中发现，当漂移区寿命为 10μs 时，碳化硅 MPS 整流器的通态压降低于碳化硅 P-i-N 整流器的通态压降。

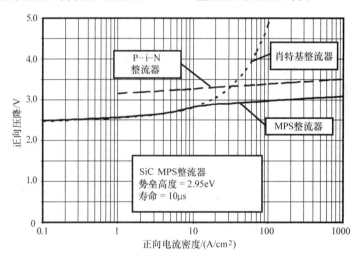

图 7.15　漂移区域寿命为 10μs 的 10kV SiC MPS 整流器的通态特性

对于 10kV 碳化硅 MPS 整流器，降低漂移区寿命到 1μs 对通态压降的影响如图 7.16 中所示。碳化硅 MPS 整流器的通态压降比 P-i-N 整流器的通态压降增加更

[注]　实际应是 $e^{\frac{qV_{ON}}{2kT}}$。——译者注

多，使得其通态压降接近 P-i-N 整流器的通态压降。然而，碳化硅 MPS 整流器中存储的电荷较少，使其开关性能优于 P-i-N 整流器。

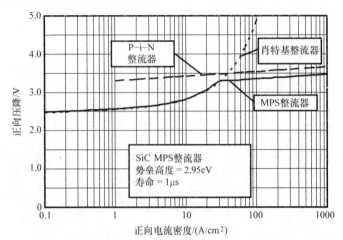

图 7.16　漂移区寿命为 1μs 的 10kV SiC MPS 整流器的通态特性

碳化硅 MPS 整流器的通态压降也由肖特基金属的势垒高度决定。根据分析模型，可以通过降低势垒高度来实现碳化硅 MPS 整流器的通态压降的降低，如图 7.17 所示，图中比较了两个势垒高度器件的特性。分析模型预测通态压降的减小量等于势垒高度的减小量。这种特性类似于在肖特基整流器中所观察到的特性，肖特基的特性在图中由虚线示出。

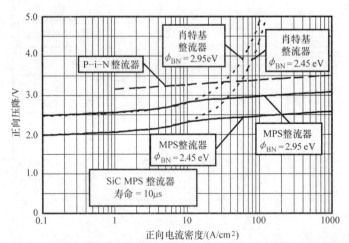

图 7.17　具有不同肖特基势垒高度的 10kV SiC MPS 整流器的通态特性

在端部区域中存在复合的情况下，碳化硅 MPS 整流器的通态压降同样可以利用式（7.64）来计算，该式是由具有这些参数的硅 MPS 整流器推导出来的，也适用于碳化硅器件：

$$V_{ON} = \phi_{BN} + \frac{kT}{q}\ln\left(\frac{J_{FC}p}{AT^2 d}\right)$$

$$+ \left\{\frac{2d}{(\mu_n + \mu_p)}\sqrt{\frac{D_{pN^+}J_{FC}}{qL_{pN^+}N_{DN^+}\tanh(W_{N^+}/L_{pN^+})}} - \frac{kT}{2q}\right\}\ln\left(\frac{2d}{x_J}\right) \qquad (7.73)$$

$$+ \frac{kT}{2q}\ln\left[\frac{J_{FC}L_{pN^+}\tanh(W_{N^+}/L_{pN^+})}{qN_{DN^+}D_{PN^+}}\right]$$

由于中间区压降随着电流密度的增加而增加，因此通态压降比没有端区复合的分析模型所预测的增加得更快。

　　对于漂移区中寿命为 10μs 的情况，通过使用上述具有端区复合的分析模型所获得的碳化硅 MPS 整流器通态特性如图 7.18 所示。为了比较，漂移区中具有 10μs 寿命的碳化硅 P-i-N 整流器的通态特性在图中由虚线示出。此外，对于没有漂移区电导调制效应的肖特基整流器的通态特性也包括在所讨论的图中。为了比较在端区中有、无复合的模型，在该图中还显示了没有端区复合所得到的特性。从中可以观察到，通态特性的斜率在端区存在复合时不是那么陡峭。然而，在 100A/cm² 的电流密度下，两个分析模型所得的通态压降相同。值得指出的是，当在 P-i-N 整流器中考虑端区复合时，其通态压降也比该图中所示的增加更快。

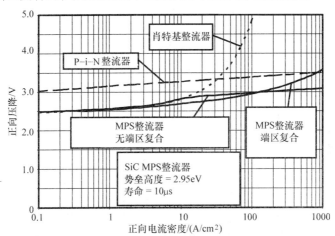

图 7.18　考虑端区复合后的 10kV SiC MPS 整流器的通态特性

模拟示例

　　为了进一步了解碳化硅 MPS 整流器的工作机制，在本节中给出了能够承担 10000V 击穿电压的结构的二维数值模拟结果。该结构的漂移区掺杂浓度为 $2 \times 10^{15}\,cm^{-3}$，厚度为 80μm。P⁺ 和 N⁺ 端区为均匀掺杂，掺杂浓度为 $1 \times 10^{19}\,cm^{-3}$，厚约 1μm。在所有情况下，假定 $\tau_{p0} = \tau_{n0}$。在数值模拟过程中考虑带隙变窄、俄歇复合和载流子散射的影响。给出了不同寿命（$\tau_{p0} = \tau_{n0}$）值下的通态特性。还分析了肖特基势垒高度的变化对通态特性的影响，以检验分析模型的正确性。

在图 7.16E 中给出了 3μm 元胞间距的典型 10kV 碳化硅 MPS 器件结构的上半部分的掺杂浓度的三维视图。P⁺ 区位于左上方。它是在元胞内由 1μm 深的扩散结构成的，扩散窗口 1.5μm 宽。由于碳化硅中掺杂剂的扩散系数小，因此假设在离子注入退火工艺期间不发生掺杂剂的扩散。肖特基接触的宽度也为 1.5μm，因为没有 P⁺ 区的横向扩散。因此，用于模拟的基准碳化硅 MPS 整流器的 P⁺ 区和肖特基接触区的面积相等。

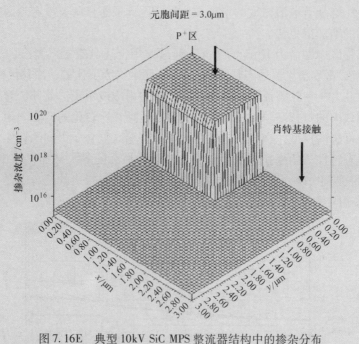

图 7.16E 典型 10kV SiC MPS 整流器结构中的掺杂分布

数值模拟所获得的基准碳化硅 MPS 整流器的通态特性如图 7.17E 所示，该器件漂移区的寿命（τ_{p0} 和 τ_{n0}）为 10μs，肖特基接触的功函数为 6.7eV（对应于 3eV 的肖特基势垒高度）。从特性的形状可明显看出器件存在几种不同的工作区。为了将这些特性与 MPS 整流器结构内存在的肖特基和 P-i-N 整流器的特性相关联，在图中还显示出了流经 P⁺ 区和肖特基接触的电流。从中可以观察到，通过肖特基接触的电流在整个特性中都占主导地位，这证明了在肖特基接触处建立分析模型的正确性。采用数值模拟的方法，在 100A/cm² 的电流密度下获得的通态压降为 3.02V。与有、无端区复合的分析模型所预测的 3V 非常一致，验证了分析模型的正确性。

碳化硅 MPS 整流器内的电流分布也可以通过观察通态下的电流曲线来确认。100A/cm² 通态电流密度下的电流分布如图 7.18E 所示。从中可以观察到，大部分电流流经肖特基接触。这验证了 MPS 整流器概念的基本前提——当来自 PN 结的足

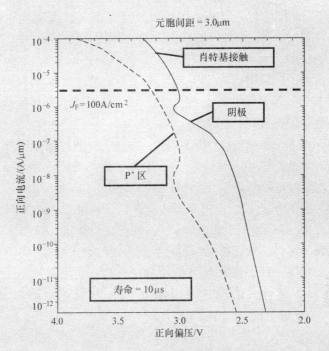

图 7.17E　典型 10kV SiCMPS 整流器的通态特性

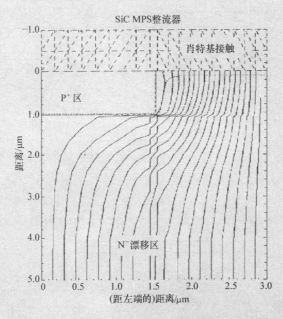

图 7.18E　典型 10kV SiC MPS 整流器内的电流分布

够大的注入在漂移区产生电导调制效应后，电流以通过肖特基接触的电流为主。在图中，也描绘了 PN 结的耗尽区。从中可以观察到，由于结为正向偏置，PN 结的耗尽层宽度是可忽略的。这证明了在分析模型中用于电流传导的肖特基面积的假设是正确的。

漂移区寿命为不同值时，碳化硅 MPS 整流器的特性（实线）与具有相同漂移区参数制造的 P-i-N 整流器的特性（虚线）的比较如图 7.19E 所示。图中所示的 P-i-N 整流器的特性是通过对 P⁺ 区的宽度为整个元胞的宽度（3μm），表面浓度和结深与 MPS 整流器相同（P-i-N 结构）进行数值模拟所获得的。从中可以观察到，当寿命低于 100μs 时，碳化硅 MPS 整流器的特性存在回跳。然而，对于寿命为 10μs 和 100μs 的情况，碳化硅 MPS 整流器在 100A/cm² 的通态电流密度下表现出比 P-i-N 整流器更低的通态压降。这证明了碳化硅 MPS 整流器可以具有优于碳化硅 P-i-N 整流器的通态特性的预测。当碳化硅 MPS 整流器的漂移区中的寿命降低到 1μs 时，通态压降超过具有该寿命的碳化硅 P-i-N 整流器。对于寿命为 0.1μs 的情况，在碳化硅 MPS 整流器中不再观察到双极型工作模式，其通态压降变大。对于这种低寿命，碳化硅 P-i-N 整流器的通态压降也增加到 3.63V。

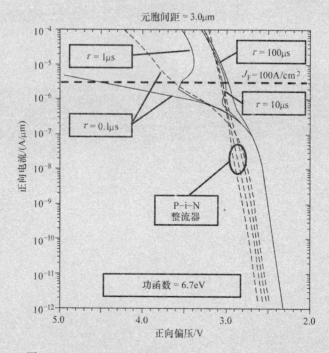

图 7.19E 10kV SiC MPS 和 P-i-N 整流器的通态特性

上述碳化硅 MPS 整流器的通态特性是使用对应于 3eV 势垒高度的 6.7eV 的较大的功函数获得的。当肖特基接触的功函数减小到 6.2eV 时，来自 PN 结的注入被抑制，并且器件结构呈现单极导通，通态压降高达 5V，如图 7.20E 所示。在这种情况下，碳化硅 MPS 整流器可以通过减小肖特基的宽度来形成双极工作模式，如本节稍后所述。

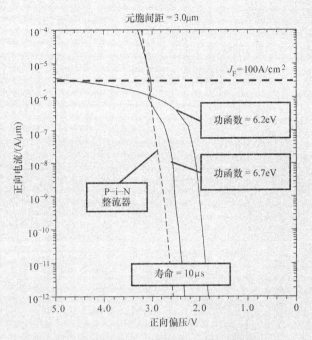

图 7.20E　10kV SiC MPS 整流器的通态特性

在 $100A/cm^2$ 的通态电流密度和漂移区中的寿命（τ_{p0} 和 τ_{n0}）为 $10\mu s$ 的情况下，基准碳化硅 MPS 整流器内的载流子分布如图 7.21E 所示。这里，肖特基接触处（$x=3\mu m$）的空穴浓度用实线和 PN 结（$x=0\mu m$）处的空穴浓度用虚线给出。从中可以看出，漂移区处于大注入状态，因为注入的载流子浓度远远大于衬底掺杂浓度，除了靠近肖特基接触处的区域。从模拟得到的空穴浓度分布与图 7.3 中所示肖特基接触处的类似。从图中可以观察到，尽管从 PN 结注入空穴，但 PN 结下方的空穴分布与肖特基接触

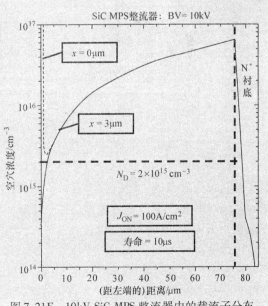

图 7.21E　10kV SiC MPS 整流器内的载流子分布

处的空穴分布非常相似。这证明了利用一维模型来推导碳化硅 MPS 整流器结构中的载流子分布的正确性。由于大注入，在整个漂移区中的空穴和电子浓度相等。从该图中，也可以在 N⁺ 衬底区域中观察到显著的空穴注入。因此当分析碳化硅 MPS 整流器中的电流时，应该包括端区复合。

当碳化硅 MPS 整流器结构中的寿命降低时，注入到漂移区的载流子浓度减少。由数值模拟所获得的空穴浓度分布如图 7.22E 所示，其中给出了 10kV 基准碳化硅 MPS 整流器的 3 个寿命值。位于漂移区和 N⁺ 衬底之间的界面处的最大空穴浓度随着寿命降低而减小，导致漂移区的电导调制效应减小。这种特性通过漂移区有复合的分析模型给以很好的分析（见图 7.13）。

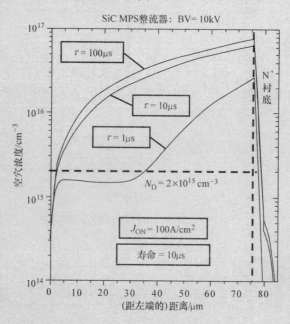

图 7.22E   10kV SiC MPS 整流器内的载流子分布

为了比较，应该观测相同漂移区寿命值范围的碳化硅 P－i－N 整流器的空穴浓度分布。由数值模拟获得的空穴浓度曲线如图 7.23E 所示。从中可以观察到，对于 1μs、10μs 和 100μs 的寿命值的情况，存在大量存储电荷的整个漂移区，产生强电导调制效应。这使关断过程的开关损耗性能变差（即关断损耗增加）。当寿命降低到 0.1μs 时，存储的电荷减少，并且电导率调制不延伸到整个漂移区。这导致如先前在图 7.19E 中所示的碳化硅 P－i－N 整流器的通态压降的增加。

由数值模拟可知，当寿命降低时，碳化硅 MPS 整流器的通态压降增加，这与漂移区有复合的分析模型的预测非常吻合。漂移区有复合的分析模型所预测的通态压降与从数值求解所获得的值进行比较的情况如图 7.24E 所示。这些结果证明了本章所提出的碳化硅 MPS 整流器的分析模型的有效性。

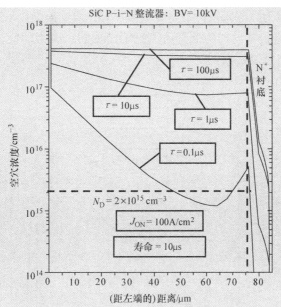

图 7.23E　10kV SiC P-i-N 整流器内的载流子分布

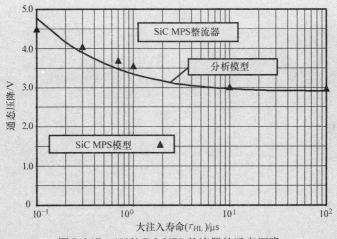

图 7.24E　10kV SiC MPS 整流器的通态压降

　　本节所提出的 MPS 整流器的分析模型表明，如果可以忽略漂移区中的复合，则漂移区中的载流子分布曲线在形状上是线性的［参见式（7.30）］。基准碳化硅 MPS 整流器的数值模拟结果证明该结论也适用于碳化硅结构。该结构在 3 个寿命值下的空穴浓度分布如图 7.25E 所示，纵轴为线性刻度。从中可以观察到，当寿命较长（10μs 和 100μs）时，曲线的形状接近线性。尽管当寿命降低时，在漂移区和 N⁺ 衬底之间的界面处的空穴浓度降低，但是曲线仍然可以由直线近似。因此，当计算漂移区中的存储电荷、漂移区两端的压降以及建立 MPS 整流器结构的关断模型时，线性载流子分布都有良好的近似。当寿命降低到 1μs 时，空穴浓度分布不再是线性的了，因为大注入条件不是在整个漂移区成立。如接下来所讨论的，对碳化硅 MPS 整流器来说，这样的低寿命值是不必要的，因为即使当寿命为 10μs 时，也具有良好的反向恢复特性。

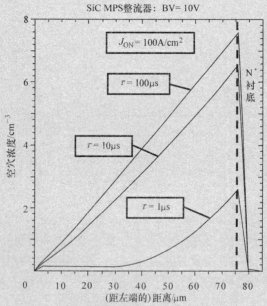

图 7.25E　10kV SiC MPS 整流器内的载流子分布

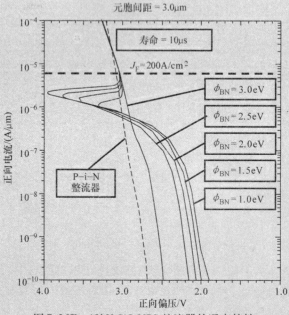

图 7.26E　10kV SiC MPS 整流器的通态特性

对于上面所讨论的具有 1.5μm 的离子注入窗口的基准碳化硅 MPS 整流器结构，需要大的肖特基势垒高度以确保在通态下形成双极工作模式。这个问题可以通过减小 3μm 元胞内的肖特基接触的尺寸来解决。可以通过将离子注入窗口增大到 2.5μm，同时保持 3μm 的元胞间距（p）不变来实现。数值模拟所得到的该结构的通态特性如图 7.26E 所示，其中势垒高度为 1.0~3.0eV。一旦器件进入双极性工作模式，通态压降基本上独立于势垒高度。在 200A/cm² 的通态电流密度下，该结构的通态压降为 3.05V，小于在漂移区中具有相同寿命的 P-i-N 整流器的通态压降。

在 200A/cm² 的通态电流密度下，元胞间距（p）为 3μm 和离子注入窗口为 2.5μm 的碳化硅 MPS 整流器内的电流分布如图 7.27E 所示。从中可以观察到，所有电流都流经肖特基接触，尽管肖特基接触占据较小的元胞面积。这证实了该元胞结构仍然以 MPS 的工作机制进行工作。工作原理的进一步确认可以通过观测结构内的空穴浓度分布来获得。在通态电流密度为 200A/cm² 时，肖特基接触（$x=3$μm）和 PN 结（$x=0$μm）中间的空穴浓度分布如图 7.28E 所示。这些分布类似于之前的基准碳化硅 MPS 结构（见图 7.21E）的（空穴浓度）分布和由 MPS 整流器的分析模型预测的（空穴浓度）分布（见图 7.13）。需要注意的是，图 7.13 中的空穴载流子浓度是在电流密度为 100A/cm² 时获得的，而图 7.28E 所示的结果是在 200A/cm² 的电流密度下获得的，因此，在这种情况下，漂移区和 N⁺ 衬底之间的界面处的浓度更大。这些结果表明，在拥有诸如镍和金这样典型金属的肖特基势垒高度的高压碳化硅 MPS 整流器结构中，可以实现双极工作模式。

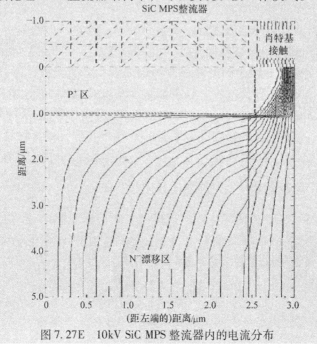

图 7.27E　10kV SiC MPS 整流器内的电流分布

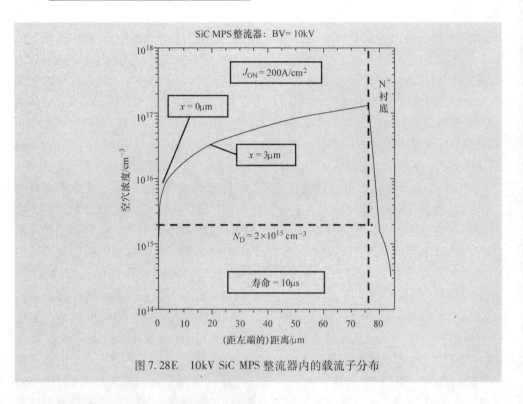

图 7.28E　10kV SiC MPS 整流器内的载流子分布

7.3　反向阻断

MPS 整流器的反向漏电流由肖特基接触的电流输运机制决定。对于硅 MPS 整流器，PN 结的屏蔽导致肖特基接触处的电场强度减小，抑制了势垒降低效应。对于碳化硅 MPS 整流器，减小的电场强度不仅抑制了势垒降低，还减小了场致热离子发射的影响。在这两种情况中，较大的势垒高度在 MPS 整流器中占有优势（以获得良好的通态特性），因为可以减小漏电流。MPS 整流器结构中的肖特基接触处的电场强度减小对漏电流的影响类似于先前针对 JBS 整流器所讨论的。PN 结的存在，由于降低了前击穿倍增效应，避免了来自肖特基接触的前雪崩倍增电流。

7.3.1　硅 MPS 整流器：反向漏电流模型

对于硅 MPS 整流器的情况，漏电流模型必须考虑元胞内较小的肖特基接触面积以及由于来自 PN 结的屏蔽而在肖特基接触处产生的较小电场强度的影响。因此，硅 MPS 整流器的漏电流由式（7.74）给出：

$$J_{\mathrm{L}} = \left(\frac{p - s - x_{\mathrm{J}}}{p}\right)AT^2\exp\left(-\frac{q\phi_{\mathrm{b}}}{kT}\right)\exp\left(\frac{q\beta\Delta\phi_{\mathrm{bMPS}}}{kT}\right) \tag{7.74}$$

式中，β 为一个常数，用来说明越靠近 PN 结，势垒降低效应越小，如之前在 JBS

整流器中所讨论的那样。与肖特基整流器相比，硅 MPS 整流器的势垒降低由接触处减小的电场强度 E_{MPS} 确定：

$$\Delta\phi_{bMPS} = \sqrt{\frac{qE_{MPS}}{4\pi\varepsilon_S}} \qquad (7.75)$$

肖特基接触处的电场强度随着距 PN 结的距离的变化而变化。肖特基接触中间处的电场强度最高，越接近 PN 结，（电场强度）值越小。在针对最差情况的分析模型中，谨慎地使用肖特基接触中间的电场强度来计算漏电流。在来自相邻 PN 结的耗尽区在肖特基接触下产生势垒之前，肖特基接触中间的金属－半导体界面处的电场强度随着施加的反向偏置电压增加而增加，如肖特基整流器的情况。在肖特基接触之下的漂移区耗尽之后，通过 PN 结建立势垒。来自相邻结的耗尽区在肖特基接触下相交的电压被称为夹断电压。夹断电压（V_P）可以从器件元胞参数获得：

$$V_P = \frac{qN_D}{2\varepsilon_S}(p - s - x_J)^2 - V_{bi} \qquad (7.76)$$

尽管在反向偏压超过夹断电压之后开始形成势垒，但是由于肖特基接触的电势的侵入，在肖特基接触处的电场强度继续上升。因为平面结的"打开"形状，这个问题对于硅 MPS 整流器而言，比碳化硅结构更为严重。为了分析这一点（夹断后肖特基电势的侵入）对反向漏电流的影响，电场强度 E_{MPS} 可以通过以下方式与反向偏压建立联系：

$$E_{MPS} = \sqrt{\frac{2qN_D}{\varepsilon_S}(\alpha V_R + V_{bi})} \qquad (7.77)$$

式中，α 为用于考虑夹断之后在电场中（电势）累积的系数。

示例，以本章前面讨论的 500V 硅 MPS 整流器为例，其中元胞间距（p）为 3.0μm，P$^+$ 区的尺寸 s 为 0.5μm，结深为 1μm。为获得 500V 的击穿电压，该结构漂移区的掺杂浓度为 $3.8 \times 10^{14} cm^{-3}$。由于硅 MPS 整流器结构中的平面 PN 结的二维性质，难以得到 α 的解析表达式。然而，肖特基接触处的电场强度的减少可以通过假设式（7.77）中的 α 的不同值来预测。当 α 值在 0.05 和 1.00 之间时，其结果显示在图 7.19 中。α 等于 1 对应于没有屏蔽的肖特基整流器结构。从中可以观察到，当 α 减小时，肖特基接触处的电场强度显著减小。由于高电压结构的漂移区的掺杂浓度较低，所以硅 MPS 整流器的电场强度值小于硅 JBS 整流器的电场强度值。

肖特基接触处的电场强度减小对肖特基势垒降低的影响如图 7.20 所示。在肖特基整流器中没有 PN 结的屏蔽，势垒降低为 0.055eV。在 MPS 整流器结构中，势垒降低减小到 0.037eV，α 为 0.2。虽然这看起来可能是一个小的变化，但它对反向漏电流有很大的影响。值得指出的是，由于在 MPS 整流器中的肖特基接触处的电场强度值较小，所以在 MPS 整流器中的势垒降低量小于在 JBS 整流器中所观察到的势垒降低量。

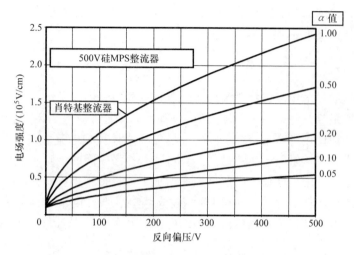

图 7.19　500V 硅 MPS 整流器的肖特基触处的电场强度

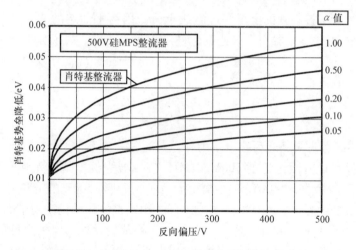

图 7.20　500V 硅 MPS 整流器中肖特基势垒的降低

　　通过使用上述分析模型计算所得的 500V 硅 MPS 整流器结构的漏电流密度如图 7.21 所示。对于这些图，基于下面讨论的数值模拟的结果，假定常数 β 的值为 0.7。对于间距为 3.0μm，1.0μm 的注入窗口（$2s$）和 1.0μm 的结深的 MPS 结构，肖特基接触面积减小到元胞面积的 50%。这导致在低反向偏压下漏电流的成比例减小。肖特基势垒降低和前击穿倍增效应都由于 PN 结的存在而得到了抑制，因此降低了漏电流随着反向偏压增加而增加的速率。当 α 为 0.5，反向偏压达到 500V 时，总的效果是漏电流密度减小为原来的 1/360。这证明 MPS 整流器结构可以降低反向漏电流。

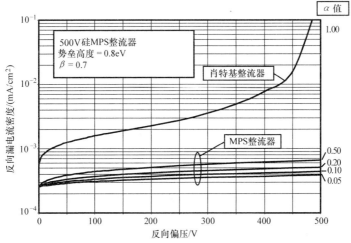

图 7.21　具有各种 α 系数的 500V 硅 MPS 整流器的反向漏电流

模拟示例

为了验证上述硅 MPS 整流器的反向特性模型，这里描述了 500V 器件的二维数值模拟的结果。该结构漂移区的掺杂浓度为 $3.8 \times 10^{14} \mathrm{cm}^{-3}$，厚度为 65μm。$P^{+}$ 区的结深为 1μm，离子注入窗口（图 3.5 中的尺寸 s）为 0.5μm。选择肖特基金属的功函数以获得 0.9eV 的势垒高度。

硅 MPS 整流器电场分布的三维视图示于图 7.29E 中。肖特基接触位于图中的右下侧，其中 P^{+} 区位于图的顶部。在 PN 结处观察到高电场强度（$3 \times 10^{5} \mathrm{V/cm}$）。通过 PN 结的屏蔽，肖特基接触中间的电场强度减小到 $2 \times 10^{5} \mathrm{V/cm}$。

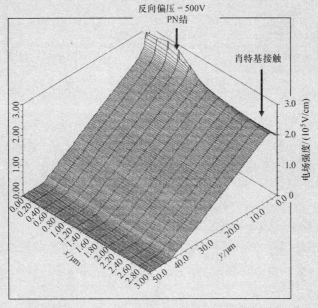

图 7.29E　500V 硅 MPS 整流器中的电场分布

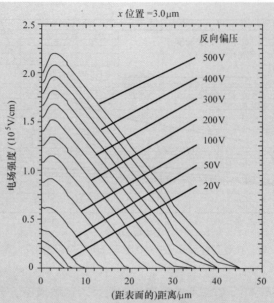

图7.30E 500V 硅 MPS 整流器中肖特基接触中间电场强度的增长

在具有 3.0μm 的元胞间距和 0.5μm 的 P⁺ 扩散窗口的硅 MPS 整流器结构中，肖特基接触中间处的电场强度的增加情况如图 7.30E 所示。为了比较，500V 肖特基整流器的接触处的电场强度的增加情况示于图 7.31E 中。从图中可以看出，PN 结的存在抑制了 MPS 整流器中肖特基接触处的电场强度。对于元胞间距依然为 3μm，而扩散窗口 s 为 1.5μm 的 P⁺ 区的 MPS 整流器结构，通过减小肖特基接触的

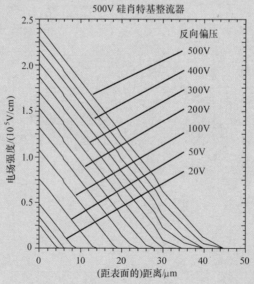

图7.31E 500V 硅肖特基整流器的接触中间电场强度的增长

宽度，可以获得对肖特基接触处的电场强度更大的抑制，如图 7.32E 所示。与扩散窗 s 为 $0.5\mu m$ 的 MPS 结构的 2.0×10^5 V/cm 相比，在 500V 的反向偏压下，这种肖特基接触中间的电场强度减小到 1.4×10^5 V/cm。

在硅 MPS 整流器的分析模型中，系数 α 控制着肖特基接触中间电场强度增加的速率，该系数可以从二维数值模拟的结果提取。从数值模拟所获得的肖特基接触的中间电场强度增加的情况如图 7.33E 所示，其中元胞间距 (p) 为 $3.0\mu m$，扩散窗口 (s) 为 $0.5\mu m$ 和 $1.5\mu m$ 用各自的符号表示。由分析式

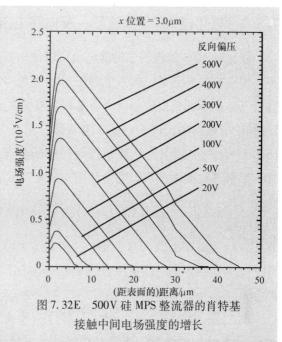

图 7.32E　500V 硅 MPS 整流器的肖特基接触中间电场强度的增长

(7.77) 所计算的结果由实线示出，其中 α 的值被调整以适合数值模拟的结果。其中 α 等于 1 的情况与预期相当，与肖特基整流器吻合。$0.5\mu m$ 扩散窗口的硅 MPS 整流器的 α 值为 0.680，而对于 $1.5\mu m$ 扩散窗口的 α 值为 0.328。利用这些 α 值，分析模型准确地预测出了肖特基接触中间电场强度的特性。因此，它也可以用于计算具有平面扩散结的硅 MPS 整流器中的肖特基势垒降低和漏电流。

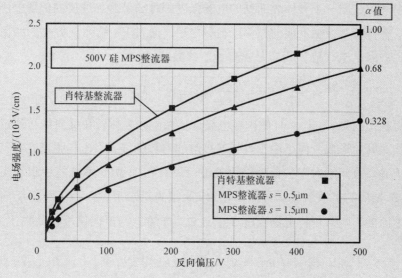

图 7.33E　500V 硅 MPS 整流器的肖特基接触中间电场的增长

7.3.2 碳化硅 MPS 整流器：反向漏电流模型

碳化硅 MPS 整流器中的漏电流可以使用与硅 MPS 整流器相同的方法计算。首先，很重要的一点是，要考虑到在 MPS 整流器元胞中，肖特基面积的减小。第二，肖特基势垒降低是由较小的肖特基接触电场强度引起的，而电场强度的减小是由于 PN 结的屏蔽作用，这一点非常有必要。第三，热场发射电流的计算也要考虑到，因为 PN 结的屏蔽引起肖特基接触处电场强度的减小。进行这些调整后，碳化硅 MPS 整流器的漏电流可以通过使用式（7.78）计算得出：

$$J_{\mathrm{L}} = \left(\frac{p-s}{p}\right) AT^2 \exp\left(-\frac{q\phi_{\mathrm{b}}}{kT}\right) \exp\left(\frac{q\Delta\phi_{\mathrm{bMPS}}}{kT}\right) \exp(C_{\mathrm{T}} E_{\mathrm{MPS}}^2) \tag{7.78}$$

式中，C_{T} 为隧穿系数（对于 4H – SiC 为 $8 \times 10^{-13}\,\mathrm{cm^2/V^2}$）。与肖特基整流器相比，MPS 整流器的势垒降低由接触处减小的电场强度 E_{MPS} 确定：

$$\Delta\phi_{\mathrm{bMPS}} = \sqrt{\frac{qE_{\mathrm{MPS}}}{4\pi\varepsilon_{\mathrm{S}}}} \tag{7.79}$$

如硅 MPS 结构的情况，肖特基接触处的电场强度随距 PN 结的距离变化而变化。在肖特基接触的中间观察到最高的电场强度，越接近 PN 结电场强度值越小。在最坏情况下使用分析模型时，谨慎地使用肖特基接触中间的电场强度来计算漏电流。

正如肖特基整流器，相邻 PN 结的耗尽区在肖特基接触下产生势垒之前，肖特基接触中间的金属 – 半导体界面处的电场强度都将随着施加的反向偏置电压的增加而增加。在肖特基接触下面的漂移区耗尽之后，通过 PN 结建立势垒。如在硅 MPS 整流器，夹断电压（V_{P}）可以从器件元胞参数获得：

$$V_{\mathrm{P}} = \frac{qN_{\mathrm{D}}}{2\varepsilon_{\mathrm{S}}} (p-s)^2 - V_{\mathrm{bi}} \tag{7.80}$$

值得指出的是，4H – SiC 的内在电势远远大于硅。尽管在反向偏压超过夹断电压之后势垒开始形成，但是由于肖特基接触的电势的侵入，电场强度在肖特基接触处继续上升。该问题对于碳化硅结构来说，没有在硅 MPS 整流器中那么尖锐，因为 4H – Si 杂质的扩散系数非常低，导致 PN 结为矩形形状。为了分析反向偏压对反向漏电流的影响，可将电场强度 E_{MPS} 通过以下方式与反向偏压相关联：

$$E_{\mathrm{MPS}} = \sqrt{\frac{2qN_{\mathrm{D}}}{\varepsilon_{\mathrm{S}}}(\alpha V_{\mathrm{R}} + V_{\mathrm{bi}})} \tag{7.81}$$

式中，α 为考虑夹断之后电势在电场中累积的系数。

　　示例，考虑本章前面讨论的 10kV 碳化硅 MPS 整流器的情况，其中元胞间距 (p) 为 3.0μm，P^+ 区的尺寸 s 为 1.5μm，漂移区的掺杂浓度为 $2 \times 10^{15}\,cm^{-3}$，该结构的夹断电压仅为 1V。由于 MPS 整流器结构中的 PN 结的二维性质，难以导出 α 的解析表达式。然而，肖特基接触处电场强度的减少可以通过假设式（7.81）中的 α 为不同值来预测。对于在 0.05 和 1.00 之间的 α 值，其结果显示在图 7.22 中。其中 α 等于 1 对应于没有屏蔽的肖特基整流器结构。从中可以观察到，当 α 减小时，肖特基接触处的电场强度显著减小。值得指出的是，对于 10kV 碳化硅 MPS 整流器，肖特基接触处的电场强度小于 3kV 碳化硅 JBS 整流器的电场强度，这是因为较高电压结构的漂移区的掺杂浓度较小。

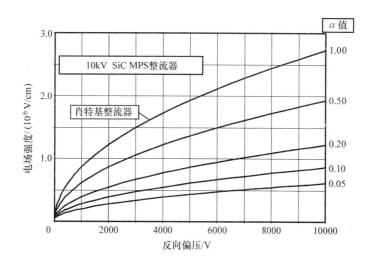

图 7.22　10kV 碳化硅 MPS 整流器肖特基接触的电场强度

　　由于碳化硅 MPS 整流器结构中 PN 结的屏蔽作用，肖特基接触处电场强度的减小对肖特基势垒降低的影响如图 7.23 所示。当没有 PN 结的屏蔽时，在肖特基整流器中出现 0.20eV 的势垒降低。这比硅器件大得多，因为肖特基接触处的电场强度较大。在 4H-SiC MPS 整流器结构中，势垒降低减小到 0.13eV，α 为 0.2。更小的 α 值更适合碳化硅器件，因为碳化硅结构中的 PN 结的矩形形状对肖特基接触有更强的屏蔽作用。

　　对于 10kV 肖特基整流器，当电压增加到 10kV 时，碳化硅的较大势垒降低以及热场发射电流导致漏电流增加了 4 个数量级。环境温度为 500K，势垒高度为 1.5eV，α 等于 1 的反向漏电流如图 7.24 所示。PN 结的屏蔽作用使 MPS 整流器中

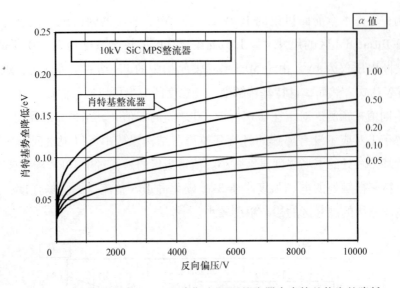

图7.23 不同α系数的10kV 碳化硅 MPS 整流器中肖特基势垒的降低

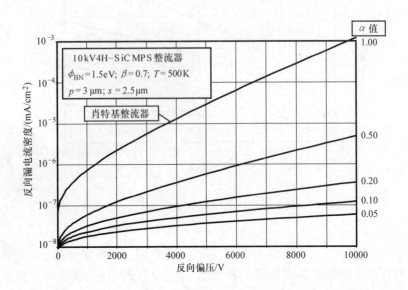

图7.24 不同α系数的10kV 碳化硅 MPS 整流器中的反向漏电流

的反向漏电流大大降低。这可以从图7.24中不同α值下的曲线观察到,其中4H - SiC MPS 整流器的结构参数为 3.0μm 的间距, 2.5μm 的注入窗口和1μm 的结深。 在这种情况下,肖特基接触面积减少到元胞面积的 16.7%。这导致在低反向偏置 电压下漏电流的成比例减小。更重要的是,由于 PN 结的存在,肖特基接触处电场 强度得到了抑制,这大大降低了漏电流随着反向偏压增加而增加的速率。当 α 的 值为 0.5 时,反向偏压达到 10kV 时,漏电流密度降低为原来的 1/250, α 值为 0.2

时，则为 1/3300。

模拟示例

　　为了验证碳化硅 MPS 整流器的反向阻断特性模型，对漂移区掺杂浓度为 $2 \times 10^{15}\,cm^{-3}$，厚度为 $80\,\mu m$，击穿电压为 $10000V$ 的结构进行分析研究。下面进行不同 P^+ 区之间间距的二维数值模拟，保持间距（p）为 $3\,\mu m$ 不变，通过改变注入窗口（$2s$），来改变 P^+ 区之间的间距，P^+ 结深为 $1\,\mu m$。

　　元胞间距（p）为 $3\,\mu m$，P^+ 离子注入窗口为 $1.5\,\mu m$ 的肖特基接触的中心处的电场分布如图 7.34E 所示。从中可以观察到，与体内的峰值电场比较时，在接触表面处的电场强度显著减小。在 10kV 的反向偏压下，肖特基接触处的电场强度仅为 $1.4 \times 10^6\,V/cm$，相比之下，在 $2\,\mu m$ 深的体内的电场强度最大值为 $2.6 \times 10^6\,V/cm$。

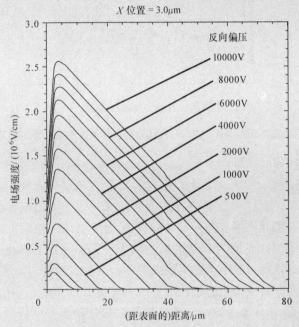

图 7.34E　10kV 4H – SiC MPS 整流器中的电场分布

　　前面已证明，可通过减小肖特基接触的宽度来增强碳化硅 MPS 整流器的双极工作模式。这种设计能使通态压降降低，而且能减少通态特性的回跳现象。同时，该设计还能减小肖特基接触处的电场强度，这有利于减小反向漏电流。为了说明这一点，元胞间距（p）为 $3\,\mu m$，离子注入窗口为 $2.5\,\mu m$ 结构的肖特基接触中心处的电场分布示于图 7.35E 中。从中可以观察到，与体内的峰值电场相比时，肖特基接触表面处的电场强度急剧减小。在 10kV 的反向偏压下，肖特基接触处的电场强度非常小（$1.5 \times 10^5\,V/cm$），相比之下，在 $2\,\mu m$ 深的体内的电场最大值为 $2.6 \times 10^6\,V/cm$。

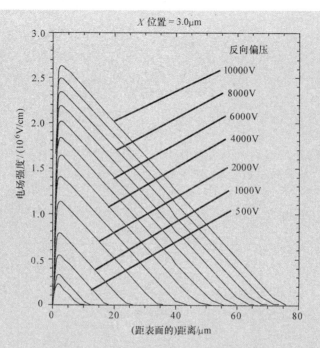

图 7.35E　10kV 4H－SiC MPS 整流器中各种反偏电压下电场变化

　　由数值模拟所得的两种离子注入窗口的肖特基接触处电场强度随反向偏压的增加而增加的情况绘制于图 7.36E 中。将这些数据点与如实线所示的分析模型获得的计算值进行比较。在这里，调整 α 的值，使其与每个元胞间距的模拟数据有良好的匹配。与具有相同结深和间距 d 的硅 MPS 整流器结构相比，碳化硅 MPS 整流器结构的 α 值更小。这是因为硅结构中的结为平面圆柱形，碳化硅结构中的结为矩形。矩形结在肖特基接触下会产生更大的势垒，更大程度地抑制了肖特基接触处的电场强度。这在分析模型中通过式（7.81）中的 α 系数的较小值表示。

　　10kV 4H－SiC MPS 整流器结构中肖特基接触处的较小电场强度，大大减小了漏电流。因为较小的电场强度不仅抑制了肖特基势垒降低的效应，而且还抑制了隧穿电流。上述两个元胞结构的漏电流的减少如图 7.37E 所示。离子注入窗口为 1.5μm 时，在接近击穿电压的反向电压下，漏电流减小了 600 倍。离子注入窗口为 2.5μm 时，在接近击穿电压的反向电压下，漏电流减小为原来的 1/80000。前文所述，较大离子注入窗口的元胞结构能产生优良的通态特性，所以该值对于具有 10kV 的阻断电压的 4H－SiC MPS 整流器来说是优选。

　　第 3 章证明了，对于 JBS 整流器，肖特基接触下方电流传导区的纵横比对肖特基接触处电场强度的抑制有强烈的影响。这种现象由式（3.37）和式（3.41）中的系数（α）进行量化，纵横比由式（3.42）定义。从数值模拟获得的系数（α）与纵横比的变化如图 7.38E 所示，硅和碳化硅 MPS 整流器用空数据点表示。在第 3

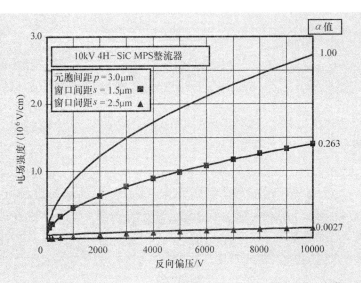

图 7.36E 10kV 4H – SiC MPS 整流器电场强度随反向电压的变化

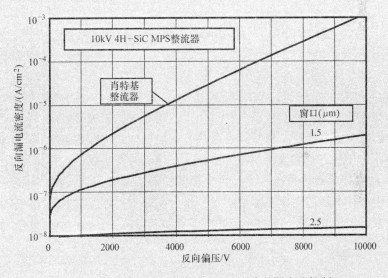

图 7.37E 10kV 4H – SiC MPS 整流器中的漏电流抑制

章中获得的硅和碳化硅 JBS 整流器（实数据点）的值也包括在该图中用于比较。从中可以观察到，系数（α）随纵横比呈指数变化。与具有相同纵横比的硅器件相比，碳化硅器件的 α 更小，因为碳化硅器件的 P$^+$ 区为矩形，而硅器件的 P$^+$ 区为圆柱形，这使得硅器件电场强度被抑制的程度不同。硅 MPS 整流器的 α 系数与纵横比的变化和硅 JBS 整流器的不同。但是，碳化硅 MPS 整流器的 α 系数与纵横比的变化和碳化硅 JBS 整流器的相同。

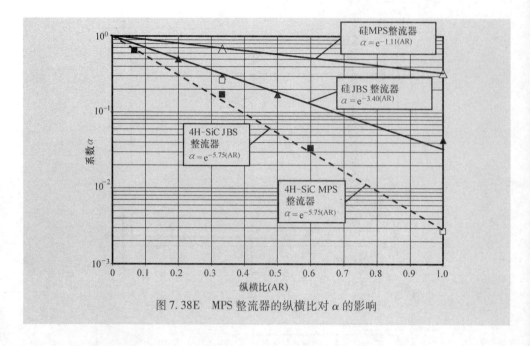

图 7.38E   MPS 整流器的纵横比对 α 的影响

7.4 开关特性

当施加正偏压给阳极时，功率整流器工作在导通状态，当施加负偏压给阳极时，功率整流器工作在阻断状态。在每个工作周期内，二极管必须以最小的功耗在这些状态之间快速切换。二极管从导通状态切换到反向阻断状态时所产生的功耗大于导通功耗。在通态电流流动期间，漂移区中存储的大量载流子使得高压 $P-i-N$ 和 MPS 整流器具有低的通态压降。功率整流器通态的电流，在漂移区内产生的存储电荷必须在其承担高电压之前被排除。这会在短时间内产生大的反向电流。这种现象被称为反向恢复。

7.4.1 存储电荷

下面对 MPS 整流器和 $P-i-N$ 整流器所存储的电荷进行比较，因为它是关断过程能量损耗的相对度量。对于 $P-i-N$ 整流器，漂移区的载流子浓度几乎是均匀（平均）的，由式（6.23）给出。以前面章节中 500V 硅 $P-i-N$ 整流器为例，如果漂移区的寿命是 $10\mu s$，通态电流密度为 $100A/cm^2$ 时，由该公式可知，其平均载流子浓度为 $9 \times 10^{17} cm^{-3}$。然后通过载流子浓度乘以漂移区的厚度，得出基于平均载流子浓度的漂移区的总存储电荷为 $1.01mC/cm^2$。但是，在漂移区具有高寿命的情况下，端区复合起主要作用，因此漂移区中的载流子浓度大大降低。模拟结果表明：漂移区的平均载流子浓度约为 $7 \times 10^{16} cm^{-3}$ 时，总存储电荷为 $0.078mC/cm^2$。相比之下，MPS 整流器中的载流子分布是三角形，在漂移区和 N^+ 衬底之间的界面处具有最大值。

通过利用式（7.21）或式（7.31），可以求出 500V 硅 MPS 中的最大载流子浓度。在漂移区的寿命是 $10\mu s$，通态电流密度为 $100A/cm^2$ 下，其最大载流子浓度为 $6 \times 10^{16} cm^{-3}$。进而可求得硅 MPS 整流器的漂移区中的总存储电荷为 $0.034mC/cm^2$。由此可知，尽管通态压降较低，但硅 MPS 整流器中的存储电荷却比 P－i－N 整流器小了大约 1/2。此外，在通态工作期间，MPS 整流器上部结处的载流子浓度为零。这使 MPS 整流器比 P－i－N 整流器更快地承担反向电压，缩短了反向恢复过程，而且 MPS 整流器的反向恢复峰值电流比 P－i－N 整流器的要小得多。与碳化硅 P－i－N 整流器相比，碳化硅 MPS 整流器存储电荷以类似的方式减少。

7.4.2　反向恢复

如前面第 6 章所讨论的，通常来说，功率整流器的负载为电感负载，电流以恒定斜率（a）减小。大反向恢复峰值电流（J_{PR}）的产生，源于电流减小到零之后存储电荷的存在。对于 P－i－N 整流器，如图 6.8 所示，由于在初始导通状态中，（PN）结处有较高少数载流子浓度，器件保持在其正向偏置模式，即使在电流反转方向之后，器件仍具有低通态压降。在少数载流子浓度在时间 t_1（在图 6.8 中）降低到零之前，该结不能承担反向阻断电压。然后，二极管上的电压迅速增加到电源电压，整流器工作在反向偏置模式。当反向电压变得等于反向偏置电源电压（V_S）时，在反方向上流过整流器的电流在时间 t_2（在图 6.8 中）达到最大值（J_{PR}）。

对于 MPS 整流器，肖特基接触处的载流子浓度在通态下为零，这使得（PN）结处的载流子浓度也接近零。因此，该器件能够在电流反转之后立即承担反向阻断电压，如图 7.25 所示。然后，二极管上的电压迅速增加到电源电压，整流器工作在反向偏置模式下。当反向电压等于反向偏置电源电压（V_S）时，在反方向上流过整流器的电流在时间 t_1（见图 7.25）达到最大值（J_{PR}）。在该时间之后，漂移区中剩余的存储电荷通过载流子向 N^+ 阴极和空间电荷区扩散而被排除。

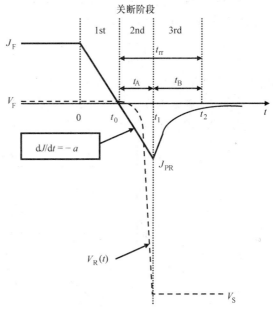

图 7.25　MPS 整流器的反向恢复波形

假设漂移区中自由载流子的初始浓度为如图 7.26 所示的线性分布，那么可以创建恒定电流变化率（电流斜率）的 MPS 整流器反向恢复分析模型。如图所示，由通态电流确定的初始载流子分布是线性的，浓度从 $x = -d$ 处的零增加到 $x = +d$ 处的 p_M 的浓度：

$$p(x) = n(x) = \left(\frac{x+d}{2d}\right)p_M \tag{7.82}$$

可以假定漂移区中的空穴和电子浓度在通态和关断瞬态期间由于电中性而相等。在漂移区有限寿命的情况下，最大载流子浓度 p_M 由式（7.21）给出：

$$p_M = n_M = \frac{J_{ON}L_a}{2qD_n}\tanh\left(\frac{2d}{L_a}\right) \tag{7.83}$$

式中，J_{ON} 为通态电流密度。

在关断过程的第一阶段期间，电流从通态电流密度减小到零。由于电流保持在正向，肖特基接触和 PN 结在该时间间隔内保持正向偏置。在肖特基接触和 PN 结处，空穴和电子浓度接近于零，以满足肖特基接触处的边界条件（如通态分析的情况）。然而，在该时间间隔期间从阴极侧抽取电子。由电子扩散在阴极处形成的电流由式（7.84）给出：

$$J = 2qD_n\left(\frac{dn}{dx}\right)_{x=+d} \tag{7.84}$$

如果第一阶段载流子分布为如图 7.26 所示的线性分布，则靠近阴极的载流子分布曲线的斜率由式（7.85）给出：

$$\left(\frac{dn}{dx}\right)_{x=+d} = \left(\frac{dp}{dx}\right)_{x=+d} = \frac{J(t)}{2qD_n} = \frac{J_{ON}-at}{2qD_n} \tag{7.85}$$

式中，a 为电流斜率。在第一阶段（图 7.25 中的时间 t_0）结束时，电流变为零，载流子分布的斜率为零，如图 7.26 所示。与 P–i–N 整流器的关断分析的情况一样，假定载流子分布以距漂移区和 N^+ 衬底界面为 b 的固定点为中心。

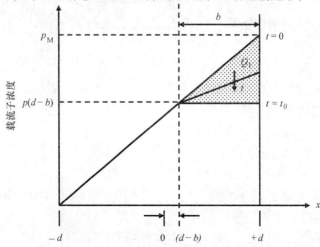

图 7.26　MPS 整流器在反向恢复过程第一阶段中的载流子分布

图 7.26 中的距离 b 可以通过在第一阶段期间排除的电荷 Q_1 与电流相关联来获得。注意，x 值是以漂移区的中心来定义的，如图 7.26 所示。如果忽略关断过程的复合，则可以假设 $x=(d-b)$ 处的空穴浓度和通态工作期间相同。这样假设是合理的，因为关断时间比漂移区中的寿命短得多。在第一阶段，漂移区内的存储电荷的变化可以从图中由 Q_1 表示的阴影区域获得：

$$Q_1 = \frac{qb}{2}\left[p_M - p(d-b)\right] \tag{7.86}$$

对于初始载流子分布使用式（7.82）求得，在 $x=(d-b)$ 处的空穴浓度由式（7.87）给出：

$$p(d-b) = \left(\frac{2d-b}{2d}\right)p_M \tag{7.87}$$

将其代入式（7.86），得到

$$Q_1 = \frac{qp_M}{4d}b^2 \tag{7.88}$$

根据电荷控制原理，该电荷可以在关断过程从 $t=0$ 到 $t=t_0$ 的电流积分获得

$$Q_1 = \int_0^{t_0}J(t)\,\mathrm{d}t = \int_0^{t_0}(J_{ON}-at)\,\mathrm{d}t = J_{ON}t_0 - \frac{at_0^2}{2} = \frac{J_{ON}^2}{2a} \tag{7.89}$$

因为 t_0 为电流过零时刻，所以 t_0 为

$$t_0 = \frac{J_{ON}}{a} \tag{7.90}$$

联立上述关系：

$$b = \sqrt{\frac{2d}{qap_M}}J_{ON} \tag{7.91}$$

因此，距离 b 可以根据通态电流密度和斜率 a 来计算。一旦电流密度在关断过程的第二阶段开始时变为负值，则 MPS 整流器立即开始承担反向电压，如图 7.25 所示，P^+/N 结空间电荷区 $W_{SC}(t)$ 随时间扩展形成，如图 7.27 所示。空间电荷区的扩展是通过排除（PN）结附近漂移区中的存储电荷来实现的，因此反向电流在时间 t_0 之后继续增加。因为漂移区的寿命远长于切换时间间隔，所以可以假设处于 N 基区的电导率调制区的（PN）结附近的初始空穴分布，在关断过程的第二阶段期间不改变。因此，在关断过程中，随着空间电荷宽度的增加，空间电荷区的边缘处的空穴浓度 (p_e) 增加：

$$p_e(t) = p_M\left[\frac{W_{SC}(t)}{2d}\right] \tag{7.92}$$

根据电荷控制原理，通过空间电荷区扩展所排除的电荷必须等于由集电极电流所排除的电荷：

$$J(t) = qp_e(t)\frac{\mathrm{d}W_{SC}(t)}{\mathrm{d}t} = qp_M\left[\frac{W_{SC}(t)}{2d}\right]\frac{\mathrm{d}W_{SC}(t)}{\mathrm{d}t} \tag{7.93}$$

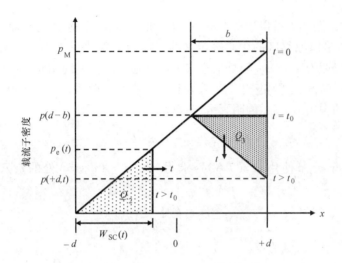

图 7.27 MPS 整流器在第二阶段中的载流子分布

利用式（7.92）。集电极电流密度在关断过程的第二阶段以一定的斜率线性增加。所以

$$qp_{\mathrm{M}}\left[\frac{W_{\mathrm{SC}}(t)}{2d}\right]\frac{\mathrm{d}W_{\mathrm{SC}}(t)}{\mathrm{d}t}=at \qquad (7.94)$$

其中 a 是斜率。对该方程积分，并且应用边界条件：零时刻，空间电荷层为零宽度，求得空间电荷区宽度随时间的变化关系：

$$W_{\mathrm{SC}}(t)=\sqrt{\frac{2da}{qp_{\mathrm{M}}}t} \qquad (7.95)$$

根据该分析，空间电荷区以恒定速率向右手侧扩展，如图 7-27 中的水平时间箭头所示。

MPS 整流器结构承担的集电极电压与空间电荷区宽度的关系为

$$V_{\mathrm{R}}(t)=\frac{q(N_{\mathrm{D}}+p_{\mathrm{SC}})W_{\mathrm{SC}}^{2}(t)}{2\varepsilon_{\mathrm{S}}}=\left(\frac{N_{\mathrm{D}}+p_{\mathrm{SC}}}{p_{\mathrm{M}}}\right)\left(\frac{da}{\varepsilon_{\mathrm{S}}}\right)t^{2} \qquad (7.96)$$

假定载流子在空间电荷层中以饱和漂移速度漂移，空间电荷区中的空穴浓度与集电极电流密度之间的关系为

$$p_{\mathrm{SC}}(t)=\frac{J_{\mathrm{R}}(t)}{qv_{\mathrm{sat,p}}}=\frac{at}{qv_{\mathrm{sat,p}}} \qquad (7.97)$$

在 MPS 整流器中，空间电荷区中的空穴浓度在电压上升期间是增加的，因为电流密度增加。MPS 整流器的关断分析模型预测集电极电压随时间大约以二次幂的速度增加 [见式（7.96）]。

当集电极电压达到反向偏置电源电压（V_{S}）时，关断过程的第二阶段结束。这个时间间隔（图 7.25 中的 t_{A}）可以通过使反向偏置电压等于式（7.96）中的电源电压来获得：

$$t_{\mathrm{A}} = \sqrt{\frac{\varepsilon_{\mathrm{S}} p_{\mathrm{M}} V_{\mathrm{S}}}{ad(N_{\mathrm{D}} + p_{\mathrm{SC}})}} \tag{7.98}$$

根据分析模型，电压上升时间与反向偏置电源电压的二次方根成正比，与斜率[⊖]的二次方根成反比。

在电压瞬变结束时空间电荷区的宽度可以通过使用集电极电源电压来获得：

$$W_{\mathrm{SC}}(t_{\mathrm{A}}) = \sqrt{\frac{2\varepsilon_{\mathrm{S}} V_{\mathrm{CS}}}{q(N_{\mathrm{D}} + p_{\mathrm{SC}})}} \tag{7.99}$$

在第二阶段结束时，空间电荷区的宽度取决于反向偏压下的电源电压和反向恢复峰值电流（通过 p_{SC}）。

当 MPS 整流器的反向偏压等于电源电压（V_{S}）时，第二阶段的结束，所以

$$t_1 = t_0 + t_{\mathrm{A}} = t_0 + \sqrt{\frac{\varepsilon_{\mathrm{S}} p_{\mathrm{M}} V_{\mathrm{S}}}{ad(N_{\mathrm{D}} + p_{\mathrm{SC}})}} \tag{7.100}$$

因为反向电流密度增加，空间电荷层中的空穴浓度（p_{SC}）是时间的函数。但是它的值（p_{SC}）通常远小于漂移区中的掺杂浓度（N_{D}）。因此，可以使用式（7.101）计算反向恢复峰值电流发生的时间（t_1）：

$$t_1 = \frac{J_{\mathrm{ON}}}{a} + \sqrt{\frac{\varepsilon_{\mathrm{S}} p_{\mathrm{M}} V_{\mathrm{S}}}{ad N_{\mathrm{D}}}} \tag{7.101}$$

该表达式第二项表示第二阶段结束的时间随着斜率的增加而减小，随反向偏置电源电压的增加而增加。在电流过零到达反向恢复峰值电流所需的时间在图 7.25 中定义为 t_{A}。使用该时间值，可以获得反向恢复峰值电流：

$$J_{\mathrm{PR}} = a t_{\mathrm{A}} = \sqrt{\frac{a\varepsilon_{\mathrm{S}} p_{\mathrm{M}} V_{\mathrm{S}}}{d(N_{\mathrm{D}} + p_{\mathrm{SC}})}} \tag{7.102}$$

基于该表达式，可以得出结论，反向恢复峰值电流将随着斜率和反向偏置电源电压的增加而增加。

值得指出的是，在关断过程的第二阶段，电子也从漂移区和 N$^+$ 衬底之间的界面附近被排除。在图 7.27 中用标记为 Q_3 的阴影区域表示。在右手侧（RHS）的中性区域中的载流子分布的斜率也与在任何时间的瞬时反向电流密度有关，因为电流通过电子朝向 N$^+$ 衬底的扩散来维持：

$$\left(\frac{\mathrm{d}n}{\mathrm{d}x}\right)_{\mathrm{RHS}} = \left(\frac{\mathrm{d}p}{\mathrm{d}x}\right)_{\mathrm{RHS}} = \frac{J_{\mathrm{R}}(t)}{2q D_{\mathrm{n}}} = -\frac{at}{2q D_{\mathrm{n}}} \tag{7.103}$$

如上所述，在第二阶段，载流子的清除是通过左手侧（LHS）的空间电荷区的扩展和右手侧电子的扩散实现的。此外，空穴也从中性区向空间电荷区扩散。为了说明在这个过程中载流子浓度的降低，用图 7.28 标记为 A 的直线表示左手侧线性化的载流子分布。该线的正斜率与在第二阶段结束时的反向恢复峰值电流之间的关

⊖　从公式上看应该是斜率 ramp，但原文是 ramp time，即斜坡时间。——译者注

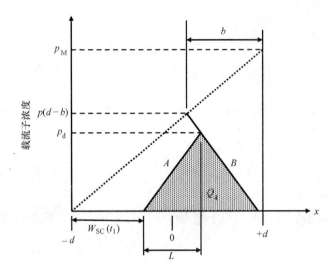

图 7.28　第二阶段结束时 MPS 整流器内存储的电荷

系为

$$\left(\frac{dn}{dx}\right)_{LHS} = \left(\frac{dp}{dx}\right)_{LHS} = \frac{J_{PR}}{2qD_p} \tag{7.104}$$

由上面的正斜率得到线 A 的等式，当 $x = [\,W_{SC}(t_1) - d\,]$ 时，该线的载流子浓度为零：

$$p_{LHS}(x) = \frac{J_{PR}}{2qD_p}[\,x + d - W_{SC}(t_1)\,] \tag{7.105}$$

类似地，在第二阶段结束时，在漂移区右侧的载流子分布可以通过式 (7.103) 给出的 t_1 时刻的负斜率和载流子浓度 $p(d-b)$ 求得

$$p_{RHS}(x) = p(d-b) - \frac{J_{PR}}{2qD_n}[\,x - (d-b)\,] \tag{7.106}$$

这些线的交点就是在第三阶段开始时的漂移区中的最大载流子浓度：

$$p_d = \frac{D_n p(d-b)}{D_n + D_p} + \frac{J_{PR}}{2q}\left[\left(\frac{d-b}{D_n + D_p}\right) - \frac{D_n[\,d - W_{SC}(t_1)\,]}{D_p(D_n + D_p)} + \frac{d - W_{SC}(t_1)}{D_p}\right] \tag{7.107}$$

该表达式中的第二项的值远小于第一项。

在关断过程的第三阶段，反向电流以指数速率减小，如图 7.25 所示，MPS 整流器所承担的电压保持电源电压不变。在第二阶段结束之后，漂移区内存储的电荷在图 7.28 中由标记为 Q_4 的阴影区域表示。该电荷必须在关断过程的第三阶段排除，在左手侧，自由载流子向空间电荷区边界扩散，在右手侧，其向 N^+ 衬底扩散。如非穿通 P－i－N 整流器结构[1]，MPS 整流器电流的减小受控于漂移区残留的过量空穴向空间电荷区边缘的扩散，该时间范围远小于复合寿命。由于在这个过

程中，空间电荷区已经承担反向电压，所以可以假设在过量载流子扩散期间，未耗尽区域中的电场强度较小。因此，可以忽略过量载流子在连续性方程中的电流的漂移分量。通过使用与非穿通 P‑i‑N 整流器相同的方法，可以获得 MPS 整流器第三阶段的反向恢复电流：

$$J_R(t) = J_{PR}\left(\frac{t_1}{t}\right)^3 e^{\frac{L^2}{4D_p}\left(\frac{1}{t}-\frac{1}{t_1}\right)} \frac{\lfloor 1 + \mathrm{cotanh}(L^2/4D_p t)\rfloor}{\lfloor 1 + \mathrm{cotanh}(L^2/4D_p t_1)\rfloor} \tag{7.108}$$

下面通过对特定硅 MPS 整流器结构进行反向恢复特性的分析，说明分析模型的有效性。以 500V 耐压的 MPS 整流器为例，漂移区厚度为 $70\mu m$，掺杂浓度为 $3.8\times10^{14}\mathrm{cm}^{-3}$。利用分析模型来分析不同斜率下该结构的反向恢复过程。在所有情况下，假设反向恢复开始前的通态电流密度为 $100\mathrm{A/cm}^2$。

计算所得的不同斜率下的反向恢复电流波形如图 7.29 所示。从中可以看出，开始时，随着斜率的减小，反向电压的增加有所延迟，因为电流过零的时刻延迟了。随着电流斜率从 $6\times10^8\mathrm{A/(cm}^2\cdot\mathrm{s})$ 减小到 $3\times10^8\mathrm{A/(cm}^2\cdot\mathrm{s})$，再减小到 $1.5\times10^8\mathrm{A/(cm}^2\cdot\mathrm{s})$，电流过零，并且结变为反向偏置的时间 t_0，从 $0.167\mu s$ 增加到 $0.333\mu s$，再增加到 $0.667\mu s$。MPS 整流器所承担的反向电压，随后随时间以二次幂的速度增加。图中用虚线表示电压达到 300V 反向电源电压的时间。因为斜率从 $6\times10^8\mathrm{A/(cm}^2\cdot\mathrm{s})$ 减小到 $3\times10^8\mathrm{A/(cm}^2\cdot\mathrm{s})$，再减小到 $1.5\times10^8\mathrm{A/(cm}^2\cdot\mathrm{s})$，所以反向偏置电压达到 300V 电源电压的时间 t_1 从 $0.319\mu s$ 增加到 $0.549\mu s$，再增加到 $0.972\mu s$。电压波形中的这一点定义了反向恢复过程的第二阶段的结束。

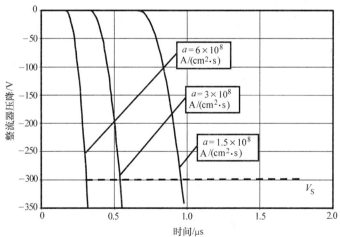

图 7.29 分析计算所获得的 500V 硅 MPS 整流器结构反向恢复电压波形

用分析模型计算获得的 500V 硅 MPS 整流器在 3 个斜率情况下的电流波形如图 7.30 所示。反向恢复峰值电流出现在第二阶段结束时。对于 3 种情况的斜率，由分析模型预测的反向恢复峰值电流密度分别为 $92\mathrm{A/cm}^2$、$62\mathrm{A/cm}^2$ 和 $47\mathrm{A/cm}^2$。在第二阶段之后，反向电流以指数速率衰减到零。

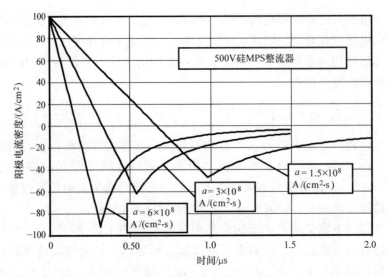

图 7.30　分析计算所得的 500V 硅 MPS 整流器在不同斜率下的反向恢复电流波形

　　分析模型也可以用来分析少数载流子寿命对反向恢复过程的影响。还是以 500V MPS 整流器结构为例，电流以 $3 \times 10^8 \, \text{A}/(\text{cm}^2 \cdot \text{s})$ 的斜率从通态电流密度 $300 \text{A}/\text{cm}^2$ 处开始关断。漂移区中的寿命值为 $2 \mu \text{s}$ 和 $20 \mu \text{s}$ 时，利用反向恢复过程的分析模型所估算的电压波形如图 7.31 所示。该模型预测，当寿命减少时，在第二阶段阳极电压增加速率略快。对于两个寿命值的情况，反向恢复过程的电流波形如图 7.32 所示。当寿命从 $10 \mu \text{s}$ 减少到 $1 \mu \text{s}$ 时，由分析模型预测的反向恢复峰值电流密度从 $62 \text{A}/\text{cm}^2$ 降低到 $56 \text{A}/\text{cm}^2$。通过模型预测反向恢复峰值电流减小的量相对小。

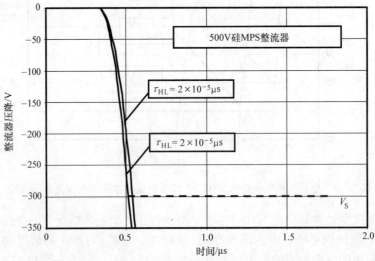

图 7.31　分析计算所得的不同寿命值下的 500V 硅 MPS 整流器的反向恢复电压波形

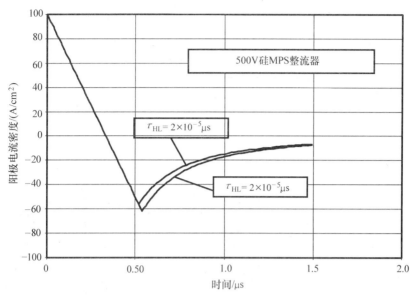

图 7.32 分析计算所得的不同寿命值的 500V 硅 MPS 整流器反向恢复的电流波形

模拟示例

为了验证上面所述的 MPS 整流器的反向恢复模型，这里给出了 500V 硅 MPS 整流器结构的数值模拟结果。该结构的漂移区厚度为 $65\mu m$，掺杂浓度为 3.8×10^{14} cm^{-3}。阴极电流以不同的负斜率从 $100A/cm^2$ 的通态电流密度开始下降。此外，还要观察寿命为不同值的影响，并与分析模型进行比较。

首先考虑负斜率为 $3 \times 10^8 A/(cm^2 \cdot s)$，漂移区中的寿命（$\tau_{p0}$ 和 τ_{n0}）值为 $10\mu s$ 的情况。在 $100A/cm^2$ 通态电流密度的稳态条件下，漂移区的最大载流子浓度（在漂移区和 N^+ 衬底之间的界面处）为 $5.5 \times 10^{16} cm^{-3}$，如图 7.39E 所示。在 $t = 0.33\mu s$ 时，漂移和 N^+ 衬底之间的界面处的载流子浓度分布呈零斜率，对应于分析模型中的时间 $t = t_0$（见图 7.30）。在该时间间隔内，结处的载流子浓度保持在零附近。此后，空间电荷区开始在（PN）结处形成，并向右侧扩展。当时间为 $0.63\mu s$ 时，硅 MPS 结构承担 300V 的反向偏压。此时，空间电荷区宽度为 $30\mu m$。通过分析模型 [使用式（7.95）] 预测的值也是 $30\mu m$，与模拟非常一致。从图 7.39E 还可以看出，在电压上升时间内，载流子在右侧通过扩散被抽取。该过程将漂移区中的剩余空穴的峰值浓度降低到远低于稳态空穴浓度值。这在建立分析模型时就考虑到了（见图 7.28）。

从数值模拟所获得的反向恢复过程的第三阶段的载流子分布如图 7.40E 所示。载流子分布具有高斯形状，载流子浓度随时间而减少，因为载流子在左手侧通过扩散进入空间电荷区，在右手侧通过扩散进入 N^+ 衬底而被抽取。这验证了建立第三阶段反向恢复电流衰减分析模型所使用的假设是正确的。

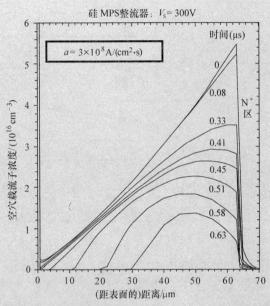

图 7.39E　500V 硅 MPS 整流器在反向恢复过程的阶段 1 和阶段 2 期间的载流子分布

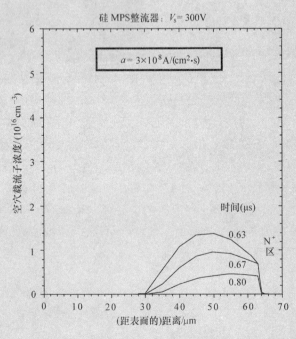

图 7.40E　500V 硅 MPS 整流器在反向恢复过程的第 3 阶段的载流子分布

由数值模拟所得到的硅 MPS 整流器反向恢复电压和电流波形分别如图 7.41E 和图 7.42E 所示。3 种斜率的波形具有分析模型所预测的相同特征（见图 7.29 和图 7.30）。在模拟中，电压如分析模型所预期的以二次幂的速率增加，并且使用分析模型获得的反向峰值电流和在模拟中观察到的反向峰值电流具有良好的一致性。此外，基于载流子的扩散，反向恢复电流在达到由分析模型预测的峰值后，以指数衰减，但不是以 $10\mu s$ 的寿命的复合速率衰减。

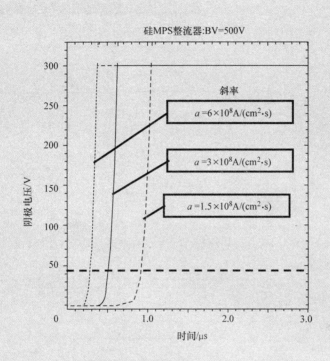

图 7.41E　500V 硅 MPS 整流器在不同斜率下的反向恢复电压波形

分析模型的有效性，也可以通过观察反向恢复过程中寿命变化的影响来检验。为了说明这一点，当以 $3 \times 10^8 A/(cm^2 \cdot s)$ 的下降斜率进行反向恢复时，寿命从 $10\mu s$ 的基准值减小。使用数值模拟所得的二极管电压和电流波形分别如图 7.43E 和图 7.44E 所示。图中所示的波形具有与使用分析模型所获得的波形相同的特征（见图 7.31 和图 7.32）。如分析模型所预测的那样，反向恢复峰值电流随着寿命的减少而降低。然而，用模拟观察到的反向恢复峰值电流的减小大于使用分析模型计算的值。这是由于分析模型忽略了反向恢复期间的复合。当漂移区中的寿命为 $10\mu s$ 时，该假设（忽略复合）成立。然而，当寿命降低到 $1\mu s$ 时，寿命值变得与瞬变的持续时间相当。此外，当寿命降低到 $0.1\mu s$ 时，整个漂移区不在大注入条件下工作，这使得分析模型不适合于这种情况。

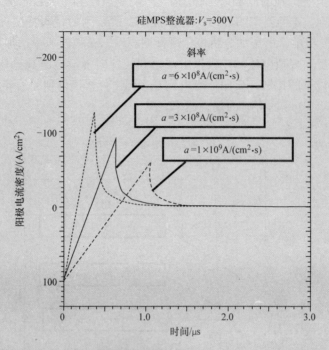

图 7.42E　500V 硅 MPS 整流器在不同斜率下的反向恢复电流波形

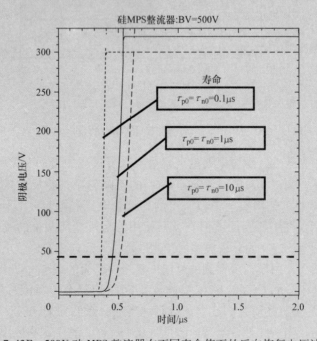

图 7.43E　500V 硅 MPS 整流器在不同寿命值下的反向恢复电压波形

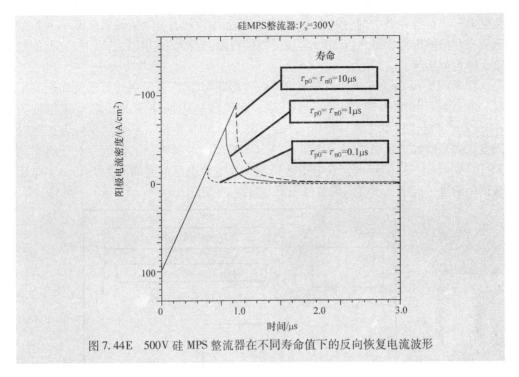

图 7.44E　500V 硅 MPS 整流器在不同寿命值下的反向恢复电流波形

7.4.3　碳化硅 MPS 整流器：反向恢复

上一节所描述的 MPS 整流器的反向恢复过程分析模型，也可以应用于碳化硅器件。由于碳化硅 JBS 整流器具有优异的通态特性和可忽略的存储电荷，因此反向阻断电压低于 5000V 的整流器应优先选择这种结构。阻断电压远高于 5000V 的碳化硅器件适合考虑 MPS 整流器中的双极性工作模式。然而，如 7.2 节中所讨论的，由于与硅相比，碳化硅中的 PN 结的内建电势大，因此肖特基接触的势垒高度必须大，而且面积要小，以确保从结（PN）的注入能使漂移区获得期望的电导率调制。

阻断电压为 10kV 的碳化硅 MPS 整流器的参数设计为漂移区厚度为 $80\mu m$，掺杂浓度为 $2 \times 10^{15} cm^{-3}$，其通态特性在 7.2 节中讨论过。在这里对该结构在不同下降斜率和不同漂移区寿命值下的反向恢复过程进行分析。首先，应该在相同的通态电流密度下，比较碳化硅 MPS 整流器中的存储电荷与 P-i-N 整流器中的存储电荷。10kV 碳化硅 MPS 整流器中的存储电荷可根据图 7.13 所给出的 $100A/cm^2$ 的电流密度下的载流子分布进行计算。尽管在图中不明显，但是空穴浓度在形状上近似为线性，在漂移区和 N^+ 衬底之间的界面处的最大浓度为 $6.2 \times 10^{16} cm^{-3}$。由该三角形分布所计算的存储电荷为 $39.7\mu C/cm^2$。相比之下，通过使用式（6.23）计算的 10kV 碳化硅 P-i-N 整流器中的平均存储电荷为 $7.8 \times 10^{17} cm^{-3}$。10kV 碳化硅 P-i-N 整流器的数值模拟表明，由于存在端区复合，漂移区中的平均空穴浓度降低到 $3.5 \times 10^{17} cm^{-3}$（见图 7.23E）。使用该值作为平均载流子浓度，可知 10kV 碳化硅 P - i - N 整流器中的存储电荷为 $448\mu C/cm^2$。因此，10kV 碳化硅 P - i - N 整流器中存储的电荷比碳化硅 MPS 整流器中的存储电荷大 10 倍以上，即使它们的通态压降近似相等。

在 $3\times10^8 A/(cm^2\cdot s)$ 斜率下，10kV 碳化硅 MPS 整流器所计算的反向恢复电压和电流波形如图 7.33 和图 7.34 所示。在该实例中所使用的通态电流密度为 $200A/cm^2$。电流过零时刻 t_0 为 $0.667\mu s$。碳化硅 MPS 整流器承担的反向电压随时间呈二次幂增加。图中给出了电压达到 5000V 反向电源电压的时间。对于斜率为 $3\times10^8 A/(cm^2\cdot s)$，反向偏置电压达到 5000V 电源电压的时间 t_1 为 $1.18\mu s$。电压波形中的这一点定义了反向恢复过程第二阶段的结束。

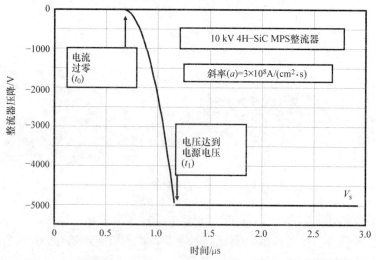

图 7.33　用 10kV 碳化硅 MPS 整流器结构分析计算反向恢复电压波形

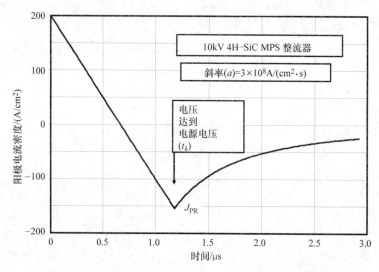

图 7.34　用 10kV 碳化硅 MPS 整流器结构分析计算反向恢复电流波形

反向恢复峰值电流发生在第二阶段结束时。对于 $3 \times 10^8\,\mathrm{A/(cm^2 \cdot s)}$ 的斜率，由分析模型预测的反向恢复峰值电流密度为 $154\,\mathrm{A/cm^2}$。在第二阶段之后，反向电流以指数速率衰减到零，这比在漂移区中寿命为 $10\,\mathrm{\mu s}$ 的复合的速率快得多，因为该模型基于通过扩散抽取存储的电荷。

模拟示例

为了验证用于 MPS 整流器中反向恢复过程分析的上述模型，这里给出了 10kV 4H – SiC MPS 整流器结构的数值模拟结果。该结构漂移区的厚度为 $80\,\mathrm{\mu m}$，掺杂浓度为 $2.0 \times 10^{15}\,\mathrm{cm^{-3}}$。阴极电流从 $200\,\mathrm{A/cm^2}$ 的通态电流密度下开始下降，下降斜率为 $3 \times 10^8\,\mathrm{A/(cm^2 \cdot s)}$，漂移区中的寿命（$\tau_{p0}$ 和 τ_{n0}）值为 $10\,\mathrm{\mu s}$。在具有 $200\,\mathrm{A/cm^2}$ 的通态电流密度的稳态条件下，漂移区的最大载流子浓度（在漂移区和 $\mathrm{N^+}$ 衬底之间的界面处）为 $1.33 \times 10^{17}\,\mathrm{cm^{-3}}$，如图 7.45E 所示。这与使用式（7.21）所计算的值非常一致，验证了通态模型。在漂移区和 $\mathrm{N^+}$ 衬底之间界面处的载流子分布在 $t = 0.74\,\mathrm{\mu s}$ 时为零斜率，该时间大致对应于分析模型中的时间 $t = t_0$（见图 7.34）。在该时间间隔内，（PN）结处的载流子浓度接近于零。此后，空间电荷区开始从（PN）结处形成并向右侧扩展。当时间达到 $1.26\,\mathrm{\mu s}$ 时，10kV 4H – SiC MPS 整流器结构承担 5000V 的反向偏压。此时，空间电荷区宽度为 $52\,\mathrm{\mu m}$。分析模型〔使用式（7.95）〕预测的值为 $52.4\,\mathrm{\mu m}$，与模拟非常一致。从图 7.45E 还可以观察到，在电

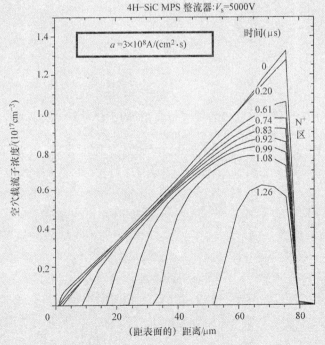

图 7.45E　10kV 4H – SiC MPS 整流器在反向恢复过程第一和第二阶段期间的载流子分布

压上升期间通过扩散从右侧抽取载流子。该过程将漂移区中的剩余空穴的峰值浓度降低到远低于稳态空穴浓度。这在建立分析模型时就考虑了（见图 7.28）。

由数值模拟获得的 10kV 4H - Si C MPS 整流器在反向恢复过程第三阶段的载流子分布如图 7.46E 所示。载流子分布具有高斯分布形状，载流子浓度随时间而减少，因为载流子在左手侧通过扩散进入空间电荷区，在右手侧通过扩散进入 N⁺ 衬底而被抽取。这验证了建立第三阶段反向恢复电流衰减分析模型所用假设的正确性。

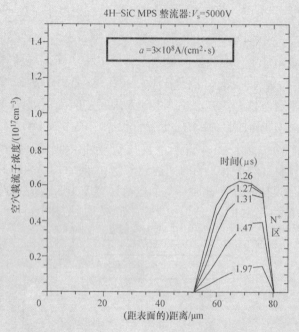

图 7.46E 10kV 4H - SiC MPS 整流器在反向恢复瞬变第三阶段的载流子分布

为了量化碳化硅 MPS 整流器结构对反向恢复特性的改善，10kV 碳化硅 P - i - N 整流器的数值模拟结果也包括在本节中。该 P - i - N 整流器具有（和 MPS）相同的漂移区参数，其中 P⁺ 阳极区延伸整个 3μm 宽的元胞结构。4H - SiC P - i - N 整流器结构在关断期间的不同时间间隔内的空穴浓度分布如图 7.47E 所示。在 200A/cm² 的通态电流密度下，初始载流子分布具有约 $5 \times 10^{17} cm^{-3}$ 的平均值。在关断过程的第一阶段（对于 P - i - N 整流器的该阶段见图 6.8），左侧的载流子分布的斜率随电流密度的减小而减小，到 0.667μs 时为零。一旦在第二阶段期间电流变为负，左侧的载流子浓度将减小，到 1.48μs 时（PN）结变为反向偏置。在 P - i - N 整流器能够承担反向偏置电压之前的这个长延迟阶段，产生大的反向恢复峰值电流。在第三阶段之后，空间电荷区形成，并且在 2.3μs（t_2）时，电压达到 5000V

的电源电压，此时耗尽层宽度约为 52μm。对于 MPS 整流器，由于电子扩散到 N⁺ 阴极区中，因此在结构的右手侧也发生一些电荷抽取。

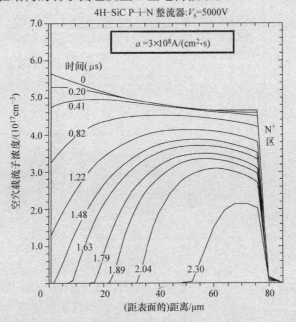

图7.47E　10kV 4H–SiC P–i–N 整流器在反向恢复过程第一到第三阶段期间的载流子分布

　　由数值模拟所得的 10kV 4H–SiC P–i–N 整流器反向恢复过程的第四阶段（如图 6.8 中所定义）的载流子分布如图 7.48E 所示。载流子分布具有高斯形状，载流子浓度随时间而减少，因为载流子在左手侧通过扩散进入空间电荷区，在右手侧通过扩散进入 N⁺ 衬底而被抽取。这验证了开发 P–i–N 整流器反向恢复电流衰减第四阶段分析模型所使用假设的正确性。

　　由数值模拟所得到的碳化硅 MPS 和 P–i–N 整流器反向恢复电压和电流波形分别如图 7.49E 和图 7.50E 所示。在两种情况下，反向恢复电流下降斜率均为 $3 \times 10^8 A/(cm^2 \cdot s)$，并且假定反向电源电压为 5000V。

　　从图 7.49E 可以看出，碳化硅 MPS 整流器的数值模拟结果显示电压在电流越过零之后立即以二次幂速率增加，如分析模型所预期的。相比之下，碳化硅 P–i–N 整流器的电压在更晚的时间开始上升，因为在 PN 结附近存在大量的存储电荷。从图 7.50E 可以看出，MPS 整流器的反向恢复峰值电流为 178A/cm²，这与分析模型的预测非常一致。而 P–i–N 整流器的反向恢复峰值电流为 493A/cm²，比 MPS 整流器的反向恢复峰值电流大近 3 倍。从图 7.50E 中的两个器件的电流波形来看，与 P–i–N 整流器的 2.3μs 的反向恢复时间相比，MPS 整流器的反向恢复时间为 1.3μs。这些结果表明，通过将 MPS 整流器结构用于碳化硅高压整流器，能够在获得低通态压降的同时，实现对反向恢复功耗的实质性改进。由于尚未开发

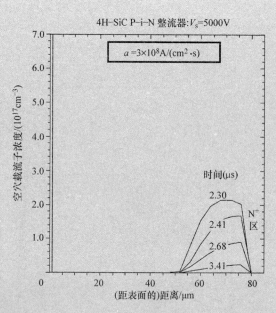

图7.48E 10kV 4H-SiC P-i-N 整流器在反向恢复过程第四阶段的载流子分布

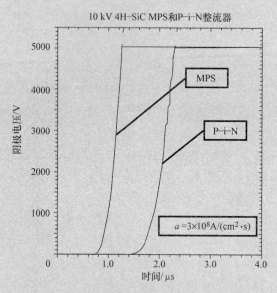

图7.49E 10kV 4H-SiC MPS 和 P-i-N 整流器反向恢复电压波形

用于碳化硅器件的寿命控制工艺，所以 MPS 结构是制造高性能高电压整流器的不二选择。

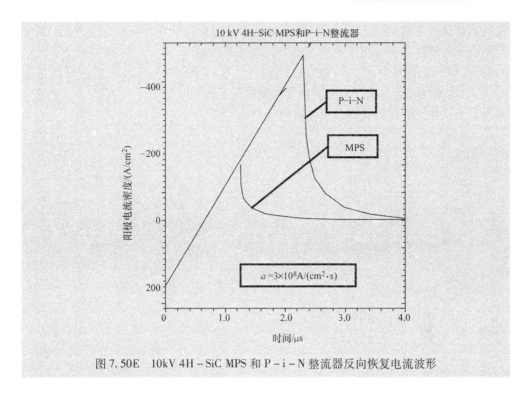

图 7.50E　10kV 4H-SiC MPS 和 P-i-N 整流器反向恢复电流波形

7.5　MPS 整流器折中曲线

前面章节证明了可通过降低硅 MPS 整流器漂移区少数载流子寿命来减小反向恢复峰值电流和关断时间。这能够减少开关瞬变期间的功耗。然而，当少数载流子寿命降低时，硅 MPS 整流器的通态压降会增加，导致在通态电流导通期间的功耗的增加。电力系统应用期望的是减小整流器中所产生的总功耗，以实现功率转换效率最大化。同时减少了在功率器件内产生的热量，保持较低的结温，这正是防止热失控和可靠性问题发生所期望的。为了使功耗最小，通常利用折中曲线实现功率 P-i-N 整流器通态和开关功耗之间的折中。

为了比较硅 MPS 整流器与硅 P-i-N 整流器的性能，对 500V 器件的通态压降和反向恢复特性进行了数值模拟。不同硅 MPS 和 P-i-N 整流器漂移区寿命的模拟数据列在图 7.35 和图 7.36 中。与硅 P-i-N 整流器相比，在漂移区寿命相同的情况下，硅 MPS 整流器的反向恢复峰值电流、反向恢复时间和反向恢复电荷更小。这与在通态工作期间，硅 MPS 整流器中所存储的电荷约为 P-i-N 整流器中所存储电荷的一半一致。从数值模拟所得的这些结果与文献中关于 1000V 硅整流器报道的实验结果一致[6]。

为了比较碳化硅 MPS 整流器与 P-i-N 整流器的性能，对 10kV 器件的通态压降和反向恢复特性进行了数值模拟，如图 7.37 所示。与 P-i-N 整流器相比，在相同漂移区中寿命的情况下，4H - SiC MPS 整流器的反向恢复峰值电流、反向恢复时间和反向恢复电荷大幅度减小。这与在通态工作期间，P - i - N 整流器中存储的电荷是 MPS 整流器中的大约 10 倍一致。同时，MPS 整流器的通态压降略小于 P - i - N 整流器的通态压降。只要使肖特基接触的面积足够小，PN 结能够在通态注入载流子，就能够用可实现的势垒高度的肖特基接触实现这些特性的改进。

寿命 $(\tau_{p0} \& \tau_{n0})$	V_{ON} /(100A/cm^2)	t_{rr}/μs	J_{PR}/(A/cm^2)	Q_{RR} /(μC/cm^2)
10	0.870	0.50	86.7	21.7
1.0	0.958	0.392	60	11.8
0.1	1.645	0.137	13.3	0.91

图 7.35   500V 硅 MPS 整流器的数值模拟的通态压降和反向恢复参数

寿命 $(\tau_{p0} \& \tau_{n0})$	V_{ON} /(100A/cm^2)	t_{rr}/μs	J_{PR}/(A/cm^2)	Q_{RR} /(μC/cm^2)
10	0.847	0.697	140	48.8
1.0	0.857	0.512	105	27.9
0.1	0.996	0.167	37	3.09

图 7.36   500V 硅 P - i - N 整流器的数值模拟的通态压降和反向恢复参数

器件	V_{ON} /(200A/cm^2)	t_{rr} /μs	J_{PR} /(A/cm^2)	Q_{RR} /(μC/cm^2)
MPS	3.05	1.3	178	116
P - i - N	3.10	2.3	493	566

图 7.37   10kV 4H - SiC MPS 和 P - i - N 整流器的数值模拟的通态压降和反向恢复参数

7.6   总结

本章分析了 MPS 整流器的工作原理。推导了通态和阻断状态以及反向恢复过程的解析表达式。在通态电流水平下，漂移区中注入的少数载流子浓度超过高击穿电压所需的相对低的掺杂浓度。漂移区中的这种大注入产生了电导调制效应，导致通态压降减小。与 P - i - N 整流器不同，载流子浓度在（PN）结处接近于零，在漂移区和 N$^+$ 阴极区之间的界面处具有最大值。在电流传输时，由于存在比 PN 结势垒更低的肖特基接触，所以 MPS 整流器的通态压降可以小于 P - i - N 整流器的通态压降。

通过适当选择漂移区的掺杂浓度和厚度，MPS 整流器可以在反向阻断模式中承担高电压。由于肖特基接触的热发射电流，（MPS）反向漏电流大于 P - i - N 整流器的漏电流。然而，通过使用大的肖特基势垒高度和小的肖特基接触面积，可以使漏电流减小。

和 P－i－N 整流器的情况一样，MPS 整流器从通态向反向阻断状态切换时，也伴随着显著的反向电流。但是反向恢复峰值电流和反向恢复时间均小于在 P－i－N 整流器中所观察到的。碳化硅器件尤其明显。由于还没有为碳化硅双极器件开发寿命控制工艺，MPS 结构是生产既具有低通态压降，又具有很小的反向恢复功耗的高压功率整流器的良好技术手段。此外，碳化硅 MPS 整流器中 PN 结的电流密度低，因为它只是通态电流密度的一小部分。碳化硅 MPS 整流器中 PN 结电流密度的降低，抑制了碳化硅 P－i－N 整流器在高电流密度下，在延长的通态工作期间所呈现的通态压降意外剧增[7]。

参 考 文 献

1　B.J. Baliga, "Fundamentals of Power Semiconductor Devices", Springer-Scientific, New York, 2008.

2　B.J. Baliga and E. Sun, "Comparison of Gold, Platinum, and Electron Irradiation for Controlling Lifetime in Power Rectifiers", IEEE Transactions on Electron Devices, Vol. ED-24, pp. 685-688, 1977.

3　B.J. Baliga and S. Krishna, "Optimization of Recombination Levels and their Capture Cross-sections in Power Rectifiers and Thyristors", Solid State Electronics, Vol. 20, pp. 225-232, 1977.

4　B.J. Baliga, "Analysis of the High-Voltage Merged P-i-N/Schottky (MPS) Rectifier", IEEE Electron Device Letters, Vol. EDL-8, pp. 407-409, 1987.

5　M.E. Levinshtein, T.T. Mnatsakanov, P.A. Ivanov, R. Singh, K.G. Irvine, J. Palmour, "Carrier lifetime measurements in 10 kV 4H-SiC diodes", Electronics Letters, Volume 39, Issue 8, Page(s):689 – 691, 17 April 2003.

6　S.L. Tu and B.J. Baliga, "Controlling the Characteristics of the MPS Rectifier by variation of the Area of the Schottky Region", IEEE Transactions on Electron Device, Vol. 40, pp. 1307-1315, 1993.

7　A. Hefner, et al, "Recent Advances in High-Voltage, High-Frequency, Silicon-Carbide Power Devices", IEEE 41st Industrial Application Society Conference, Vol. 1, pp. 330-337, 2006.

第8章 SSD 整流器

前一章讨论了 MPS 整流器，该器件融合了 P－i－N 整流器与肖特基整流器的物理机制，极大改善了通态和反向恢复功耗之间的折中，其结构如图7.1所示。在 MPS 结构中，漂移区的设计采用与 P－i－N 整流器相同的标准，以承担额定的反向阻断电压。器件结构由金属接触下方的 PN 结和其余区域的肖特基接触构成。在 MPS 整流器的电流导通期间，大部分电流流经肖特基接触和由于空穴的注入而具有电导调制效应的漂移区。在这些条件下，（MPS 的）通态压降小于 P－i－N 整流器的通态压降。同时，就载流子分布来看，MPS 整流器中阳极侧的载流子浓度较低，这使其反向恢复过程远优于 P－i－N 整流器。由于在肖特基接触处存在热电子发射电流，因此与 P－i－N 整流器相比，MPS 整流器的缺点是漏电流较大。相对高的势垒的使用以及 PN 结所提供的屏蔽，可以使漏电流降低到可以接受的水平。

通过合理的设计，静电屏蔽二极管（SSD）[2]可以替代 MPS 整流器，因为 SSD 在通态下能产生与 MPS 相似的注入载流子分布。SSD 整流器的结构如图8.1所示。与 MPS 整流器的情况一样，SSD 的部分阳极区为高掺杂的深 P⁺ 型区域，其余部分为轻掺杂的浅 P 型区域。SSD⊖整流器结构的电气性能对轻掺杂 P 型区的掺杂分布有非常强的依赖性。在一个极端的情况下，如果 P 型区的掺杂浓度与较深 P⁺ 区的掺杂浓度一样的话，则 SSD 整流器特性接近 P－i－N 整流器所呈现的特性。在另一个极端的情况下，如果 P 型区的掺杂浓度非常小，由于在 P 型区和漂移区之间的结的注入效率差，所以 SSD 整流器特性接近 MPS 整流器所呈现的特性。正如在这一章中所讨论的，SSD 整流器的电气特性可以通过调整 P 型区的掺杂浓度和厚度来确定。在选择 P 型区中的掺杂浓度来优化通态压降和反向恢复之间的折中时，还需要确保耗尽层不能穿通轻掺杂的 P 型区到达阳极接触处。如果 P 型区的耗尽层延伸到阳极接触处，则由于欧姆接触处的高表面复合速度，SSD 整流器就会出现很大的漏电流。

8.1 器件物理

SSD 整流器的基本结构如图8.1所示。阳极区由两个 P 型区组成——一个具有较高的掺杂浓度，另一个掺杂浓度较低。SSD 整流器的导通状态和反向恢复特性可

⊖ 原文是 SSC，实际应该是 SSD。——译者注

通过调节轻掺杂 P⁻ 区（N_{SP-}）的表面掺杂浓度和结深（x_{JP-}）进行调控。P⁻ 区的低掺杂降低了 P⁻ 区和漂移区之间的结的注入的效率。当注入效率足够小时，结处的载流子浓度将接近于零。在漂移区中的注入的载流子分布与 MPS 整流器在高电平注入条件下大部分漂移区的载流子分布相类似。

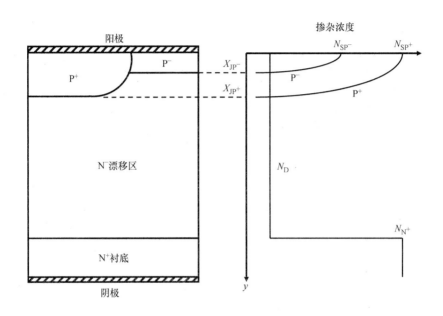

图 8.1　SSD 整流器

可以预测 SSD 整流器的通态电流流经 P⁺/N 结和 P⁻/N 结。随着正向偏置电压的增加，PN 结开始向漂移区注入大量的空穴，与 P-i-N 整流器的情况一样，漂移区处于大注入状态。由于电导调制效应，漂移区的电阻减小，因此大电流时所具有的通态压降与 P-i-N 整流器的相似。

由于 P⁻/N 的注入效率较低，因此 SSD 中该位置的载流子浓度保持很低。就关断瞬态过程中的电荷清除而言，SSD 整流器中的载流子分布优于 P-i-N 整流器的载流子分布。SSD 整流器具有较小的反向恢复峰值电流和反向恢复电荷，可降低开关功耗。此外，通过改变 P⁻ 区中的掺杂浓度，可改善通态压降和反向恢复功耗之间的折中。通过使用通常用于 P-i-N 整流器的寿命控制技术可以实现对折中曲线的进一步改善。

8.1.1 大注入条件

随着 SSD 整流器的正向偏压的增加，从 PN 结注入到漂移区中的少数载流子浓度也增加，直到它最终超过漂移区中的衬底掺杂浓度（N_D），从而形成大注入。当漂移区中的注入空穴浓度远大于衬底掺杂浓度时，电中性要求电子和空穴的浓度要相等：

$$n(x) = p(x) \tag{8.1}$$

高浓度的自由载流子使漂移区的电阻减小，导致漂移区电导调制效应形成。与 P-i-N 和 MPS 整流器的情况一样，漂移区的电导调制效应使低掺杂漂移区即使有大电流密度的电流流过，仍能保持低通态压降。

由于轻掺杂 P 区的存在，SSD 整流器的漂移区内的载流子分布不同于 P-i-N 和 MPS 整流器的载流子分布。当漂移区的载流子寿命较大时，$A-A$ 剖面的载流子分布如图 8.2 所示，此时忽略了漂移区中的复合。这相当于双极扩散长度（L_a）非常大的情况，从而导致式（7.11）变为

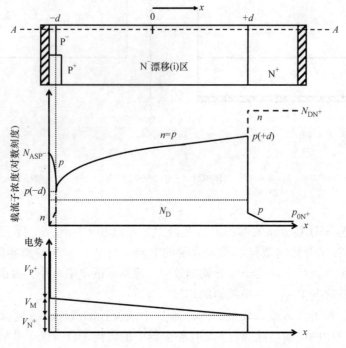

图 8.2 SSD 整流器在大注入条件下载流子和电势分布

$$\frac{d^2 p}{dx^2} = 0 \tag{8.2}$$

式（8.2）的解是线性的，表示为：

$$p(x) = Ax + B \tag{8.3}$$

常数 A 和 B 由 N^- 漂移区域的边界条件决定。

在 N^- 漂移区/N^+ 阴极区（位于图 8.2 中的 $x = +d$）结处，总电流仅为电子电流：

$$J_T = J_n(+d) \tag{8.4}$$

和

$$J_p(+d) = 0 \tag{8.5}$$

利用以上方程式可求出：

$$J_T = 2qD_n\left(\frac{dn}{dx}\right)_{x=+d} = 2qD_n\left(\frac{dp}{dx}\right)_{x=+d} \tag{8.6}$$

上面的边界条件可以求得式（8.3）中的常数 A：

$$A = \frac{J_T}{2qD_n} \tag{8.7}$$

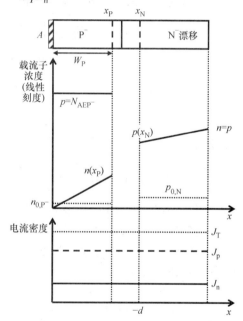

SSD 整流器的第二个边界条件发生在 N^- 漂移区/轻掺杂 P^- 区结处（位于图 8.2 中的 $x = -d$ 处）。这里的空穴浓度由结的有限注入效率决定。图 8.3 说明了该结的载流子分布，结的边界标记为 x_P 和 x_N。请注意，边界 x_N 对应于图 8.2 中的 $x = -d$。该图还表示出了结处的电流密度，总电流的一部分是由于将电子注入轻掺杂 P^- 区中产生的。电子电流的大小可由注入 P^- 区的载流子分布求得。由于该区域的宽度（W_P）较小并且其掺杂浓度为中等水平，因此可以假定 P^- 区中电子的扩散长度远大于其宽度。如图 8.3 所示，电子浓度从结的 $n(x_P)$ 线性变化到欧姆接触处的零点。

图 8.3　SSD 整流器中轻掺杂 P^- 区/
N^- 漂移区结处的载流子分布

利用玻耳兹曼准平衡条件[3]：

$$\frac{p(x_N)}{p(x_P)} = \frac{n(x_P)}{n(x_N)} = e^{-(q\Delta\psi/kT)} \tag{8.8}$$

式中，$\Delta\psi$ 为在正向偏置下结的势垒。假设 P^- 区中为小注入，空穴浓度等于受主掺杂浓度（N_{AEP^-}）：

$$p(x_P) = N_{AEP^-} \tag{8.9}$$

由于 N^- 漂移区为大注入，因此结处的电子和空穴浓度相等：

$$n(x_N) = p(x_N) \tag{8.10}$$

利用这些关系，由式（8.8）可得

$$n(x_P) = \frac{p^2(x_N)}{N_{AEP^-}} \tag{8.11}$$

在小注入条件下，P^- 区中的电子扩散电流由式（8.12）给出：

$$J_n(x_P) = \frac{qD_n n(x_P)}{W_P} = \frac{qD_n p^2(x_N)}{W_P N_{AEP^-}} \tag{8.12}$$

由于通过耗尽区的电子电流是连续的，所以有

$$J_n(x_N) = J_n(x_P) = \frac{qD_n p^2(x_N)}{W_P N_{AEP^-}} \tag{8.13}$$

由于 N^- 漂移区为大注入，空穴电流密度由下式给出：

$$J_p(x_N) = 2qD_p \left(\frac{dp}{dx} \right)_{x=-d} = 2qD_p A = \frac{D_p}{D_n} J_T \tag{8.14}$$

通过利用式（8.7）。由于电子和空穴电流密度之和必须等于总的通态电流密度，所以有

$$\frac{D_p}{D_n} J_T + \frac{qD_n p^2(x_N)}{W_P N_{AEP^-}} = J_T \tag{8.15}$$

求得空穴浓度为

$$p(x_N) = p(-d) = \sqrt{\frac{W_B N_{AEP^-} J_T}{qD_n} \left(1 - \frac{D_p}{D_n} \right)} \tag{8.16}$$

该表达式表明轻掺杂 P^- 区和漂移区结处的空穴浓度随着电流密度的二次方根增加而增加。还表明：在轻掺杂 P^- 区和漂移区结处的载流子浓度将随着轻掺杂 P^- 区中净电荷（掺杂和宽度）的增加而增加。

将 $x = -d$ 处的浓度代入式（8.3）中求得常数 B 为

$$B = \frac{J_T d}{2qD_n} + \sqrt{\frac{W_B N_{AEP^-} J_T}{qD_n} \left(1 - \frac{D_p}{D_n} \right)} \tag{8.17}$$

将常数 A 和 B 代入式（8.3）中可求出 N^- 漂移区中的空穴（和电子）载流子浓度：

$$p(x) = n(x) = \frac{J_T}{2qD_n} (x+d) + p(x_N) \tag{8.18}$$

其中 x 从漂移区的 $-d$ 延伸到 $+d$。由该等式描述的载流子分布在漂移区和 N^+ 衬底之间的界面处具有最大值，其大小为

$$p(+d) = n(+d) = \frac{J_T d}{qD_n} + p(x_N) \tag{8.19}$$

在轻掺杂 P^- 区，载流子浓度沿负 x 方向上单调减小。为了满足用于推导表达式的边界条件，载流子浓度在 P^- 区域等于 $p(x_N)$。

示例：击穿电压为 500V 的 SSD 整流器，漂移区厚度为 $70\mu m$，不同的轻掺杂 P^- 区的表面浓度的载流子分布，利用式（8.19）所计算的载流子分布如图 8.4 所示。在进行这些计算时，假设 P^- 区的有效掺杂浓度（N_{AEP-}）是 P^- 区的表面掺杂浓度（N_{ASP-}）的一半。从图中看到轻掺杂 P^- 区/N^- 漂移区结处的载流子浓度随着 P^- 区表面浓度的增加而显著增加。对于 P^- 区的最低表面浓度，载流子分布类似于 MPS 整流器结构。对于 P^- 区的最大表面浓度，载流子分布类似于 P-i-N 整流器。注意，对于这种分析模型，随着 P^- 区的表面浓度的增加，在 N^- 漂移区/N^+ 衬底界面处的载流子浓度也增加。

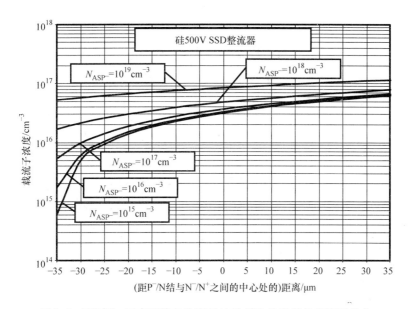

图 8.4　不同 P^- 区表面掺杂浓度下的硅 SSD 整流器的载流子分布

8.1.2　通态压降

对通过轻掺杂区，如图 8.2 中标记为'$A-A$'的路径上的压降求和，可求得 SSD 整流器的通态压降。沿该路径的总电压降包括 P^- 区/漂移区结压降，漂移区两端的压降（中间区电压 V_M）以及与 N^+ 衬底之间的结压降（V_{N^+}）：

$$V_{ON} = V_{P^-} + V_M + V_{N^+} \tag{8.20}$$

P^- 区/漂移区结压降由式（8.21）给出：

$$V_{P^-} = \frac{kT}{q}\ln\left[\frac{p(-d)}{p_{0N}}\right] = \frac{kT}{q}\ln\left[\frac{p(-d)N_D}{n_i^2}\right] \tag{8.21}$$

式中，p_{0N} 为漂移区平衡少子浓度，与掺杂浓度（N_D）有关。因为在（P^- 区/漂移区）结处，注入的载流子浓度 $p(-d)$ 非常小，所以 SSD 整流器的这个结压降比

P-i-N 整流器的（结压降）小。

通过电场强度的积分可以分析漂移（中间）区的压降。漂移区中的电场强度可以从载流子分布中获得。漂移区中的空穴电流和电子电流由式（8.22）给出：

$$J_p = q\mu_p\left(pE - \frac{kT}{q}\frac{dp}{dx}\right) \tag{8.22}$$

$$J_n = q\mu_n\left(nE + \frac{kT}{q}\frac{dn}{dx}\right) \tag{8.23}$$

漂移区任何位置的总电流是恒定的，由式（8.24）给出：

$$J_T = J_p + J_n \tag{8.24}$$

结合这些关系可得

$$E(x) = \frac{J_T}{q(\mu_n + \mu_p)} - \frac{kT}{2qn}\frac{dn}{dx} \tag{8.25}$$

在推导该表达式时，利用了电中性条件 $n(x) = p(x)$。

SSD 整流器也如前面章节的分析，当忽略漂移区中的复合时，载流子分布具有线性形状。在漂移区没有复合情况下，由于式（8.18）给出了载流子分布，将其代入到式（8.25）中可得

$$E(x) = \left[\frac{2D_n}{\mu_n + \mu_p} - \frac{kT}{2q}\right]\frac{J_T}{[(x+d)J_T + 2qD_np(x_N)]} \tag{8.26}$$

漂移（中间）区域的压降可以通过对整个漂移区电场的积分来获得：

$$V_M = \left(\frac{2D_N}{\mu_n + \mu_p} - \frac{kT}{2q}\right)\ln\left[\frac{2J_Td + 2qD_np(x_N)}{2qD_np(x_N)}\right] \tag{8.27}$$

对于漂移区厚度（2d）为 70μm 且 P$^-$ 区的表面浓度为 1×10^{16} cm^{-3} 的 SSD 整流器来说，在 100A/cm^2 的通态电流密度下，室温下中间区的压降为 0.09V。该压降远小于掺杂浓度为 3.8×10^{14} cm^{-3} 且厚度为 70μm 的未调制漂移区的 8.47V 的压降。

漂移区/N$^+$ 衬底结压降可以由在 $x = +d$ 处的载流子浓度来确定：

$$V_{N^+} = \frac{kT}{q}\ln\left[\frac{n(+d)}{N_D}\right] \tag{8.28}$$

在漂移区没有复合时，漂移区中该界面的载流子浓度由式（8.19）求得。通过将 P$^-$/N 结、中间区、N/N$^+$ 结的压降相加可求得 SSD 的通态压降，通态电流密度为 100A/cm^2 时，漂移区宽度为 70μm 的 500V 硅 SSD 整流器通态压降为 0.79V。这比 P-i-N 整流器的要小。

漂移（中间）区的压降可由式（8.27）得到。根据该表达式，漂移（中间）区上的压降取决于通态电流密度和漂移区的厚度。通过 p（x_N）这项可知，该压降也由轻掺杂 P$^-$ 区的掺杂浓度确定。当通态电流密度为 100A/cm^2 时，不同漂移区厚度的硅 SSD 整流器的中间区压降与 P$^-$ 区表面浓度的变化关系如图 8.5 所示。在绘

制该图时，将 P⁻ 区的有效掺杂浓度设为表面浓度的一半时，当通态电流密度为 100A/cm² 时，中间区的压降约为 0.1V。

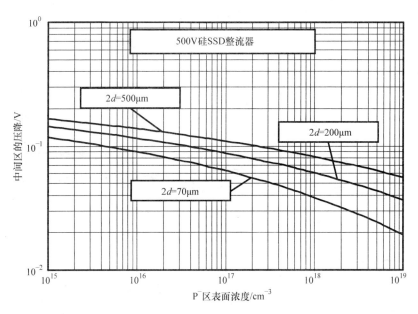

图 8.5　500V 硅 SSD 整流器的中间区的压降

SSD 整流器的通态压降可以利用上面讨论的三个组成部分来计算。将式 (8.21) 给出的 P⁻/N 结压降和式 (8.28) 给出的 N/N⁺ 结电压相加：

$$V_{P^-} + V_{N^+} = \frac{kT}{q}\ln\left[\frac{p(x_N)n(+d)}{n_i^2}\right] \tag{8.29}$$

将式 (8.29)、式 (8.27) 所得的结果代入到式 (8.20) 中得

$$V_{ON} = \frac{kT}{q}\ln\left[\frac{p(x_N)n(+d)}{n_i^2}\right] + \left(\frac{2D_n}{\mu_p+\mu_n} - \frac{kT}{2q}\right)\ln\left[\frac{2J_T d + 2qD_n p(x_N)}{2qD_n p(x_N)}\right] \tag{8.30}$$

SSD 整流器的通态压降是 P⁻ 区掺杂浓度的函数，通过 P⁻/N 结处的空穴浓度 p (x_N) 反映在公式中。举例说明，硅 SSD 整流器的漂移区掺杂浓度为 3.8×10^{14} cm⁻³，厚度为 70μm，能够承担 500V 的阻断电压。在这种情况下，通过分析模型预测的通态压降随 P⁻ 区表面浓度的变化如图 8.6 所示。从图可见，随着 P⁻ 区的掺杂浓度增加，导通压降略有增加。为了更好地理解这种特性，图中还显示了通态压降的三个分量。随着 P⁻ 区掺杂浓度的增加，N/N⁺ 结的结压降仅略有增加。然而，随着 P⁻ 区的掺杂浓度的增加，P⁻/N 结的结压降明显增加，因为有更多的空穴通过该结注入到漂移区中。与此同时，由于漂移区内的空穴浓度较大。漂移 (中间) 区的压降随着 P⁻ 区掺杂浓度的增加而下降。由于这两个电压降的变化几乎相等，导致通态压降仅随 P⁻ 区掺杂浓度的增加而略微增加。

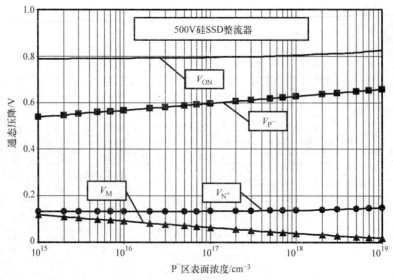

图 8.6　500V 硅 SSD 整流器的压降

8.1.3　正向导通特性

式（8.30）可预测 SSD 整流器的通态 $i-v$ 特性。不同 P^- 区表面掺杂浓度的 500V 硅 SSD 整流器导通特性如图 8.7 所示。在低通态电流密度下，P^- 区表面浓度较小的 SSD 整流器的通态压降明显减小。在更高的通态电流密度下，所有情况下的通态压降几乎相等。在通态电流密度为 $100A/cm^2$ 时，SSD 整流器的通态压降约为 0.8V，小于 $P-i-N$ 整流器的通态压降。这表明可以在 SSD 整流器中获得较小的通态压降，同时还可以在漂移区中获得较小的存储电荷。

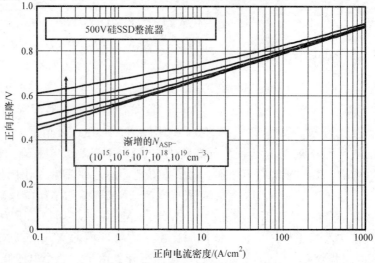

图 8.7　以 P^- 区表面掺杂浓度为参数的 500V 硅 SSD 整流器的通态特性

8.1.4　N⁺ 端区的反注入

对于 P-i-N 整流器，特别是当漂移区的寿命较长时，端区（P⁺ 和 N⁺ 区）复合对通态特性有强烈影响。在端区存在复合时，漂移区中的载流子浓度不再与通态电流密度成比例地增加。中间区的压降也不再是恒定的，而是随着电流密度的增加而增加，这导致通态压降显著增加。当漂移区的寿命很长时，可以预计 SSD 整流器也会出现类似的效应。本节将推导考虑端区（SSD 整流器的 N⁺ 区）复合因素的分析模型。

由于 SSD 整流器的端区存在复合，总电流必须包括 N⁺ 端区的复合电流成分。在下面的分析中，假设 N⁺ 端区的复合起主要作用。由于 N⁺ 端区为高掺杂区，因此，即使在非常高的通态电流密度下，注入的少数载流子浓度也远低于多数载流子浓度。假设 N⁺ 端区为均匀掺杂，可根据小注入理论分析注入到 N⁺ 端区的电流。在小注入条件下：

$$J_{N^+} = J_{SN^+} e^{\frac{qV_{N^+}}{kT}} \tag{8.31}$$

式中，J_{SN^+} 为重掺杂 N⁺ 端区的饱和电流密度。

在准平衡条件下，在 N⁺/N 结的两侧注入的载流子浓度可表示为

$$p_{N^+}(+d)n_{N^+}(+d) = p(+d)n(+d) \tag{8.32}$$

在 N⁺ 端区的小注入条件下：

$$n_{N^+}(+d) = n_{0N^+} \tag{8.33}$$

$$p_{N^+}(+d) = p_{0N^+} e^{\frac{qV_{N^+}}{kT}} \tag{8.34}$$

将上述关系代入到式（8.32）中得

$$p(+d)n(+d) = p_{0N^+}n_{0N^+} e^{\frac{qV_{N^+}}{kT}} = n_{ieN^+}^2 e^{\frac{qV_{N^+}}{kT}} \tag{8.35}$$

式中，n_{ieN^+} 为 N⁺ 阴极区考虑了带隙变窄的影响的有效本征载流子浓度。由于在漂移区是大注入，所以有 $p(+d) = n(+d)$ 成立，于是有式（8.36）成立：

$$e^{\frac{qV_{N^+}}{kT}} = \left[\frac{n(+d)}{n_{ieN^+}}\right]^2 \tag{8.36}$$

把这个表达式代入到式（8.31）中得

$$J_{N^+} = J_{SN^+}\left[\frac{n(+d)}{n_{ieN^+}}\right]^2 \tag{8.37}$$

当漂移区的寿命很长，可以忽略复合时，对于 N⁺ 端区，总电流密度等于由式（8.37）给出的复合电流。漂移区/N⁺ 区之间的界面处的载流子浓度由式（8.38）给出：

$$n(+d) = n_{ieN^+}\sqrt{\frac{J_T}{J_{SN^+}}} \tag{8.38}$$

从这个等式可以得出结论：如果端区复合起主要作用，则漂移区中的载流子浓度将

随总电流密度的二次方根的增加而增加。在这种情况下，随着电流密度的增加，中间区的压降将增加得更快，导致总的通态压降增加。值得指出的是，漂移区/N⁺衬底界面处的浓度与该模型中P⁻区的掺杂浓度无关。

如果忽略漂移区中的复合，则可通过求解式（8.2）来确定载流子浓度分布，结果由式（8.3）给出，其中，式（8.16）给出了 $x = -d$ 处的浓度，由式（8.38）可知在 $x = +d$ 处的浓度和 $p(x_N)$ 的浓度，利用这些边界条件可得

$$p(x) = n(x) = \frac{n_{\mathrm{ieN}^+}}{2}\sqrt{\frac{J_{\mathrm{T}}}{J_{\mathrm{SN}^+}}}\left(\frac{x}{d}+1\right) + \frac{p(x_{\mathrm{N}})}{2}\left(1 - \frac{x}{d}\right) \tag{8.39}$$

其中 x 从漂移区的 $-d$ 到 $+d$。

举例说明：漂移区厚度为 70μm（对应于 500V 的击穿电压）的硅 SSD 整流器，轻掺杂 P⁻区的表面浓度为不同值时，利用式（8.39）计算出的载流子分布如图 8.8 所示。在进行这些计算时，假设 P⁻区的有效掺杂浓度（N_{AEP^-}）是 P⁻区表面掺杂浓度（N_{ASP^-}）的一半。这样便可以观察到，P⁻/N⁻结处的载流子浓度随着 P⁻区表面浓度的增加而显著增加。P⁻区表面浓度为最小值时，载流子分布类似于 MPS 整流器结构的载流子分布。P⁻区表面浓度为最大值时，载流子分布类似于 P-i-N 整流器的载流子分布。值得注意的是，对于该分析模型来说，N⁻/N⁺界面处的载流子浓度不随着 P⁻区的表面浓度的增加而改变。因此，它的值比无端区复合的分析模型所观察到的要小（见图 8.4）。

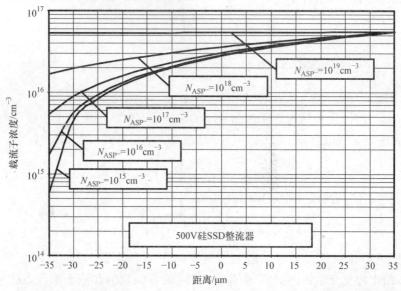

图 8.8 当端区复合起主要作用时，不同 P⁻区表面掺杂浓度的硅 SSD 整流器的载流子分布

在 N⁺端区复合存在的情况下，通过对 P⁻/N 结、中间区和 N/N⁺结的压降进行求和，可分析 SSD 整流器的通态压降。通过利用式（8.21）可以计算出 P⁻/N 结压降。中间区的压降可通过电场强度求出。将式（8.39）代入到式（8.25），可

得电场强度：

$$E(x) = \left\{ \frac{J_T}{q(\mu_n + \mu_p)} - \frac{kT[n(+d) - p(x_N)]}{4qd} \right\} \left\{ \frac{2d}{[n(+d) - p(x_N)]x + [n(+d) + p(x_N)d]} \right\}$$

(8.40)

漂移（中间）区的压降可通过对整个漂移区的电场强度进行积分求得：

$$V_M = \left\{ -\frac{2J_T d}{q(\mu_n + \mu_p)[n(+d) - p(x_N)]} - \frac{kT}{q} \ln \left[\frac{n(+d)}{p(x_N)} \right] \right\}$$

(8.41)

当端区复合起主要作用时，漂移区/N$^+$衬底界面上的压降也会发生改变。即该压降可以从 $x = +d$ 处的载流子浓度来确定：

$$V_{N^+} = \frac{kT}{q} \ln \left[\frac{n(+d)}{N_D} \right]$$

(8.42)

由于在这个界面漂移区的载流子浓度已由式（8.38）求出：

$$V_{N^+} = \frac{kT}{q} \ln \left(\frac{n_{ieN^+}}{N_D} \sqrt{\frac{J_T}{J_{SN^+}}} \right)$$

(8.43)

在端区存在复合时，SSD 整流器的通态压降可以通过利用通态压降的三个组成部分来计算。将式（8.21）、式（8.41）和式（8.43）代入到式（8.20）中得

$$V_{ON} = \frac{kT}{q} \ln \left[\frac{p(x_N) n(+d)}{n_i^2} \right] + \left\{ \frac{2J_T d}{q(\mu_n + \mu_p)[n(+d) - p(x_N)]} - \frac{kT}{q} \ln \frac{n(+d)}{p(x_N)} \right\}$$

(8.44)

对于 N$^+$端区复合起主要作用的 SSD 整流器，其通态压降是 P$^-$区掺杂浓度的函数，该掺杂浓度通过在 P$^-$/N 结处的空穴浓度 $p(x_N)$ 反映在公式中。举例说明：阻断电压为 500V 的 SSD 整流器，漂移区掺杂浓度为 $3.8 \times 10^{14} \text{cm}^{-3}$，厚度为 70μm。分析模型预测的通态压降与 P$^-$区表面浓度的变化情况如图 8.9 所示，从图可以观察到，随着 P$^-$区掺杂浓度的增加，通态压降略微增加。为了更好地理解这种特性，图中还表示出了通态压降的三个分量。N/N$^+$结压降与 P$^-$区的掺杂浓度无关。P$^-$/N 的结压降却随着 P$^-$区掺杂浓度的增加而增加，因为漂移区在结处的空穴浓度较大。与此同时，因为漂移区内的空穴浓度较大，所以漂移（中间）区的压降随着 P$^-$区掺杂浓度的增加而下降。这两个电压降的变化几乎相等，导致总的通态压降随 P$^-$区的掺杂浓度的增加而略有增加。在通态电流密度为 100A/cm^2 时，且 N$^+$端区复合起主要作用时，总通态压降仅比前几节计算的通态压降略大。然而，随着电流密度的增加，通态压降的变化速率却大不相同。

利用上述具有 N$^+$端区复合的分析模型求得，P$^-$区的表面浓度为不同值时的 500V 硅 SSD 整流器的通态特性如图 8.10 所示。在此分析过程中，P$^-$区的有效掺杂浓度（N_{AEP^-}）假设为表面浓度的一半。与没有 N$^+$端区复合所获得的通态特性相比（见图 8.7），高通态电流密度的通态压降显著增加。值得指出的是，与没有端区复合的模型相比，当 P$^-$区的表面浓度很小时，具有 N$^+$端区复合的分析模型，

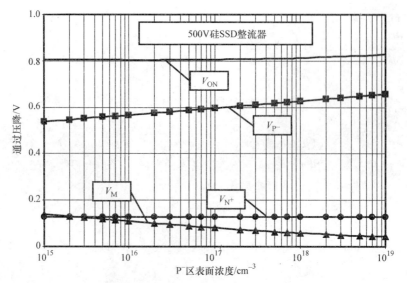

图 8.9　N^+ 端区复合起主要作用时的 500V 硅 SSD 整流器的通态压降

在低通态电流密度下，所预测的通态压降较小。

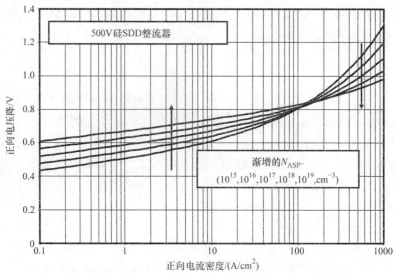

图 8.10　考虑 N^+ 端区复合后硅 SSD 整流器的通态特性

模拟示例

　　为了更深入地了解 SSD 整流器的工作机理，本节给出了阻断电压为 500V 的器件的二维数值模拟结果，其漂移区的掺杂浓度为 $3.8 \times 10^{14} cm^{-3}$，厚度为 $70\mu m$，P^+ 和 N^+ 端区的表面浓度为 $1 \times 10^{19} cm^{-3}$，结深约为 $1\mu m$。在所有情况下，都假设 $\tau_{p0} = \tau_{n0} = 10\mu s$。数值模拟考虑了带隙变窄、俄歇复合和载流子散射的影响。当改变其表面浓度时，P^- 区的结深保持 $0.5\mu m$ 不变。

　　图 8.1E 为元胞间距为 $3\mu m$ 的硅 SSD 器件结构中上半部分的掺杂浓度三维视图。位于左上角的 P^+ 区，是从元胞内 $0.5\mu m$ 宽的窗口，扩散 $1\mu m$ 结深形成的。轻掺杂 P^- 区是在整个元胞横截面进行高斯扩散形成的，表面浓度为 $1\times10^{15}\,cm^{-3}$。因为在器件制作过程中无须进行 P^+ 和 P^- 区对准，所以这种方法简化了 SSD 整流器结构的制备。在用于模拟的硅 SSD[⊖] 整流器结构中，P^+ 区和 P^- 区具有相等的面积。

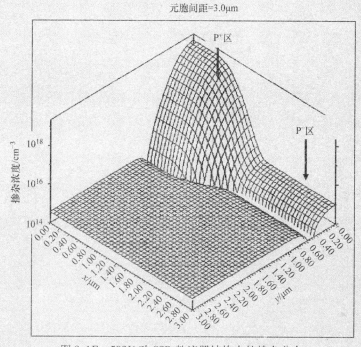

图 8.1E　500V 硅 SSD 整流器结构中的掺杂分布

　　数值模拟所获得的硅 SSD 整流器的通态特性如图 8.2E 所示，实线表示 P^- 区表面掺杂浓度为不同值时的通态特性。对于低 P^- 区表面浓度的情况，几个明显的工作机制体现在特性曲线的形状上。为了将这些特性与 MPS 和 P-i-N 整流器的性能联系起来，MPS 和 P-i-N 的通态特性在图中分别用虚线表示。在 MPS 整流器结构中，肖特基接触的功函数取 $5.0eV$。从图中可以观察到，P^- 区的表面浓度为 $1\times10^{15}\,cm^{-3}$ 时的 SSD 整流器结构的通态特性类似于 MPS 整流器的通态特性。在较低的电流密度下，其通态电压降比 P-i-N 整流器小得多。在高于 $100A/cm^2$ 的电流密度下，这种 SSD 结构的通态压降随着电流密度的增加迅速增加，类似于 MPS 整流器所观察到的特性。因此，P^- 区表面浓度低的 SSD 整流器结构类似于 MPS 整流器。相反，当 P^- 区的表面浓度变大（$1\times10^{19}\,cm^{-3}$）时，通态特性变得与

P-i-N 整流器观察到的特性类似。因此，通过改变 P⁻区的表面浓度来调整 SSD 整流器的特性非常方便。对于所有 SSD 整流器结构，数值模拟所获得的电流密度为 100A/cm² 时的通态压降在 0.84~0.86V 之间。这些值略低于 P-i-N 整流器的通态压降。然而，由于 SSD 整流器结构中的存储电荷少于 P-i-N 整流器的存储电荷，因此具有更好的关断特性。

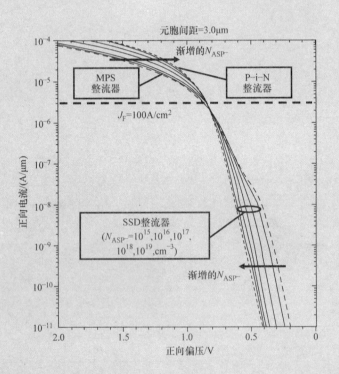

图 8.2E 500V 硅 SSD 整流器的通态特性

考虑到 N⁺端区复合的分析模型所预测的通态 $i-v$ 特性（见图 8.10）与模拟结果非常吻合，而无端区复合的分析模型所预测的通态特性（见图 8.7）却并不具有模拟所获得的通态 $i-v$ 特性的特征。因此，为了准确描述 SSD 整流器结构的通态特性，在 N⁺端区考虑复合是非常重要的。N⁺端区存在复合的分析模型所获得的通态电流密度为 100A/cm² 时的通态压降与 P⁻区的表面浓度无关。这种特性也与数值模拟结果的吻合，进一步验证了通态压降分析模型的正确性。

在 100A/cm² 的通态电流密度下，P⁻区表面浓度为 1×10^{15} cm⁻³ 的硅 SSD 整流器结构内的电流分布如图 8.3E 所示。从图中可以观察到，大部分电流流经轻掺杂的 P⁻区，这是由于该结的结压降较小。当建立全部电流经 P⁻区的分析模型时，此性能允许将 SSD 结构建模为一维器件。用分析模型进行载流子分布和通态压降的分析时，与图 8.2 中剖面 $A-A$ 线的分布一致。

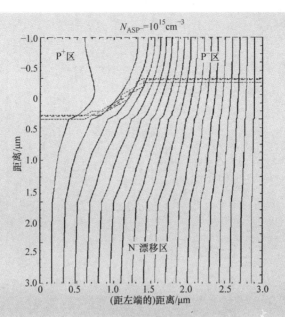

图 8.3E　500V 硅 SSD 整流器内的电流分布

P⁻区表面浓度为 $1 \times 10^{15}\,cm^{-3}$ 的硅 SSD 整流器, 在通态电流密度为 $100A/cm^2$ 时的载流子分布如图 8.4E 所示。这里, 在 P⁻区 ($x = 3\mu m$) 空穴浓度用实线表示, 在 P⁺区 ($x = 0\mu m$) 空穴浓度用虚线表示。从中可以看出, 漂移区为大注入状态, 因为除了接近阳极接触点外, 其余部分注入的载流子浓度均比衬底掺杂浓度高得多。从模拟得到的空穴浓度分布与图 8.2 所示的 P⁻区的相似。从图中可以看出, P⁺区下方的空穴分布与 P⁻区下方的空穴分布非常相似。这证明了利用一维模型推导的 SSD 整流器结构中的载流子分布是合理的。由于大注入状态, 空穴浓度和电子浓度在整个漂移区内是相等的。从这个图可知, 在 N⁺衬底上也可以观察到明显的空穴注入区域, 因此, 在分析 SSD 整流器中的电流时, 应考虑端区复合。

当硅 SSD 整流器结构中 P⁻区的表面浓度增加时, 漂移区中注入的载流子浓度会随着增加。图 8.5E 为 5 种 P⁻区表面浓度时, 利用数值模拟所获得的空穴浓度分布。当 P⁻区的表面浓度增加时, P⁻区的空穴浓度增加。这种特性在 N⁺端区有或没有复合的分析模型中描述得非常好 (见图 8.4 和图 8.8)。从图 8.5E 中可知, 漂移区/N⁺衬底界面处的空穴浓度略微增加。这一特性介于 N⁺端区存在和不存在复合的分析模型所预测的值之间 (见图 8.4 和图 8.8)。

通过数值模拟所获得的 P-i-N 整流器中的载流子分布如图 8.6E 所示。利用这些数值, 对 P⁻区具有高表面浓度 $1 \times 10^{19}\,cm^{-3}$ 的 SSD 整流器和在漂移区具有相同 $10\mu s$ 寿命的 P-i-N 整流器的空穴浓度分布进行比较。发现载流子分布几乎相同, 这表明当 P⁻区的表面浓度变得非常大时, SSD 整流器特性与 P-i-N 整流器类似。

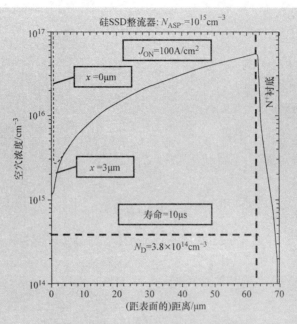

图 8.4E 500V 硅 SSD 整流器内的载流子分布

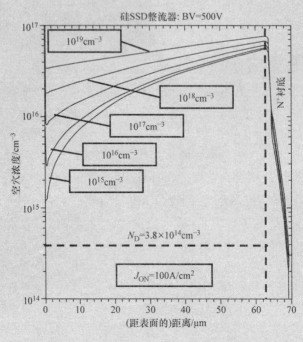

图 8.5E 硅 SSD 整流器内的载流子分布

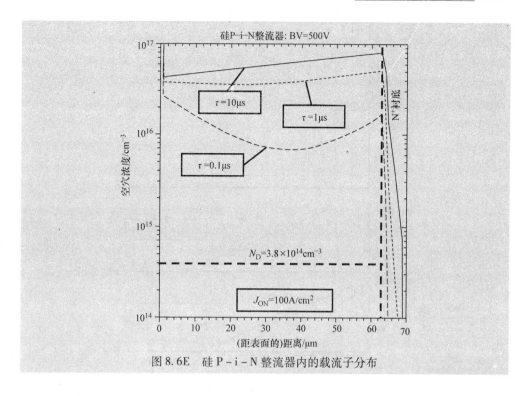

图 8.6E　硅 P－i－N 整流器内的载流子分布

8.2　反向阻断

从表面来看，SSD 整流器的反向漏电流与 P－i－N 整流器的反向漏电流近似，因为 SSD 整流器的 PN 结延伸穿过整个元胞横截面。如前一节所述，为降低阳极一侧的载流子浓度，则必须降低 SSD 结构中的 P$^-$ 区的掺杂浓度。从这个角度来看，最好将 P$^-$ 区的表面浓度降低到 $1 \times 10^{15}\,\text{cm}^{-3}$。但是，如此低的 P$^-$ 区表面浓度使结两侧的掺杂浓度大小相当。这使得 PN 结的耗尽层向两侧扩展。当 P$^-$ 区中的耗尽层大于其宽度，到达阳极金属表面的欧姆接触处时，由于欧姆接触处的表面复合速度较大（在理想情况下为无限大），导致 SSD 整流器的漏电流可能变得非常大。这会降低 SSD 整流器的反向阻断特性。因此 P$^-$ 区的表面浓度必须足够大，以防止在最大反向阻断电压下耗尽整个 P$^-$ 区。

P$^-$ 区的耗尽可通过求解电场分布来分析模拟，在求解电场时还要把 P$^-$ 区的掺杂浓度和厚度考虑进去。假设 P$^-$ 区为有效掺杂浓度等于表面掺杂浓度一半的均匀掺杂，在此基础上建立一个简单的分析模型。运用该模型，SSD 整流器中 P$^-$ 区的电场分布和 P$^+$ 区的电场分布对比如图 8.11 所示。为说明电场分布的形状，增大 P 型区的宽度。实际上，与 N 漂移区中的耗尽层扩展相比，P$^+$ 和 P$^-$ 区的（耗尽）宽度较小。

图 8.11 所示的 P$^+$ 区的电场分布就是常见突变 PN 结的电场分布[3]。由于 P$^-$

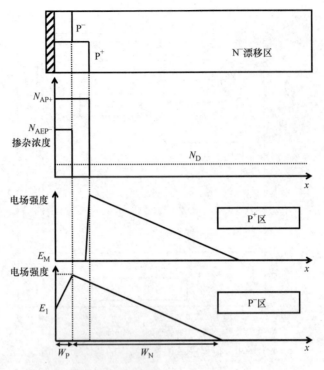

图 8.11 硅 SSD 整流器的电场分布

区的掺杂浓度低，因此该区域的电场分布是不同的。可以通过确定反向偏压（V_R）相对应的最大电场强度（E_M）来进行电场分布的分析计算。在 P⁻ 区为均匀有效掺杂浓度（N_{AEP-}）的假设下，表面电场强度（E_1）（图 8.11 中 $x=0$）由式（8.45）给出：

$$E_1 = E_M - \frac{qN_{AEP-}W_P}{\varepsilon_S} \tag{8.45}$$

式中，W_P 为 P⁻ 区的宽度。P⁻ 区内的电场强度由式（8.46）给出：

$$E(x) = E_1 + \frac{qN_{AEP-}}{\varepsilon_S}x \tag{8.46}$$

N 漂移区内的电场强度与最大电场强度的关系为

$$E(x) = E_M - \frac{qN_D}{\varepsilon_S}(x - W_P) \tag{8.47}$$

式中，x 大于 W_P。N 漂移区中的耗尽层宽度与最大电场强度的关系仍为

$$W_N = \frac{E_M \varepsilon_S}{qN_D} \tag{8.48}$$

利用上述关系式，SSD 整流器所承担的反向偏置电压可确定为

$$V_R = \frac{1}{2}(E_1 + E_M)W_P + \frac{1}{2}E_M W_N \tag{8.49}$$

漂移区掺杂浓度为 $3.8 \times 10^{14}\,\mathrm{cm}^{-3}$ 的 500V SSD 整流器结构，对其施加各种反向偏置电压，利用上述方程计算出的电场分布如图 8.12 所示。在这种情况下，P⁻区的表面掺杂浓度（$N_{\mathrm{ASP^-}}$）为 $1 \times 10^{15}\,\mathrm{cm}^{-3}$，在模型中假设 P⁻区有效掺杂浓度（$N_{\mathrm{AEP^-}}$）为该值的一半。由分析模型可知，最大电场强度出现在 P⁻区一侧的表面下方。在 P⁻区为低掺杂浓度的情况下，即使在低的反向偏置电压下，电场也能穿透 P⁻区。该模型预测当反向偏压为 500V 时，在阳极接触处的电场强度（E_1）高达 $2.35 \times 10^5\,\mathrm{V/cm}$。扩大 x 轴的比例，在图 8.13 中可以更清楚地观察到 P⁻区内电场的扩展。

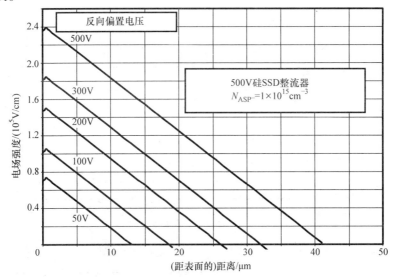

图 8.12　500V 硅 SSD 整流器的电场分布

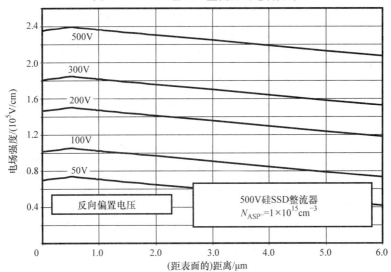

图 8.13　500V 硅 SSD 整流器的电场分布

当 P^- 区的表面掺杂浓度增加到 $1 \times 10^{16} cm^{-3}$ 时，P^- 区内的电场强度以如图 8.14 和图 8.15 所示的方式减小。在该 P^- 区掺杂浓度下，即使在低反向偏置电压下，电场仍能穿透 P^- 区。该模型预测当反向偏压为 500V 时，在阳极接触处的电场强度（E_1）高达 $2.01 \times 10^5 V/cm$。扩大 x 轴的比例，在图 8.13 中可以更清楚地观察到 P^- 区内电场的扩展。因此，在硅 SSD 整流器中，$1 \times 10^{16} cm^{-3}$ 的表面掺杂浓度不足以提供良好的反向阻断能力。

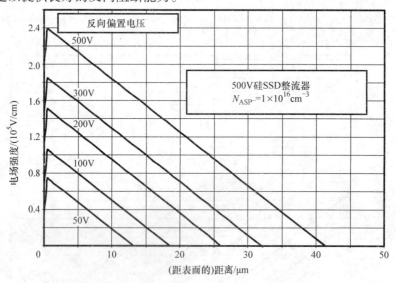

图 8.14　500V 硅 SSD 整流器的电场分布

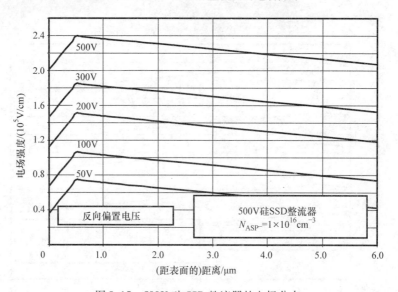

图 8.15　500V 硅 SSD 整流器的电场分布

如图8.16 和图8.17 所示，为了抑制反向阻断状态下 P⁻区的耗尽层扩展，必须将 P⁻区的表面掺杂浓度提高到 $1 \times 10^{17} \mathrm{cm}^{-3}$。在该 P⁻区掺杂浓度下，即使在高反向偏置电压下，P⁻区内的电场也能被截断。SSD 整流器结构在反向阻断状态下的电场分析表明：抑制阳极附近自由载流子积聚的能力因 P⁻区的耗尽而降低。因此，可以得出结论，SSD 结构与 MPS 整流器结构的性能不接近。

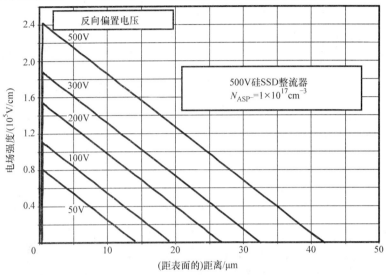

图 8.16　500V 硅 SSD 整流器的电场分布图

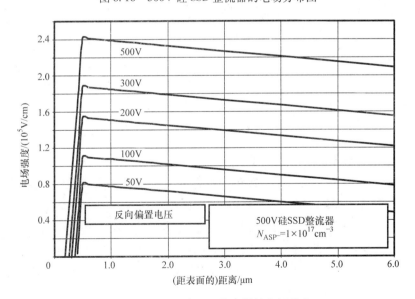

图 8.17　500V 硅 SSD 整流器的电场分布

模拟示例

为了验证上述用于 SSD 整流器反向阻断模式下的电场分布模型的正确性，这里将给出 500V 硅 SSD 整流器结构的二维数值模拟结果。该结构的漂移区掺杂浓度为 $3.8 \times 10^{14} cm^{-3}$，厚度为 $65 \mu m$。所有结构的元胞间距为 $3 \mu m$，P^+ 区结深为 $1 \mu m$，离子注入窗口（图 3.5 所示的尺寸）为 $0.5 \mu m$，P^- 区宽度（W_P）为 $0.5 \mu m$。

图 8.7E 和图 8.8E 中显示了硅 SSD 整流器结构中表面浓度为 $1 \times 10^{15} cm^{-3}$ 的 P^- 区中间部分的电场分布。在较小的反向偏置电压下，电场分布与模型预测的电场分布类似，最大电场强度位于 $0.5 \mu m$ 处。然而，在较大的反向偏置电压下，电场分布的最大值移动到更深的深度（约 $3 \mu m$）。这种现象的产生是由于的 P^+ 区耗尽层扩展对 P^- 区产生了屏蔽，正如在 MPS 整流器结构中所观察到的。

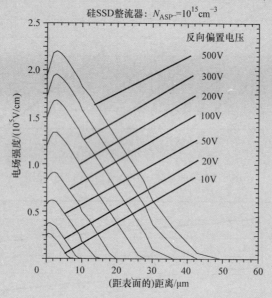

图 8.7E　500V 硅 SSD 整流器中 P^- 区中间电场强度的增长

由上图显而易见，即使反向偏置电压较小，阳极接触点处的电场强度也很大。在 50V 的反向偏压下，所观察的阳极接触点处的电场强度为 $5.5 \times 10^4 V/cm$。该值小于简单分析模型预测的值（见图 8.13）。同样，在 500V 的反向偏压下，所观察到的阳极接触处的电场为 $1.9 \times 10^5 V/cm$，这也比简单分析模型预测的值小很多。差异产生的原因是 SSD 结构中 P^+ 区的耗尽层对 P^- 区的屏蔽。

如图 8.9E 和图 8.10E 所示，P^- 区表面浓度为 $1 \times 10^{16} cm^{-3}$ 的 SSD 整流器结构的数值模拟表明，阳极接触点处的电场强度在减小。在这种情况下，500V 的反向偏压所观察到阳极接点处的电场强度（E_1）为 $1.67 \times 10^5 V/cm$。由于 P^+ 区的屏蔽，该值明显小于分析模型所预测的值，如图所示，最大电场强度移动到表面以下 $2 \mu m$。

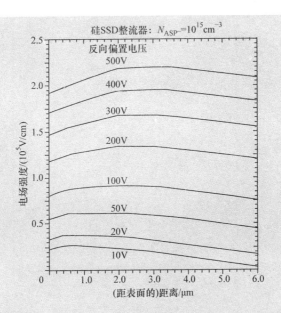

图 8.8E　500V 硅 SSD 整流器 P^- 区中间电场强度的增长

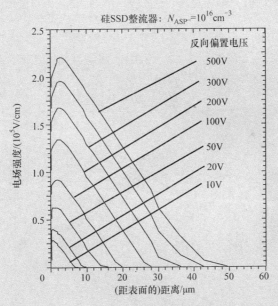

图 8.9E　在 500V 硅 SSD 整流器 P^- 区中间电场强度的增长

从图 8.11E 和图 8.12E 中可知，当 SSD 整流器结构中 P^- 区的表面浓度增加到 $1 \times 10^{17} \mathrm{cm}^{-3}$ 时，数值模拟表明：在 500V 的最大反向偏压下，P^- 区也不会被完全耗尽。同时数值模拟的结果说明了，这个 P^- 区的表面掺杂浓度的电场强度（E_1）几乎为零。从所观察结果可以得出结论：硅 SSD 整流器结构中 P^- 区的表面掺杂浓

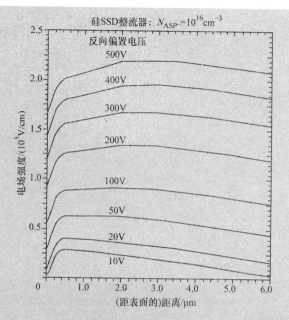

图 8.10E 500V 硅 SSD 整流器 P^- 区中间电场强度的增长

度应至少为 $1 \times 10^{17} cm^{-3}$。如图 8.5E 所示，相对较高的 P^- 区表面浓度，使通态下 P^-/N 结处的空穴载流子浓度非常大。与 MPS 整流器相比，SSD 整流器的反向恢复特性有很大的差距，如本章下一节所述。

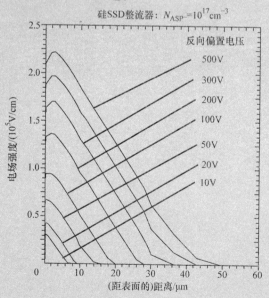

图 8.11E 500V 硅 SSD 整流器 P^- 区中间电场强度的增长

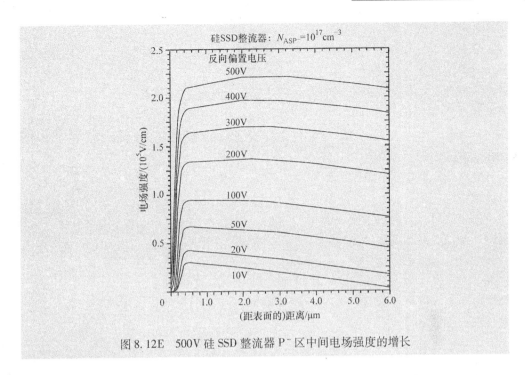

图 8.12E　500V 硅 SSD 整流器 P⁻ 区中间电场强度的增长

8.3　开关特性

当给阳极施加正向电压时，在该时间段内功率整流器处于正向导通状态，当给阳极施加反向电压时，功率整流器在该时间段处于阻断状态。在每个工作周期内，二极管必须在这两种状态之间快速切换，以使功耗最小。二极管从导通状态切换到反向阻断状态时的功耗远大于导通功耗。在通态电流传输时，漂移区中积累的大量自由载流子使高阻断电压的 P−i−N、MPS 和 SSD 整流器具有低通态压降。对于这些功率整流管，由通态电流在漂移区内所产生的存储电荷必须在其能够承担高电压之前被清除。所以这会在短时间内产生大的反向电流，这种现象被称为反向恢复。

8.3.1　存储电荷

将 SSD 整流器中存储的电荷与 P−i−N 和 MPS 整流器结构中存储的电荷进行比较是有意义的，因为它是关断瞬态功耗的相对度量。对于 P−i−N 整流器，漂移区的载流子浓度是均匀（平均）的，由式（6.23）给出。以前面章节中 500V 硅 P−i−N 整流器为例，如果漂移区的寿命是 $10\mu s$，通态电流密度为 $100A/cm^2$ 时，由该公式可知其平均载流子浓度为 $9\times10^{17}cm^{-3}$。然后将载流子浓度与漂移区的厚度相乘，可得均匀载流子浓度的漂移区中的总存储电荷量为 $1.01mC/cm^2$。但是，在漂移区具有高寿命的情况下，端区复合起主要作用，因此漂移区中的载流子浓度大大降低。模拟结果表明：漂移区的平均载流子浓度约为 $7\times10^{16}cm^{-3}$ 时，总存储

电荷为 $0.078 \mathrm{mC/cm^2}$。

相比之下，MPS 整流器中的载流子分布是三角形，在漂移区和 $\mathrm{N^+}$ 衬底之间的界面处具有最大值。通过利用式（7.21）或式（7.31），可以求出 500V 硅 MPS 中的最大载流子浓度。在漂移区的寿命是 $10 \mathrm{\mu s}$，通态电流密度为 $100 \mathrm{A/cm^2}$ 下，其最大载流子浓度为 $6 \times 10^{16} \mathrm{cm^{-3}}$。进而可求得硅 MPS 整流器的漂移区中的总存储电荷为 $0.034 \mathrm{mC/cm^2}$。由此可知，尽管硅 MPS 整流器的通态压降较低，但其存储电荷却小于 $\mathrm{P-i-N}$ 整流器的 $1/2$。

SSD 整流器中的载流子分布取决于 $\mathrm{P^-}$ 区的表面浓度。如图 8.8 所示，随着 $\mathrm{P^-}$ 区表面浓度的增加，$\mathrm{P^-/N}$ 结处的空穴浓度也在增加。该载流子分布是在假设漂移区中的复合可以忽略的情况下推导出来的。在这些假设下，正如式（8.39）所描述的，载流子分布是线性的。同时也可以利用漂移区两端的空穴浓度重新给出：

$$p(x) = \frac{p(+d)}{2}\left(\frac{x}{d}+1\right) + \frac{p(x_{\mathrm{N}})}{2}\left(1-\frac{x}{d}\right) \tag{8.50}$$

SSD 通态下，将空穴浓度分布从 $x = -d$ 到 $x = +d$ 进行积分，可求出 SSD 整流器漂移区的总存储电荷：

$$Q_{\mathrm{S}} = q\left[\frac{p(-d)+p(+d)}{2}\right] \tag{8.51}$$

利用式（8.16）给出的 $x = -d$ 处的空穴浓度，以及式（8.38）给出的 $x = +d$ 处的空穴浓度，可得 SSD 整流器漂移区的总存储电荷为

$$Q_{\mathrm{S}} = \frac{q\sqrt{J_{\mathrm{T}}}}{2}\left[\sqrt{\frac{W_{\mathrm{B}}N_{\mathrm{AEP^-}}}{qD_{\mathrm{n}}}\left(1-\frac{D_{\mathrm{p}}}{D_{\mathrm{n}}}\right)} + \frac{n_{\mathrm{ieN^+}}}{\sqrt{J_{\mathrm{SN^+}}}}\right] \tag{8.52}$$

基于该表达式，当 $\mathrm{N^+}$ 端区中复合起主要作用时，SSD 整流器结构中存储的电荷随着通态电流密度的二次方根增加而增加。

利用上述解析表达式，计算出的 500V 硅 SSD 整流器结构内存储的电荷随着 $\mathrm{P^-}$ 区表面浓度的增加而增加，如图 8.18 所示。从图可知，当 $\mathrm{P^-}$ 区的表面浓度从 $1 \times 10^{15} \mathrm{cm^{-3}}$ 增加到 $1 \times 10^{19} \mathrm{cm^{-3}}$ 时，存储的电荷加倍。$\mathrm{P^-}$ 区最大$^\ominus$表面浓度为 $1 \times 10^{17} \mathrm{cm^{-3}}$ 的存储电荷仅比最低 $\mathrm{P^-}$ 区表面浓度所存储的电荷高 8.6%。虽然这看起来是有利的，但实际上，由于导通状态下的 $\mathrm{P^-/N}$ 结处有着大量的、如图 8.18 所示的空穴浓度，这使得反向恢复过程缓慢。

8.3.2 反向恢复

当 SSD 整流器中 $\mathrm{P^-}$ 区的表面浓度很小时，通态下漂移区的载流子分布与 MPS 整流器的载流子分布相似。因此，可以利用第 7 章中所论述的反向恢复过程的分析理论，去分析具有低 $\mathrm{P^-}$ 表面浓度的 SSD 整流器的性能。当 SSD 整流器结构中 $\mathrm{P^-}$

$\ominus$ 原文是最小，但译者认为应该是最大。——译者注

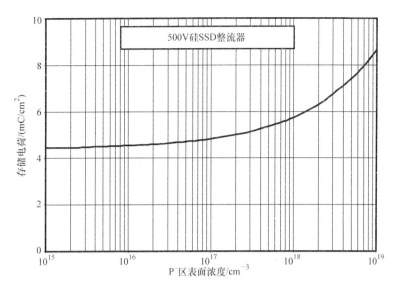

图 8.18   500V 硅 SSD 整流器存储的电荷

区的表面浓度较大时，漂移区通态下的载流子分布类似于 P–i–N 整流器。因此，可以利用第 6 章所论述的反向恢复过程的分析理论，去分析具有高 P⁻ 表面浓度的 SSD 整流器结构的性能。所以，这里就不进行 SSD 整流器解析表达式的讨论了。

模拟示例

　　这里给出的关于 500V 硅 SSD 整流器的数值模拟结果表明：当 P⁻ 区的表面浓度较低时，它的性能与 MPS 整流器相似，当 P⁻ 区的表面浓度较高时，它的性能与 P–i–N 整流器相似。器件漂移区厚度为 $65\mu m$，掺杂浓度为 $3.8\times10^{14}cm^{-3}$。对于 SSD 整流器结构来说，P⁻ 区的表面浓度从 $1\times10^{15}cm^{-3}$ 变化到 $1\times10^{19}cm^{-3}$。在所有情况下，在反向恢复过程，阴极电流以 $3\times10^8 A/(cm^2\cdot s)$ 的速率从 $100A/cm^2$ 的通态电流密度开始下降。在所有情况下，反向阻断电压（电源电压）假设为 300V。

　　借助于数学模拟，P⁻ 区表面浓度为不同值时的硅 SSD 整流器反向恢复过程的电压和电流波形分别如图 8.13E 和图 8.14E 所示。此外，500V 硅 MPS 整流器（肖特基接触的功函数为 5.0）和 500V P–i–N 整流器的关断瞬态波形也包含在图中，以便与 SSD 整流器进行比较。SSD 整流器的波形介于 MPS 和 P–i–N 之间。P⁻ 区表面浓度为 $1\times10^{15}cm^{-3}$ 的 SSD 整流器的波形非常接近 MPS 整流器的波形。当 SSD 整流器结构中 P⁻ 区的表面浓度增加到 $1\times10^{19}cm^{-3}$ 时，其特性略微优于 P–i–N 整流器的特性。由于 P⁻ 区中耗尽层穿通问题，其表面掺杂浓度必须至少为 $1\times10^{17}cm^{-3}$。在这种情况下，SSD 整流器结构的性能明显劣于 MPS 整流器。

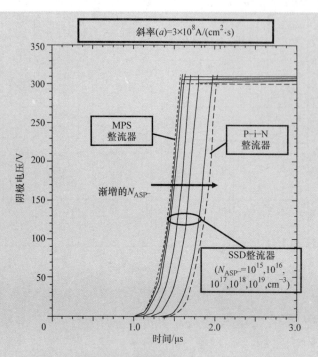

图 8.13E   500V 硅 SSD 整流器的反向恢复瞬态电压波形

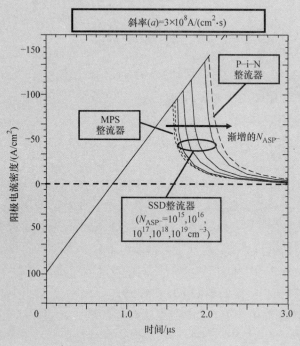

图 8.14E   500V 硅 SSD 整流器的反向恢复瞬态电流波形

通过观测关断过程中漂移区内的自由载流子分布，可以很好地理解 SSD 整流器的反向恢复特性。图 8.15E ~ 图 8.17E 分别给出了，P⁻区表面浓度分别为 $1 \times 10^{15} \mathrm{cm}^{-3}$、$1 \times 10^{17} \mathrm{cm}^{-3}$ 和 $1 \times 10^{19} \mathrm{cm}^{-3}$ 的 SSD 整流器的这个信息（漂移区中的自由载流子分布）。从图 8.15E 可以看出，整个反向恢复过程，SSD 整流器中的自由载流子分布与 MPS 整流器（见图 7.39E）自由载流子分布非常类似。从图 8.17E 可以看出，在整个反向恢复过程中，SSD 整流器中的自由载流子分布与 P - i - N 整流器（见图 6.8E）自由载流子分布更像。对于 P⁻区表面掺杂浓度为最佳值 $1 \times 10^{17} \mathrm{cm}^{-3}$ 的 SSD 整流器，载流子分布为两种情况之间的形式。对于 P⁻区的表面浓度为 $1 \times 10^{17} \mathrm{cm}^{-3}$ 和 $1 \times 10^{19} \mathrm{cm}^{-3}$ 的 SSD 整流器，P⁻/N 漂移结处积累的大量空穴浓度延长了器件能够承担反向偏置电压所需的时间，从而产生更大的峰值反向恢复电流。

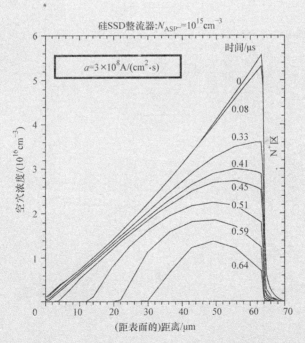

图 8.15E　500V 硅 SSD 整流器反向恢复瞬态期间的载流子分布

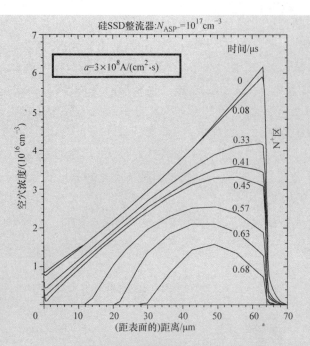

图 8. 16E　500V 硅 SSD 整流器反向恢复瞬态期间的载流子分布

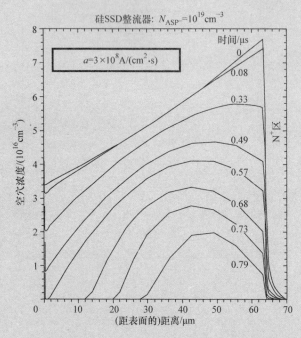

图 8. 17E　500V 硅 SSD 整流器中反向恢复瞬态期间的载流子分布

8.4 SSD 整流器折中曲线

上一节已经证明：SSD 整流器可以降低反向恢复峰值电流和关断时间。这可以减少开关瞬态功耗。当 P⁻区的表面掺杂浓度增加时，SSD 整流器的反向恢复峰值电流、反向恢复时间、反向恢复电荷都在增加。由于反向阻断状态下 P⁻区耗尽层穿通的原因，降低 P⁻区的表面浓度限制在 $1 \times 10^{17}\,cm^{-3}$。

为了比较硅 SSD 整流器与硅 P-i-N 和 MPS 整流器的性能，对 500V 结构的通态压降和反向恢复特性进行数值模拟，所得数据列表于表 8.1。在漂移区寿命相同的情况下，与硅 P-i-N 整流器相比，硅 SSD 整流器的反向恢复峰值电流、反向恢复时间、反向恢复电荷要小很多。而 MPS 整流器则具有更好的性能。最佳 SSD 整流器结构的反向恢复电荷比 MPS 整流器多 30%，这表明，与 SSD 整流器相比，MPS 整流器结构更能降低反向恢复功耗。

表 8.1 500V 硅 SSD 整流器数值模拟所得通态压降和反向恢复参数

表面浓度 (N_{ASP-})	V_{ON} /(100A/cm²)	t_{rr} /μs	J_{PR} /(A/cm²)	Q_{RR} /(μC/cm²)
$1 \times 10^{17}\,cm^{-3}$	0.843	0.557	103	28.7
$1 \times 10^{18}\,cm^{-3}$	0.841	0.60	117	35.1
$1 \times 10^{19}\,cm^{-3}$	0.845	0.66	138	45.5
P-i-N	0.870	0.697	140	48.8
MPS	0.847	0.50	86.7	21.7

8.5 碳化硅 SSD 整流器

理论上可以将 SSD 整流器概念推广到碳化硅结构上。然而，由于碳化硅器件中的最大电场强度比硅器件大得多（~10 倍），所以该概念的实际应用是不可行的。碳化硅中最大电场强度会在 SSD 整流器的 P⁻区产生较大的耗尽层。与硅结构相比，碳化硅 SSD 结构中 P⁻区的浓度必须增加到更高的水平。由于碳化硅中掺杂剂的扩散速率低，因此可以假定 P⁻区具有均匀的掺杂浓度。这对于减少碳化硅 SSD 整流器结构中 P⁻区内的耗尽层的穿通是有利的。

以 10kV 碳化硅 SSD 整流器为例进行分析，其漂移区的掺杂浓度为 $2 \times 10^{15}\,cm^{-3}$，厚度为 80μm。P⁻区掺杂浓度为 $1 \times 10^{17}\,cm^{-3}$ 的 SSD 整流器的电场分布如图 8.19 和图 8.20 所示。与 P⁻区表面浓度为 $1 \times 10^{17}\,cm^{-3}$ 的硅 SSD 整流器（见图 8.16 和图 8.17）相比，碳化硅 SSD 整流器的 P⁻区耗尽层有强烈的穿通效应，因为结处的最大电场强度更大。

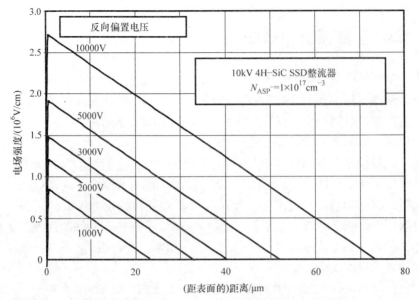

图 8.19　10kV 4H – SiC SSD 整流器中的电场分布

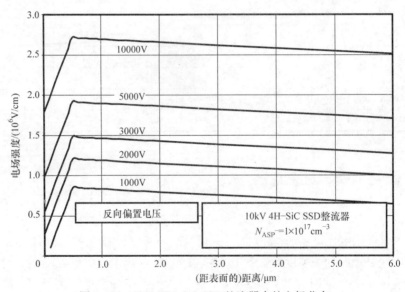

图 8.20　10kV 4H – SiC SSD 整流器中的电场分布

　　相对于硅结构，碳化硅 SSD 整流器中 P^- 区的掺杂浓度必须进一步增加，以抑制 P^- 区中的耗尽层的穿通。为了说明这一点，绘出 P^- 区掺杂浓度为 $3 \times 10^{17} cm^{-3}$ 的碳化硅 SSD 整流器的电场分布如图 8.21 和图 8.22 所示。从图 8.22 可以看出，对于 P^- 区的掺杂浓度为 $3 \times 10^{17} cm^{-3}$ 时，耗尽层几乎不会在 10000V 的反向偏压下穿过 P^- 区。这表明实际碳化硅 SSD 整流器中的 P^- 区需要 $5 \times 10^{17} cm^{-3}$ 的典型掺杂浓度。这种相对较高的 P^- 区掺杂浓度将使碳化硅 SSD 整流器的大多数优势不再存

在。因此可以得出结论，MPS 整流器结构更适合于改善高压碳化硅功率整流器的
性能。

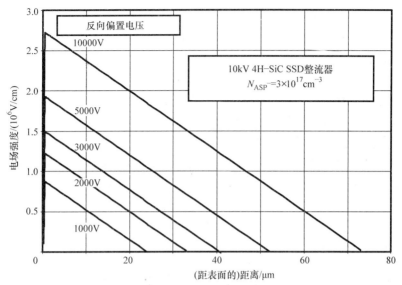

图 8.21　10kV 4H – SiC SSD 整流器中的电场分布

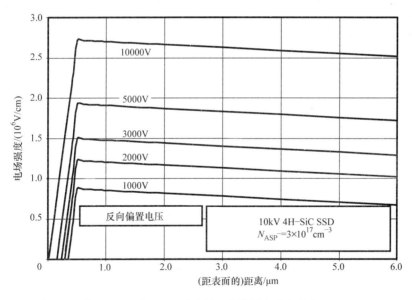

图 8.22　10kV 4H – SiC SSD 整流器中的电场分布

8.6　总结

本章分析了 SSD 整流器的工作机制。推导了通态载流子分布和通态压降的表

达式。在通态电流水平下，注入到漂移区的少数载流子浓度超出了高击穿电压所要求的相对较低的掺杂浓度。漂移区中的这种大注入调节了导电特性，降低了通态压降。SSD 整流器漂移区中的载流子浓度分布形式介于 P-i-N 和 MPS 整流器之间。

与 P-i-N 整流器的情况一样，SSD 整流器从导通状态到反向阻断状态的切换伴随着较大的反向电流。但是，反向恢复峰值电流和反向恢复时间比在 P-i-N 整流器中观察到的要小。当 SSD 整流器的 P⁻ 区的掺杂浓度非常小时，其关断特性与 MPS 整流器的关断特性相似。然而，P⁻ 区中的这种低掺杂水平使耗尽层穿通至阳极触点处，这导致在反向阻断状态下产生大漏电流。当 P⁻ 区的掺杂浓度变大时，SSD 整流器关断特性接近具有大的关断功耗的 P-i-N 整流器的关断特性。因此，可以得出结论，MPS 整流器是获得低通态压降和低反向恢复开关损耗的更好的解决方案。

参 考 文 献

[1] B.J. Baliga, "Analysis of the High-Voltage Merged P-i-N/Schottky (MPS) Rectifier", IEEE Electron Device Letters, Vol. EDL-8, pp. 407-409, 1987.

[2] Y. Shimizu, et al, "High-Speed, Low-Loss P-N Diode having a Channel Structure", IEEE Transactions on Electron Devices, Vol. ED-31, pp. 1314-1319, 1984.

[3] B.J. Baliga, "Fundamentals of Power Semiconductor Devices", Springer Science, New York, 2008.

第9章 应用综述

如参考文献［1］所述，功率半导体器件需要在图1.1宽频率范围和多种功率水平的系统中工作。这些应用的工作频率范围很广，如图9.1所示。另一个有用的分类是基于工作电压等级，如图9.1所示。在低电压（<100V），大量功率整流器应用于计算机电源和汽车电子设备中。但如电动机驱动器等许多其他的应用，都要求更高电压等级的整流器，如图9.1所示。

在本书的前几章中，我们讨论了各种现代的功率整流器结构，用于如图9.1所示的应用中。适合每个应用的最佳器件的选择取决于设备的额定电压和电路的开关频率。在低工作电压（<100V）的应用场合，硅肖特基整流器由于其通态压降低而经常被使用。一个典型的例子是图1.12所示的直流-直流降压变换器电路，用作电压调节器模块（VRM）。然而，该应用功耗的降低受限于硅肖特基整流器的大漏电流。这些器件的性能可通过使用第3章中所讨论的结势垒控制肖特基（JBS）整流理念得到提高。

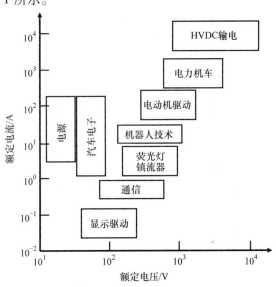

图9.1　电力设备的系统额定值

功率整流器也常用于电动机控制电路中。商业和工业系统中最普遍的应用是利用硅IGBT作为功率开关和硅P-i-N整流器作为续流二极管，其H桥拓扑如图9.2所示。这些应用的工作电压通常从300~6000V不等。对这样的电压等级，本书第7章中所讨论的硅MPS整流器能够替代P-i-N整流器，它不仅能减少整流器的功耗，还能减少IGBT的功耗。此外，利用第3章所讨论的碳化硅JBS整流器，甚至可以获得更大的性能改进。

在本章中，我们将给出VRM中用硅JBS整流器代替硅肖特基整流器所获得性能改善的示例。接下来用一个典型的电动机控制应用的例子来量化用硅MPS整流器和碳化硅JBS整流器代替硅P-i-N整流器的好处。

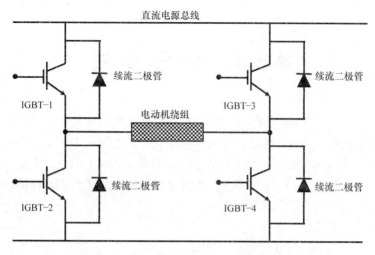

图 9.2　电动机控制里典型的 H 桥拓扑结构

9.1　直流 – 直流降压变换器应用

基本的直流 – 直流降压变换器电路如图 1.12 所示。在该电路中，流经电感负载的电流在一个周期的一部分由功率 MOSFET 提供，在其余部分，环流通过整流器。本电路中整流器的电流和电压波形如图 9.3 所示。

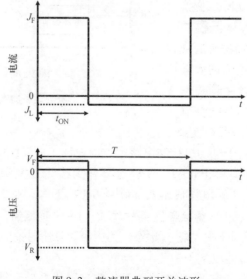

图 9.3　整流器典型开关波形

如图 9.3 所示，典型的肖特基整流器在正向传导电流时，存在压降（V_F）。由此产生的单位面积上的功耗为

$$P_{\mathrm{L}}(\mathrm{on}) = \delta J_{\mathrm{F}} V_{\mathrm{F}} \tag{9.1}$$

式中，J_{F} 为通态电流密度；δ 为占空比。

$$\delta = t_{\mathrm{ON}}/T \tag{9.2}$$

式中，t_{ON} 为通态持续时间；T 为时间周期（工作频率的倒数）。通态功耗随温度的增加而减小，因为肖特基整流器通态压降随温度升高而降低。

在断态下，单位面积的功耗为

$$P_{\mathrm{L}}(\mathrm{off}) = (1 - \delta) J_{\mathrm{L}} V_{\mathrm{R}} \tag{9.3}$$

式中，J_{L} 为器件承担反向偏置电压（V_{R}）的断态漏电流密度。断态功耗随温度增加而增加，因为肖特基整流器的漏电流随温度增加而迅速增加。

将这些项组合在一起便得到二极管中所产生的总功耗：

$$P_{\mathrm{L}}(\mathrm{total}) = P_{\mathrm{L}}(\mathrm{on}) + P_{\mathrm{L}}(\mathrm{off}) \tag{9.4}$$

当二极管的温度从室温开始增加时，由于漏电流小，所以通态功耗降低导致总功耗减小。然而在高温下，漏电流迅速增加，从而导致功耗随温度增加而增加。因此，肖特基整流器的功耗通过最小值之后，随着温度增加而增加，图 9.4 所示为阻断电压为 50V 器件的功耗情况。在此示例中，占空比为 10%，这意味着降压变换器直流输入电压与直流输出电压的比值为 10。对肖特基势垒高度进行了调整，使其在 400K 处获得最小功耗。本示例假设反向偏置电压为 50V，通态电流密度为 $100\mathrm{A/cm^2}$。在分析过程中考虑了肖特基势垒降低和前雪崩倍增的影响。

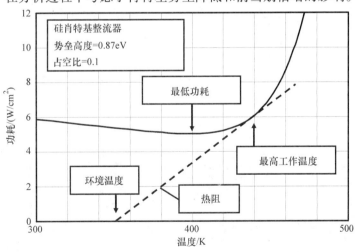

图 9.4　硅肖特基整流器的典型功耗

肖特基整流器的最大稳定运行温度受封装和散热器热阻的限制。如果将切线从环境温度绘制到功耗曲线，如图 9.4 所示，最高稳定工作温度为 440K。虽然理论上可以预测在这个温度点以下可以稳定工作，但谨慎的做法是将最高的工作温度保持在图中所示的最低功耗点以下。在本例中,肖特基整流器的最低功耗为 $5W/cm^2$。

用 JBS 整流器替换硅肖特基整流器可以减少功耗,因为漏电流在 JBS 整流器结构中受到了抑制。为了提高性能,需要合理选择 JBS 整流器的结构尺寸。相同击穿电压的 JBS 整流器与肖特基整流器工作在相同的 DC – DC 变换器中,占空比均为 10%(直流输入电压与输出直流电压的比值为 10)。假设反向偏置电压均为 50V,通态电流密度为 $100A/cm^2$,考虑到结屏蔽所产生的肖特基势垒降低效应减弱的影响,计算所得以温度为函数的功耗,如图 9.5 所示。在此分析中考虑了三个不同元胞间距的器件结构,扩散窗口的宽度保持在 $0.25\mu m$,P^+ 区的结深为 $0.5\mu m$。在 JBS 整流器结构中,肖特基势垒高度降低到 $0.77eV$,以达到与肖特基整流器相同温度下的最小功耗(400K)。可以得出结论,在本例中,JBS 整流器的最低功耗为 $4.5W/cm^2$,元胞间距为 $1.25 \sim 1.5\mu m$。这表明使用这项技术能减少 10% 的功率损失。值得注意的是,在 JBS 整流器结构中,当元胞间距减小到 $1.00\mu m$ 时,最小功耗超过了肖特基整流器的功耗。

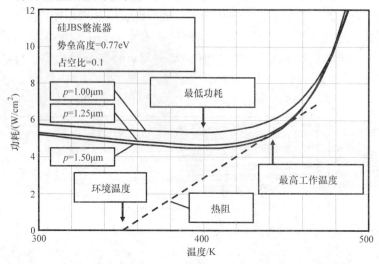

图 9.5 硅 JBS 整流器功耗

9.2 典型电动机控制的应用

如图 9.2 所示,使用 PWM 电路的电动机控制常通过 H 桥结构来实现。在这个图中,电路是用 4 个 IGBT 器件作为开关和 4 个 P – i – N 整流二极管作为续流二极管来实现的。这是中、大功率电动机驱动器的常用拓扑结构,其直流母线电压超过 200V。电动机绕组电流的方向可以通过 H 桥结构来控制。如果 IGBT – 1 和 IGBT – 4 导通的同时,IGBT – 2 和 IGBT – 3 处于阻断状态,图中电动机的电流是从左边流向右边。如果 IGBT – 2 和 IGBT – 3 导通的同时，IGBT – 1 和 IGBT – 4 处于阻断状态，则电流的方向与之前的相反。另外，通过交替地成对导通 IGBT 器件，可以增加或减少电流的大小。该方法实现了由 PWM 电路控制的不同频率正弦波在电动机绕组上的合成[2]。

在 PWM 的一个周期内，功率晶体管和续流二极管上典型的电流与电压波形，如图 9.6 所示。为了简化分析，这些波形经过了线性化处理[3]。当晶体管由其栅极驱动电压起动时，周期开始于 t_1。在此之前，晶体管承担直流电源电压，续流二极管流过电动机电流。当晶体管的开关打开时，在 t_1 到 t_2 的时间段内，电动机电流从流经二极管过渡到流经晶体管。在高直流母线电压的情况下，当采用 P – i – N 作为续流二极管时，其漂移区中的存储电荷抽取后才能承受电压，如第 6 章所述。为了实现这一点，P – i – N 整流器必须经历反向恢复过程。在反向恢复过程中，较大的反向电流流过整流器，并在 t_2 时达到峰值。巨大的反向恢复电流在二极管中产生巨大的能量耗散。另外，在 t_2 时刻 IGBT 的电流是电动机绕组电流 I_M 和反向恢复峰值电流的总和。这使得晶体管在导通瞬间产生了很大的功耗。因此，晶体管和二极管的功耗是由功率整流器的反向恢复特性决定的。

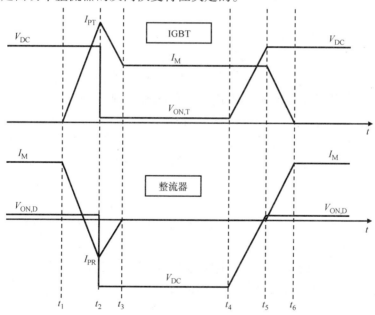

图 9.6　PWM 电路工作期间的典型波形

功率晶体管是在 t_4 时刻关断，电动机电流从晶体管转移到二极管。在感应负载的情况下，例如电动机绕组，在如图 9.6 所示的 t_4 到 t_5 时间内，电流减少之前，晶体管的电压会增加。随后，晶体管的电流在从 t_5 到 t_6 的时间间隔内降低为零。断开的时间由晶体管结构的物理机制决定，正如前面章节所讨论的那样。结果表明，晶体管的开关特性决定了晶体管和二极管在关断过程中的功耗。

每个周期内，除了与两个基本开关过程相关的功耗外，还包括二极管与晶体管在通态工作时因一定的通态压降而产生的功耗。在双极功率器件中，用更大的通态压降来换取较小的开关损耗实现功耗的折中。因此，在工作频率较低的情况下，不能忽略通态功耗。该器件的漏电流通常足够小，因此可以忽略阻断状态下的功耗。功率晶体管的总功耗可由四部分相加得到：

$$P_{L,T}(total) = P_{L,T}(on) + P_{L,T}(off) + P_{L,T}(turnon) + P_{L,T}(turnoff) \quad (9.5)$$

在 t_3 到 t_4 的导通时间内，晶体管产生的功耗为

$$P_{L,T}(on) = \frac{(t_4 - t_3)}{T} I_M V_{ON,T} \quad (9.6)$$

在 t_6 到下次晶体管导通前的断态时间内，晶体管产生的功耗由式（9.7）给出：

$$P_{L,T}(off) = \frac{(T - t_6)}{T} I_{L,T} V_{DC} \quad (9.7)$$

晶体管的漏电电流（$I_{L,T}$）通常非常小，使得上式在功耗分析时常可以忽略。

晶体管在 t_1 到 t_3 的导通期间产生的功耗可以分成 t_1 到 t_2 和 t_2 到 t_3 两个时间段来进行分析。

第一个时间段内产生的功耗由式（9.8）给出：

$$P_{L,T-1}(turnon) = \frac{1}{2} \frac{(t_2 - t_1)}{T} I_{PT} V_{DC} \quad (9.8)$$

其中，晶体管的峰值电流取决于 P–i–N 整流器的反向恢复峰值电流：

$$I_{PT} = I_M + I_{PR} \quad (9.9)$$

在功耗分析中，假定时间间隔 $(t_2 - t_1)$ 是由 P–i–N 整流器的反向恢复特性决定的，且与工作频率无关。第二个时间段内产生的功耗由式（9.10）给出：

$$P_{L,T-2}(turnon) = \frac{1}{2} \frac{(t_3 - t_2)}{T} \left(\frac{I_{PT} + I_M}{2} \right) V_{DC} \quad (9.10)$$

在功耗分析中，假定时间间隔 $(t_3 - t_2)$ 也由 P–i–N 整流器的反向恢复特性决定，且与工作频率无关。

晶体管在 t_4 到 t_6 的关断期间产生的功耗可以分成 t_4 到 t_5 和 t_5 到 t_6 两个时间段来进行分析。在第一个时间段内产生的功耗由式（9.11）给出：

$$P_{L,T-1}(turnoff) = \frac{1}{2} \frac{(t_5 - t_4)}{T} I_M V_{DC} \quad (9.11)$$

时间间隔 $(t_5 - t_4)$ 是由晶体管电压上升到直流电源电压的时间决定的。在第二个时间段内产生的功耗由式（9.12）给出：

$$P_{L,T-2}(turnoff) = \frac{1}{2} \frac{(t_6 - t_5)}{T} I_M V_{DC} \quad (9.12)$$

时间间隔 $(t_6 - t_5)$ 是由晶体管电流衰减到零的时间决定的。

以类似的方式，通过对 4 个分量的求和，可以得到功率整流器的总功耗：

$$P_{L,R}(\text{total}) = P_{L,R}(\text{on}) + P_{L,R}(\text{off}) + P_{L,R}(\text{turnon}) + P_{L,R}(\text{turnoff}) \quad (9.13)$$

从时间 t_6 到周期结束时，功率整流器所发生的功耗是

$$P_{L,R}(\text{on}) = \frac{(T - t_6)}{T} I_M V_{\text{ON,R}} \quad (9.14)$$

该表达式假设周期是由 t_1 时刻开始。在关断状态（$t_4 - t_3$）期间，功率整流器所发生的功耗是

$$P_{L,R}(\text{off}) = \frac{(t_4 - t_3)}{T} I_{L,R} V_{DC} \quad (9.15)$$

假设功率整流器的漏电流（$I_{L,R}$）非常小，上式所描述的功耗在功耗分析中可以被忽略。

功率整流器在 t_1 到 t_3 的导通期间产生的功耗可以分成 t_1 到 t_2 和 t_2 到 t_3 两个时间段来进行分析。第一段所产生的功耗要比第二段小得多，因为功率整流器的通态压降小。第二段时间段内的功耗由式（9.16）给出：

$$P_{L,R-2}(\text{turnon}) = \frac{1}{2} \frac{(t_3 - t_2)}{T} I_{PR} V_{DC} \quad (9.16)$$

功率整流器在 t_4 到 t_6 的导通期间产生的功耗可以分成 t_4 到 t_5 和 t_5 到 t_6 两个时间段来进行分析。由于功率整流器的漏电流较低，在第一时间段所产生的功耗是可以忽略不计的。第二时间段内的功耗由式（9.17）给出：

$$P_{L,R-2}(\text{turnoff}) = \frac{1}{2} \frac{(t_6 - t_5)}{T} I_M V_{\text{ON,d}} \quad (9.17)$$

由于功率整流器的通态压降低，该部分功耗也很小。

在本节中，上述功耗分析应用于占空比为 50% 的中等直流总线电压下使用的电动机控制电路，参照混合动力汽车的电源，假设直流总线电压（V_{DC}）为 400V。在这种情况下，器件阻断电压所用的典型值通常为 600V。输送到电动机绕组的电流（I_M）将被假定为 20A。由于该应用所需要的阻断电压较大，一般采用硅双极器件实现，即 IGBT 作为功率开关，P – i – N 整流器为续流二极管。

在参考文献［1］中，证明了该电动机控制应用最合适的器件是硅 IGBT。当此 IGBT 的通态电流密度为 100A/cm² 时，与功耗分析相关的特性见表 9.1。

表 9.1　具有 600V 阻断电压额定值的 IGBT 特性

特性	硅 IGBT
通态压降/V	1.8
关断时间（$t_5 - t_4$）/μs	0.1
关断时间（$t_6 - t_5$）/μs	0.2

在参考文献［1］中也证明了，用碳化硅肖特基整流器代替硅 P – i – N 整流器

可以大大改善电动机控制系统的性能。然而，碳化硅肖特基整流器的漏电流随着反向偏置电压的增加，增加了 6 个数量级。这个问题可以通过使用 JBS 整流器原理来克服，如本书第 3 章所示。因此，碳化硅 JBS 整流器是电动机控制应用的理想选择。然而，目前碳化硅整流器的成本远远大于硅器件。因此，一种更具有吸引力的减少电动机控制应用功耗的方法，就是用硅 MPS 整流器来代替硅 P-i-N 整流器，这在第 7 章中已经讨论过了。

表 9.2 给出了与功耗分析相关的功率整流器的特性。假设所有器件运行时的通态电流密度都为 $100\text{A}/\text{cm}^2$。在漂移区寿命为 $10\mu\text{s}$ 的情况下，可以从第 7 章（如图 7.35 和图 7.36）得到硅 P-i-N 整流器和 MPS 整流器的通态压降、反向恢复时间和反向恢复峰值电流。对于 4H-SiC JBS 整流器结构，由于漂移区的电阻率较低，金属-半导体接触的高势垒限制了通态压降（见图 3.10，图 3.10 为元胞间距超过 $1.2\mu\text{m}$ 的情况）。由于位移电流，JBS 整流器的反向恢复电流被假定为通态电流的 10%[4,5]。

表 9.2　额定阻断电压为 600V 的整流器的特性

特性	硅 P-i-N	硅 MPS	4H-SiC JBS
通态压降/V	0.85	0.87	1.0
开通时间（$t_2 - t_1$）/μs	0.35	0.25	0.01
开通时间（$t_3 - t_2$）/μs	0.35	0.25	0.01
峰值反向恢复电流/A	28	17	2.0

图 9.7 显示了 20kHz 频率范围内硅 IGBT 作为功率开关，硅 P-i-N 整流器作为续流二极管的功耗。在这种情况下晶体管的功耗是主要的。在低频下工作时，由于晶体管的通态压降较大，它的功耗大于整流器的功耗。晶体管的功耗随着频率的增加而迅速增加，在这种情况下成为主要的功耗机制。当向负载输出的功率是 8000W 时，在 20kHz 时的硅 IGBT 为开关器件和硅 P-i-N 整流器为二极管组合的总功耗为 185W。

在硅 IGBT 中，以频率为函数的功耗的组成部分如图 9.8 所示。从该图中清楚地看出，在 3kHz 频率范围内，通态过程中的功耗占主要部分。在较高的频率下，由于导通功耗随着频率增加迅速增加，成为主导。该曲线图表明了，在高频下 IGBT 的导通功耗在硅 IGBT 作为开关和硅 P-i-N 整流器作为续流二极管的组合中占主要部分。IGBT 的高导通功耗取决于 P-i-N 整流器的反向恢复峰值电流。反向恢复峰值电流在 IGBT 结构中也产生了很高的电流密度，使其在电动机控制电路的运行过程中容易出现由闩锁效应引起的故障。根据这些观察结果，很明显，为了减少电动机控制应用的功耗，需要改进功率整流器的性能。

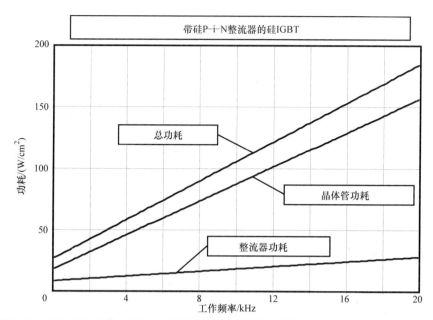

图 9.7　400V 直流总线电压下电动机控制电路的功耗：带硅 P－i－N 整流器的硅 IGBT

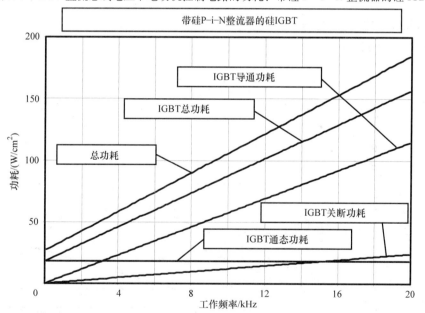

图 9.8　直流总线电压下电动机控制电路中 IGBT 的功耗：带硅 P－i－N 整流器的硅 IGBT

用硅 MPS 整流器代替硅 P－i－N 整流器可以降低电动机控制电路的功耗。图 9.9 显示了 20kHz 频率范围内硅 IGBT 作为功率开关、硅 P－i－N 整流器作为续流二极管的功耗。在这种情况下晶体管的功耗仍然是主要的。由于晶体管的通态压降比较大，在低频下它的功耗大于整流器的功耗。晶体管的功耗随着频率的增加而迅速增加，在这种情况下成为主要的功耗机制。对于硅 IGBT 作为功率开关与硅 MPS

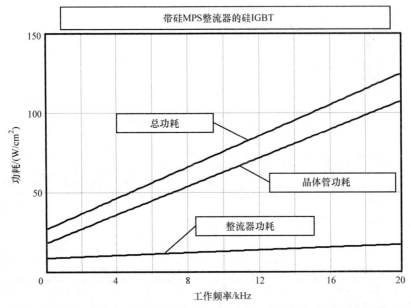

图 9.9　直流总线电压下电动机控制电路的功耗：带硅 MPS 整流器的硅 IGBT

整流器作为续流二极管的组合，当向负载的输出功率为 8000W 时，在 20kHz 时的总功耗减少至 125W。

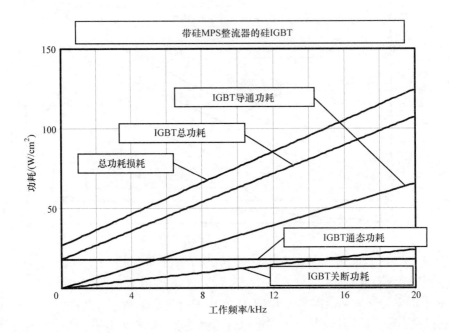

图 9.10　直流总线电压下电机控制电路中 IGBT 的功耗：带硅 MPS 整流器的硅 IGBT

图 9.10 显示了在硅 IGBT 作为开关与 MPS 整流器作为续流二极管的组合中，以工作频率为函数的功耗。从该图中可以清楚地看出，在 5kHz 频率范围内，通态过程中的功耗占主要部分。在较高的频率下，由于导通功耗随着频率增加迅速增加，导通功耗成为主要部分。这张图表明，IGBT 的导通损耗在高频率上仍然是主要的，即使是 IGBT 作为开关和 MPS 整流器作为续流二极管的组合。尽管 MPS 整流器的反向恢复峰值电流小于 P – i – N 整流器，但 IGBT 的高导通功耗仍然取决于MPS 整流器的反向恢复峰值电流。在电动机控制电路中，MPS 整流器的反向恢复峰值电流使 IGBT 在运行过程中不易发生闩锁故障。根据这些观察结果，很明显，为了减少电动机控制应用功耗，需要进一步提高功率整流器的性能。

用碳化硅肖特基整流器代替硅 P – i – N 整流器可以进一步提高电力控制系统的性能[3]。由于碳化硅肖特基整流器的大漏电流，仅碳化硅 JBS 整流器适用于电动机控制应用。图 9.11 显示了 20kHz 频率范围内硅 IGBT 作为功率开关，碳化硅 JBS 整流器作为续流二极管的功耗。在这种情况下晶体管的功耗仍然是主要的。由于晶体管的通态压降比较大，在低频下它的功耗大于整流器的功耗。可以看出，随着频率的增加，晶体管的功耗增长速度小于硅功率整流器。因此，对于硅 IGBT 作为功率开关与碳化硅 JBS 整流器作为续流二极管的组合，当向负载的输出功率为 8000W时，在 20kHz 时的总功耗减少至 54W。

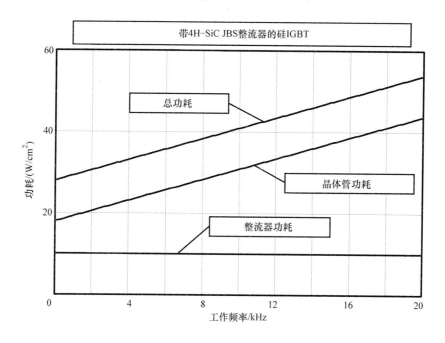

图 9.11　400V 直流总线电压下电动机控制电路的功耗：
带 4H – SiC JBS 整流器的硅 IGBT

图 9.12 显示了在硅 IGBT 作为开关与 MPS 整流器作为续流二极管的组合中，以工作频率为函数的功耗。从这张图中很明显可以看出，在 15kHz 频率范围内，通态过程中的功耗占主要部分。更重要的是，现在 IGBT 的导通功耗比关断功耗小得多。这张图表明，在高频下 IGBT 的关断功耗在硅 IGBT 作为开关和硅 P - i - N 整流器作为续流二极管的组合中占主要部分。这表明，进一步改进整流器的性能将不利于电动机控制应用。然而，用碳化硅功率 MOSFET 替换硅 IGBT 将会大大减少能量损失，如参考文献 [1] 所示。

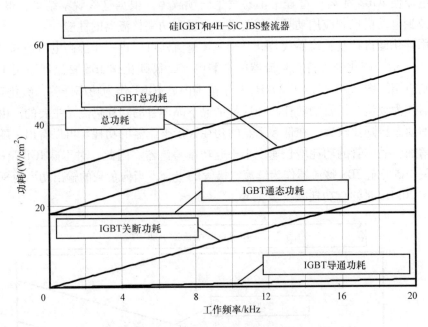

图 9.12 直流总线电压下电动机控制电路中 IGBT 的功耗：
带 4H - SiC JBS 整流器的 IGBT

9.3 总结

本章比较了不同现代功率整流器在典型的用于电压调整模块（VRM）的 DC - DC 转换器和中压电动机控制应用下的优点。可以得出的结论是，硅 JBS 整流器可以减少 VRM 应用中的损失。对于采用中等直流母线电压的电动机控制应用，在短时间内利用硅 MPS 整流器作为低成本技术是有利的。在未来，对于这些应用，当与作为功率开关的硅 IGBT 器件结合使用时，碳化硅 JBS 整流器将大大降低功耗。

参 考 文 献

[1] B.J. Baliga, "Fundamentals of Power Semiconductor Devices", Springer-Science, New York, 2008.

[2] B.K. Bose, "Power Electronics and Variable Frequency Drives", IEEE Press, 1997.

[3] B.J. Baliga, "Power Semiconductor Devices for Variable-Frequency Drives", Proceedings of the IEEE, Vol. 82, pp. 1112-1122, 1994.

[4] P. Brosselard, et al, "Bipolar Conduction Impact on Electrical Characteristics and Reliability of 1.2 and 3.5 kV 4H-SiC JBS Diodes", IEEE Transactions on Electron Devices, Vol. 55, pp. 1847-1856, 2008.

[5] B.A. Hull, et al, "Performance and Stability of Large-Area 4H-SiC 10-kV JBS Rectifiers", IEEE Transactions on Electron Devices, Vol. 55, pp. 1864-1870, 2008.

作 者 简 介

    Baliga 教授是国际上公认的功率半导体器件领域的领军人物。他不仅有 500 多篇文章发表在国际期刊和会议摘要中，还撰写和编辑了 15 本书（*Power Transistors*，IEEE Press，1984；*Epitaxial Silicon Technology*，Academic Press，1986；*Modern Power Devices*，John Wiley，1987；*High Voltage Integrated Circuits*，IEEE Press，1988；*Solution Manual*：*Modern Power Devices*，John Wiley，1988；*Proceedings of the 3rd Int. Symposium on Power Devices and ICs*，IEEE Press，1991；*Modern Power Devices*，Krieger Publishing Co.，1992；*Proceedings of the 5th Int. Symposium on Power Devices and ICs*，IEEE Press，1993；*Power Semiconductor Devices*，PWS Publishing Company，1995；*Solution Manual*：*Power Semiconductor Devices*，PWS Publishing Company，1996；*Cryogenic Operation of Power Devices*，Kluwer Press，1998；*Silicon RF Power MOSFETs*，World Scientific Publishing Company，2005；*Silicon Carbide Power Devices*，World Scientific Publishing Company，2006；*Fundamentals of Power Semiconductor Devices*，Springer Science，2008；*Solution Manual*：*Fundamentals of Power Semiconductor Devices*，Springer Science，2008）。此外，他还参与了其他 20 本书的某些章节的编写。他拥有 120 项固态器件领域的美国专利。1995 年，他的一项发明被授予 B. F. Goodrich Collegiate

Inventors 奖，并载入发明家名人堂（Inventors Hall of Fame）。

1969 年，Baliga 教授在印度马德拉斯的印度理工学院取得了工学学士学位。在 I. I. T（印度理工学院），他是飞利浦印度勋章和特殊功绩勋章（作为毕业生）获得者。1971 年和 1974 年，他在 Troy NY 伦塞勒工业学院分别获得了硕士和博士学位。他的论文工作包括砷化镓扩散机理和关于用有机金属 CVD 技术进行 InAs 和 GaInAs 层生长的开创性研究。1972 年他获得了 IBM 奖学金，1974 年获得了 Allen B. Dumont 奖。

从 1974 到 1988 年，Baliga 博士带领一个 40 人的科技团队在纽约州斯克内克塔迪的通用电气研究与发展中心，从事功率半导体器件和高压集成电路的研究。在此期间，他开创性地提出 MOS - 双极集成的概念，并由此产生了新一族的分立器件。他是 IGBT 的发明人，IGBT 现在已被多家国际化的半导体公司生产。这项发明广泛应用于世界各地，不仅应用于电动和混合动力电动汽车的节能减排当中，而且还应用于空调系统、家用电器控制（洗衣机、冰箱、搅拌器等）、工厂自动化设备（机器人）、医疗系统（CAT 扫描仪、不间断电源）、电动汽车/高速列车。美国能源部发布报告指出，使用 IGBT 的变速电动机驱动器每年可节约 2 万亿 Btu（英能源单位）能源（相当于 70GW 功率）。广泛采用紧凑型荧光灯（CFL）代替白炽灯后，每年又可以节约 30GW 的电力。这些节能的累积对环境的影响就是减少了来自于燃煤电厂的二氧化碳的排放量，合计每年节约 1 万亿英镑。最近，IGBT 已经使用于抢救心脏骤停患者的小型、轻便、廉价的电震发生器的生产成为可能。将其安装在消防车、救护车和飞机上，美国医学协会（AMA）用此每年抢救 100000 条生命。由于这项壮举，美国科技期刊在 1997 年的特刊中将 Baliga 评为半导体的八位英雄之一，以纪念固态世纪。

Baliga 博士还是肖特基与 pn 结混合理论的创始人，创造出了新一族功率整流器，该整流器已经被多家公司商业化。早在 1979 年，他就在理论上论证了通过使用砷化镓和碳化硅等其他材料代替单晶硅能使 MOSFET 的性能提高几个数量级，为 21 世纪新型功率半导体的产生奠定了基础。

1988 年 8 月，Baliga 博士加入到北卡罗来纳州立大学（NCSU）的教师团队，成为电气和计算机工程学院的全职教授。作为创始人，Baliga 在 NCSU 成立了命名为功率半导体研究中心的国际交流中心，该中心致力于功率半导体器件和高压集成电路的研究。他的研究包括新型器件的建模、器件制造技术和新材料（如砷化镓和碳化硅）对功率半导体器件影响的研究。1997 年，为表彰 Baliga 对 NCSU 的贡献，他被授予学校最高教师奖——最杰出的电气工程教授。

2008 年，Baliga 教授作为 NCSU 的主要成员参加了由 NCSU 和其他四所大学共同组建的一个科研团队，该团队成功获得了美国国家科学基金会的支持，建立了一个工程研发中心，致力于研究整合可再生能源的微电网的发展。在这项计划当中，他负责建设基础科学平台和将宽禁带半导体应用于实际器件的发展。

Baliga 教授获得了无数奖项，这些奖用以表彰他对半导体器件的贡献。其中包括两个 IR100 奖（1983，1984），通用电气公司颁发的 Dushman and Coolidge 奖（1983），并被科学文摘杂志评选为美国最杰出的 100 名青年科学家（1984）。1983 年，他在 35 岁时，为了表彰他对功率半导体器件的贡献，被选为美国电气与电子工程师学会（IEEE）的院士。1984 年，在北美召开的第三届亚洲人会议上，他被著名的 Ravi Shankar 大师授予 Applied Sciences 奖。1991 年，他获得了电力电子学会的最高荣誉奖，IEEE William E. Newell 奖。之后在 1993 年，为表彰他在新型智能电网技术中所做的贡献，他又获得了 IEEE Morris E. Liebman 奖。1992 年，他又成为第一位 BSS 学会的印度荣誉奖获得者。他在 45 岁时被评为久负盛名的美国国家工程院的海外院士。同时也是仅有的拥有这种荣誉的 4 个印度人之一（2000 年他成为美国公民，成为正式院士）。1998 年，他被北卡罗来纳州立大学授予 O. Max Gardner 奖，该奖项用来表彰 16 所大学中对造福人类做出重大贡献的教师。1998 年 11 月，Baliga 教授获得了 IEEE 电子器件学会的最高奖项——J. J. Ebers 奖，以表彰他在固态电子器件方面做出的贡献。1999 年 6 月，他在伦敦的 White-hall Palace 获得了 IEEE 理事会的最高奖项之一——IEEE Lamme 奖章，表彰他在设备/技术方面对社会所做的贡献。2000 年 4 月，他被母校评为杰出校友。2000 年 11 月，他又因在教学、研究和推广等方面对北卡罗来纳州立大学（NCSU）所做的突出贡献，获得了由 R. J. Reynolds Tobacco 公司颁发的奖项。

1999 年，Baliga 教授成立了 Giant Semiconductor 公司，该公司作为 Centennial Venture Partners 的子公司获得投资。通过成立该公司，Baliga 教授获得了他在北卡罗来纳州立大学的独家专利技术授予权，实现了他将这些发明推向市场的目的。之后，他又成立了 Micro - Ohm 公司，成功地为国际上数家重要的半导体公司的GD - TMBS 功率整流技术进行授权。他所发明的器件被广泛应用于电源、电池充电和汽车电子中。2000 年 6 月，Baliga 教授又成立了另一家公司——Silicon Wireless 公司，该公司将他发明的用于蜂窝基站的超线性硅 RF 晶体管商业化，该公司拥有 41 名员工。公司（改名为 Silicon Semiconductor 公司）坐落在 N.C 三角公园研究所。2000 年 12 月，Fairchild Semiconductor 公司投资 1000 万美元，与该公司共同发展和推广这种技术。基于 Baliga 教授的一些其他发明，该公司还生产了一种新一代功率

MOSFET，这种 MOSFE 可以为笔记本电脑和计算机服务器的微处理设备提供电源。该公司后来向 Linear Technologies 公司转让了这种 MOSFET 技术和生产工艺。目前市场上已经有了使用 Baliga 教授发明的晶体管电压调节模块，用于为笔记本电脑和计算机微处理器和图形处理芯片提供电源。